普通高等教育"十三五"系列教材
浙江省普通高校"十三五"新形态教材

工程测量

孔维华 主编

中国水利水电出版社
www.waterpub.com.cn

·北京·

内 容 提 要

  本书为普通高等教育"十三五"系列教材、浙江省普通高校"十三五"新形态教材。本书共分十四章,主要内容有绪论、水准测量、角度测量、距离测量、测量误差的基本理论、控制测量、地形图的基本知识、大比例尺地形图测绘、地形图的应用、施工测量的基本工作、建筑工程测量、线路工程测量、地下工程测量、水利工程测量。各章节均配套相关数字资源。

  本书可作为土建类、水利类、交通类、地理类、地矿类等非测绘专业本科学生学习工程测量基本知识和理论的教材。

图书在版编目(CIP)数据

工程测量 / 孔维华主编. -- 北京 : 中国水利水电
出版社, 2020.9(2025.1重印).
  普通高等教育"十三五"系列教材 浙江省普通高校
"十三五"新形态教材
  ISBN 978-7-5170-8849-3

  Ⅰ. ①工… Ⅱ. ①孔… Ⅲ. ①工程测量-高等学校-
教材 Ⅳ. ①TB22

  中国版本图书馆CIP数据核字(2020)第171042号

书　　名	普通高等教育"十三五"系列教材 浙江省普通高校"十三五"新形态教材 **工程测量** GONGCHENG CELIANG
作　　者	孔维华　主编
出版发行	中国水利水电出版社 (北京市海淀区玉渊潭南路1号D座　100038) 网址:www.waterpub.com.cn E-mail:sales@mwr.gov.cn 电话:(010)68545888(营销中心)
经　　售	北京科水图书销售有限公司 电话:(010)68545874、63202643 全国各地新华书店和相关出版物销售网点
排　　版	中国水利水电出版社微机排版中心
印　　刷	北京市密东印刷有限公司
规　　格	184mm×260mm　16开本　16.5印张　381千字
版　　次	2020年9月第1版　2025年1月第4次印刷
印　　数	9001—13000册
定　　价	**50.00元**

编 写 委 员 会

主　　编：孔维华

副主编：黄伟朵　李爱霞　张海玲

编　　委：（按姓氏笔画排列）

毛迎丹　邓愫愫　刘丽峰　赵　红　段祝庚

胥啸宇　徐　工　徐文兵　黄文彬　谢劭峰

前　言

　　本书为满足土建类、水利类、交通类、地理类、地矿类等非测绘专业工程测量课程教学的需要，在总结近年来工程测量教育教学改革成果的基础上，由浙江水利水电学院、山东理工大学、浙江农林大学、桂林理工大学和中南林业科技大学等高等院校的老师编写而成。

　　随着测绘地理信息技术的快速发展，测绘新仪器、新理论的应用越来越普遍。本书除了对传统测量理论和技术进行了全面的讲解，包括水准测量、角度测量、距离测量、误差基本理论和地形图的测绘与应用等；同时增加了测绘新仪器、新技术的使用，包括全站仪、GNSS 和 CASS 绘图软件；并且结合建筑工程、线路工程、地下工程和水利工程等行业特点，全面介绍了测绘技术在这些行业中的具体应用。本书为浙江省普通高校"十三五"新形态教材，在每个章节加入了课件、教学录像、课堂自测和相关知识点等数字资源，方便读者学习。

　　本书由孔维华任主编，黄伟朵、李爱霞、张海玲任副主编。具体编写分工如下：第一、三、十、十二章由浙江水利水电学院孔维华编写，第五、六章由浙江水利水电学院黄伟朵编写，第二、四章由浙江水利水电学院李爱霞编写，第七、九章由山东理工大学张海玲编写，第八章由山东理工大学徐工编写，第十一章由桂林理工大学谢劭峰和中南林业科技大学段祝庚编写，第十三章由山东理工大学刘丽峰编写，第十四章由浙江水利水电学院黄文彬编写。浙江农林大学徐文兵、邓愫愫参与了部分章节的编写，浙江水利水电学院赵红、胥啸宇、毛迎丹参与了部分教学录像和插图的绘制。全书由孔维华负责统稿。

　　本书在编写过程中得到了浙江南方测绘科技有限公司、浙江华测导航技术有限公司的大力支持，浙江水利水电学院测绘专业的部分同学也参与了视频的制作，同时，参考了国内外有关教材、参考书和科技文献，在此一并表示感谢。

由于编者水平有限，书中难免存在疏漏和不足之处，欢迎读者批评指正。

编者

2020 年 6 月

目 录

第一章

绪论

第一节　工程测量概述

一、测绘学

课件 1-1

测绘学是一门古老的学科，有着悠久的历史。随着科技水平的提高，特别是"3S"技术（GPS、RS、GIS）的发展与应用，测绘学科的理论、技术、方法及其学科内涵也不断地发生变化，形成测绘学的现代概念。测绘学是研究地球和其他实体与时空分布有关的信息采集、量测、处理、显示、管理和利用的科学和技术。

根据研究的具体对象、研究范围及采用的技术手段不同，传统意义上又将测绘学分为以下几个主要学科分支。

1. 大地测量学

大地测量学主要研究地球表面及其外层空间点位的精密测定、地球的形状、大小和重力场、地球整体与局部运动以及它们变化的理论和技术。按照测量手段的不同，大地测量学又分为实用大地测量学、椭球面大地测量学、卫星大地测量学及物理大地测量学等。

2. 摄影测量学与遥感

摄影测量学与遥感主要利用摄影或遥感手段获取被测物体的影像数据，对摄影像片或遥感图像进行处理、量测、解译，以测定物体的形状、大小和位置，进而制作成图。

3. 工程测量学

工程测量学是研究各种工程在规划设计、施工建设和运营管理阶段所进行的各种测量工作的学科。工程测量是测绘科学与技术在国民经济和国防建设中的直接应用，是综合性的应用测绘科学与技术。工程测量按所服务的工程种类分为：建筑工程测量、水利工程测量、线路工程测量、桥梁工程测量、地下工程测量等。

4. 地图制图学

地图制图学是研究地图的设计、投影、编制、制印等理论、技术、方法以及应用的学科。其主要内容包括地图的基本特征、地图投影的理论与方法、地图数据和地图符号、制图综合、地图的编辑与编绘、地图的出版印制与分析应用等。

5. 海洋测绘学

海洋测绘学是研究以海洋及其邻近陆地和江河湖泊为对象所进行的测量和海图编制的理论和方法。主要包括海洋大地测量、海道测量、海底地形测量等内容。

测绘学是地球学科的一个分支学科，其研究内容很多，涉及诸多方面。本课程讲述的主要内容属于工程测量学的范畴。

二、工程测量

工程测量是一门历史悠久的学科，早在公元前二十七世纪建设的埃及大金字塔，其形状与方向都很准确，说明当时人们对长度和角度已有比较精确的测量手段。早在公元前 2070 年的夏朝时代，为了治水，我国已开始了水利工程测量工作。在古代，工程测量学与测量学并没有严格的界限，后来随着工程建设和测绘技术的发展，才逐渐形成了工程测量学。

随着我国经济建设和社会发展不断加快，工程测量的作用越来越突出，应用领域和服务范围越来越广，包括城市建设、交通工程、矿山、管线工程、水利水电等。目前，人们把工程建设中的所有测绘工作统称为工程测量。

工程测量的主要任务包括测定和测设。测定是指使用测量仪器和工具，运用一定的测绘程序和方法测定地球表面的地物和地貌的位置，按一定的比例尺、规定的符号缩绘成地形图。测设是将图纸上设计好的建筑物的平面位置和高程，按设计要求标定在地面上，作为施工依据。测设又称为放样。

第二节　地球的形状与大小

视频 1-1

一、地球的自然表面

测量工作大多是在地球表面上进行的，但是地球的自然表面很不规则，分布着高山、丘陵、盆地、平原、江河、湖泊等千姿百态的地貌，有海拔 8848.86m 的珠穆朗玛峰，也有深达 11022m 的马里亚纳海沟。地球表面虽然高低起伏，但是相对于地球平均半径 6371km 是很小的。

二、大地水准面

地球表面除了约 29％的面积是陆地外，约 71％的面积是海洋。所以在研究地球的形状和大小时，可以把地球看作是一个被海水包围的球体，即假想有一个静止的海水面，向陆地延伸而形成的封闭曲面，称为水准面。由于地表起伏以及地球内质量分布不均匀，水准面是个不规则的曲面。由于海水受潮汐风浪等影响时高时低，故水准面有无穷多个，其中与平均海水面相吻合的水准面称作大地水准面，如图 1-1 所示。大地水准面是测量工作的基准面。由大地水准面所包围的形体称为大地体。

由于地球自转，地球上任一点都受到地球引力和离心力的双重作用，这两个力的合力称为重力。重力的方向线称为铅垂线，铅垂线是测量工作的基准线。大地水准面的特性是处处与铅垂线相垂直。由于地球内部物质

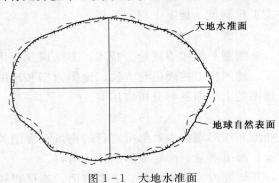

图 1-1　大地水准面

分布不均匀，致使地面上各点的铅垂线方向产生不规则变化，因此大地水准面实际上是略有起伏而不规则的封闭曲面。

三、参考椭球面

大地水准面是一个不规则的、无法用数学式表述的曲面，在这样的面上是无法进行测量数据的计算及处理的。因此为了计算和绘图方便，用一个与大地体非常接近的、又能用数学式表示的规则球体（即旋转椭球体）来代表地球的形状。旋转椭球体的基本元素是：长半轴 a，短半轴 b，扁率 f，基本元素间关系式为

$$f = \frac{a-b}{a} \tag{1-1}$$

自测 1-1

某一国家或地区为处理测量成果而采用与大地体的形状大小最接近，又适合本国或本地区要求的旋转椭球，这样的椭球体称为参考椭球体，如图 1-2 所示。参考椭球体的表面称为参考椭球面，参考椭球面是处理大地测量成果的基准面。

世界上各个国家采用的参考椭球体都不尽相同，同一个国家在不同时期也会采用不同的椭球。我国采用过克拉索夫斯基椭球、IUGG 1975 国际椭球、CGCS 2000 椭球等。目前我国 CGCS 2000（China Geodetic Coordinate System 2000，2000 国家大地坐标系）采用的椭球参数为长半轴 $a = 6378137\text{m}$，短半轴 $b = 6356752\text{m}$，扁率 $f = 1 : 298.257$。

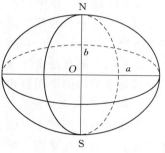

课件 1-2

图 1-2　参考椭球体

第三节　地面点位的确定

测量工作的基本任务是确定地面点的位置，确定地面点的空间位置需要 3 个量，通常是确定地面点在参考椭球面上的投影位置（即地面点的坐标），以及地面点到大地水准面的铅垂距离（即地面点的高程）。

视频 1-2

一、测量坐标系

（一）大地坐标系

大地坐标又称大地地理坐标，表示地面点沿参考椭球面的法线投影在该基准面上的位置，用大地经度 L 和大地纬度 B 表示，如图 1-3 所示。

起始子午面和赤道面是大地坐标系的起算面，经过参考椭球面上任一点 P 的子午面与起始子午面的夹角 L 为该点的大地经度，简称经度，其取值范围为东经 $0° \sim 180°$ 和西经 $0° \sim 180°$。经过参考椭球面上任一点 P 的法线与赤道面的夹角 B，称为该点的大地纬度，简称纬度，其值分为北纬 $0° \sim 90°$ 和南纬 $0° \sim 90°$。

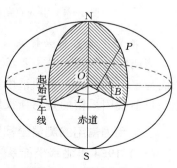

图 1-3　大地坐标系

一般地面点不在参考椭球面上，则地面点沿过该点的法线到参考椭球面的距离，即以参考椭球面为基准面的高程，称为大地高。

由于参考椭球面并不是物理曲面，而是抽象的数学曲面，在测量中无法实际得到某点的法线，因此，大地坐标和大地高都不能直接测量，而只能通过推算得到。

（二）空间直角坐标系

以椭球体中心 O 为原点，起始子午面与赤道面交线为 X 轴，赤道面上与 X 轴正交的方向为 Y 轴，椭球体的旋转轴为 Z 轴，构成右手直角坐标系 $O-XYZ$。在该坐标系中，假设存在一点 P，则 P 点的空间直角坐标为 (X_P, Y_P, Z_P)，如图 1-4 所示。

（三）平面直角坐标系

在实际测量工作中，若用球面坐标来表示地面点的位置是不方便的。这是因为，一方面，大地坐标的基准面是参考椭球面，用大地坐标表示点位，不便于表示小范围内点的相对关系；另一方面，椭球面上的计算工作非常复杂，大多数工程应用十分不便。而采用平面直角坐标系计算则十分方便。

测量中采用的平面直角坐标系有：独立平面直角坐标系、高斯平面直角坐标系。

1. 独立平面直角坐标系

当测区的范围较小（面积小于 100km^2），能够忽略该区地球曲率的影响而将其看作平面时，可在此平面上建立独立的平面直角坐标系，如图 1-5 所示。测量工作中采用的平面直角坐标系与数学上的笛卡尔坐标系不同，是以纵轴作为 X 轴，表示南北方向，自原点向北为正，向南为负；以横轴作为 Y 轴，表示东西方向，自原点向东为正，向西为负。除坐标轴方向不同外，两者的象限顺序也相反。

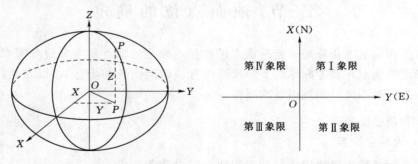

图 1-4　空间直角坐标系　　　　图 1-5　独立平面直角坐标系

2. 高斯平面直角坐标系

当测区范围较大时，要建立平面坐标系，就不能忽略地球曲率的影响。为了解决球面与平面的矛盾，必须采用地图投影的方法将球面上的大地坐标转换为平面直角坐标。目前我国采用的是高斯投影，建立的平面坐标系是高斯平面直角坐标系。

二、我国常用的测量坐标系统

（一）1954 年北京坐标系

中华人民共和国成立以后，我国大地测量进入了全面发展时期，迫切需要建立一个大地坐标系。由于缺乏天文大地网观测资料，我国暂时采用了苏联的克拉索夫斯基椭球参数，并与苏联 1942 年坐标系进行了联测，建立了 1954 年北京坐标系，它的原点位于苏联的普尔科沃。

（二）1980 国家大地坐标系

20 世纪 80 年代，为了满足我国经济和军事建设的需要，建立了新的大地基准。采用国际大地测量与地球物理联合会的 IUGG75 椭球为参考椭球，大地原点地处我国陕西省西安市以北 60km 处的泾阳县永乐镇。经过大规模的天文大地网计算，建立了 1980 国家大地坐标系，也称 1980 西安坐标系。

（三）2000 国家大地坐标系

2000 国家大地坐标系是一种地心坐标系，其原点为包括海洋和大气的整个地球的质量中心。Z 轴指向 BIH1984.0 定义的协议地球极方向，X 轴指向 BIH1984.0 定义的零子午面与协议地球极赤道的交点，Y 轴按右手坐标系确定。2018 年 7 月 1 日起我国全面使用 2000 国家大地坐标系。

（四）WGS‐84 坐标系

WGS‐84 坐标系（World Geodetic System‐1984 Coordinate System）是一种地心坐标系。其坐标原点为地球质心，Z 轴指向 BIH1984.0 定义的协议地球极（CTP）方向，X 轴指向 BIH1984.0 的零子午面和 CTP 赤道的交点，Y 轴与 Z 轴、X 轴垂直构成右手坐标系。WGS‐84 坐标系是全球定位系统（GPS）采用的坐标系。

三、高斯平面直角坐标系统

（一）高斯投影

当测区范围较大时，将地球表面上的图形投影到平面上必然会产生变形，因此，必须要采用适当的投影方法解决这个问题。投影的方法有多种，测量工作中通常采用高斯投影。

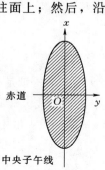
视频 1‐3

高斯投影是由德国数学家、测量学家高斯提出的一种等角横切椭圆柱投影，它是正形投影的一种，后经德国大地测量学家克吕格对投影公式加以补充，故称为高斯-克吕格投影。高斯-克吕格投影的几何概念是，设想用一个椭圆柱横套在参考椭球体的外面（图 1‐6），并使椭圆柱与参考椭球体的某一子午线相切，相切的子午线称为中央子午线；椭圆柱的中心轴与赤道面相重合且通过椭球中心。将中央子午线两侧一定经度范围内（如 6°或 3°）的点、线、图形投影到椭圆柱面上；然后，沿过南北极的

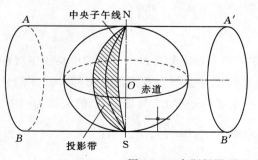

图 1‐6　高斯投影原理

母线 AA'，BB' 将椭圆柱面剪开，并将其展成一平面，该狭长形的带状平面称为高斯平面。

椭球面上的经纬线经高斯投影后具有下述性质：

（1）中央子午线投影后为直线，长度没有变化；其余子午线投影后均为凹向中央子午线的曲线，且长度变形，离中央子午线越远，长度变形越大。

（2）赤道投影后为直线，并与中央子午线正交，其长度有变形。

（3）经纬线投影后仍相互垂直，说明投影后的角度无变形。

（二）投影带划分

高斯投影虽然没有角度变形，但有长度变形和面积变形。若变形超过一定的限值，对测量精度的影响非常大，因此，必须设法加以限制。测量中将投影区域限制在中央子午线两侧一定的范围，这就是分带投影。常用带宽一般为经差 $6°$、$3°$ 或 $1.5°$ 等几种，分别简称为 $6°$ 带、$3°$ 带和 $1.5°$ 带。

1. $6°$ 带

如图 1-7 所示，$6°$ 投影带是由英国格林尼治起始子午线开始，自西向东每隔经差 $6°$ 划分一带，将地球分成 60 个带，每带的带号按 $1\sim60$ 依次编号。第 N 带中央子午线的经度 L_0 与带号 N 的关系为

$$L_0 = 6N - 3 \quad (N = 1, 2, \cdots, 60) \qquad (1-2)$$

反之，已知某点的经度为 L，则该点所在 $6°$ 带带号的计算公式为

$$N = \text{int}\left(\frac{L+3}{6} + 0.5\right) \qquad (1-3)$$

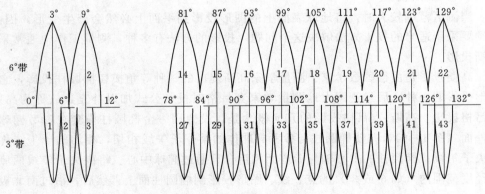

图 1-7　$6°$ 带和 $3°$ 带投影

2. $3°$ 带

如图 1-7 所示，$3°$ 带是在 $6°$ 带的基础上划分的。$6°$ 带的中央子午线和分带子午线都是 $3°$ 带的中央子午线。$3°$ 带由东经 $1.5°$ 起算，自西向东每隔经差 $3°$ 划分，其带号按 $1\sim120$ 依次编号。第 N 带中央子午线的经度 L_0 与带号 N 的关系为

$$L_0 = 3N \quad (N = 1, 2, \cdots, 120) \qquad (1-4)$$

反之，如已知某点的经度为 L，则该点所在的 $3°$ 带的带号为

$$N = \mathrm{int}\left(\frac{L}{3} + 0.5\right) \qquad\qquad (1-5)$$

我国领土位于东经 73°～136°之间，共包括了 11 个 6°投影带，即 13～23 带；22 个 3°投影带，即 24～45 带。因此，就我国而言，其 6°带和 3°带的带号是没有重复的，通过带号就能看出是 3°带还是 6°带。

（三）高斯平面直角坐标系与国家统一坐标

1.高斯平面直角坐标

通过高斯投影，每一带的中央子午线的投影为 x 轴，赤道的投影为 y 轴，两轴的交点作为坐标原点，由此构成的平面直角坐标系称为高斯平面直角坐标系，如图 1-8 所示。x 轴向北为正，向南为负；y 轴向东为正，向西为负。由此表示点位的坐标称为自然坐标。我国位于北半球，x 的自然坐标均为正，而 y 的自然坐标则有正有负，这样计算很不方便。为了使 y 坐标都为正值，将纵坐标轴向西平移 500km，相当于在自然坐标 y 上加 500km。

2.国家统一坐标

每一个投影带，都可以建立一个独立的高斯平面直角坐标系，为了区分各投影带的坐标，则在加 500km 后的 y 坐标前再加上相应的带号，由此形成的坐标称为国家统一坐标。例如，在图 1-8 中，假定 P 点位于 6°带的第 20 带，其自然坐标为 $x'_P =$ 886845.658m，$y'_P = -106823.446$m，则其通用坐标为 $x_P = 886845.658$m，$y_P =$ 20393176.554m。我国位于北半球，x 坐标均为正，因而 x 的自然坐标值和统一坐标值相同。

四、高程系统

坐标只能反映地面点的位置，并不能反映该点的高低情况，要表达点的三维空间信息还需建立一个统一的高程系统。建立高程系统，首先要选择一个基准面。在一般测量工作中都以大地水准面作为基准面。

（一）高程

地面上某点到大地水准面的铅垂距离称为该点的绝对高程或海拔，简称高程。如图 1-9 所示，地面点 A，B 的绝对高程分别为 H_A，H_B。

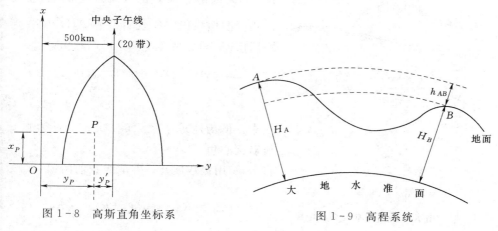

图 1-8　高斯直角坐标系　　　　　　　图 1-9　高程系统

我国过去是以青岛验潮站 1950—1956 年连续验潮的结果求得的平均海水面作为全国统一的大地水准面，由此基准面起算所建立的高程系统称为 1956 年黄海高程系。在山东省青岛市观象山上，建立了国家水准原点。用精密水准测量方法测出该水准原点高程为 72.289m。

1985 年，原国家测绘局根据青岛验潮站 1952—1979 年连续观测的潮汐资料，推算出青岛水准原点的高程为 72.260m，并定名为"1985 国家高程基准"，于 1987 年 5 月开始启用。

（二）高差

地面上两点高程之差称为高差，用 h 表示。如图 1-9 所示，A、B 两点的高差为

$$h_{AB} = H_B - H_A \tag{1-6}$$

高差值有正、负。如果测量方向由 A 到 B，A 点高，B 点低，则高差 $h_{AB} = H_B - H_A$ 为负值；若测量方向由 B 到 A，即由低点测到高点，则高差 $h_{BA} = H_A - H_B$ 为正值。

自测 1-2
课件 1-3

第四节　地球曲率对测量工作的影响

水准面是一个曲面，地面上任一点的水平面与过该点的水准面相切。曲面上的图形投影到平面上就会产生一定的变形，但是地球半径很大，如果测区面积不大时，这种变形就很小。因此在实际测量工作中，当测区面积不大时，往往以水平面直接代替水准面。这样做简化了测量和计算工作，但同时也给测量结果带来误差，并且误差会随着测区面积的增大而增大。因此，究竟在多大范围内才允许用水平面代替水准面，是本节讲述的主要内容。

下面对用水平面代替水准面引起的距离、角度和高程等方面的误差进行分析。

一、地球曲率对水平距离的影响

如图 1-10 所示，在地面上有 A'、B' 两点，它们投影到大地水准面的位置为 A、B，如果以切于 A 点的水平面代替水准面，即以相应的切线段 AC 代替圆弧 $\widehat{AB}$，则将产生距离误差 Δd。由图 1-10 可以看出：

$$\Delta d = AC - \widehat{AB} = t - d = R\tan\alpha - R\alpha \tag{1-7}$$

式中：R 为地球半径（6371km）；α 为弧长 d 所对圆心角。

将 $\tan\alpha$ 用级数展开，并取级数前两项，得

$$\Delta d = R\alpha + \frac{1}{3}R\alpha^3 - R\alpha = \frac{1}{3}R\alpha^3 \tag{1-8}$$

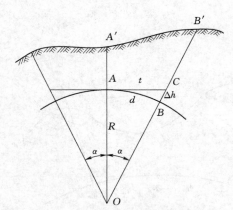

图 1-10　用水平面代替水准面的限度

因为 $\alpha = \dfrac{d}{R}$，故

$$\Delta d = \frac{d^3}{3R^2} \tag{1-9}$$

或用相对误差表示为

$$\frac{\Delta d}{d} = \frac{1}{3}\left(\frac{d}{R}\right)^2 \tag{1-10}$$

因取 $R = 6371\text{km}$，以不同的距离 d 代入式（1-9）和式（1-10），将产生的误差和相对误差列于表 1-1 中。

表 1-1　　　　　　　　　　地球曲率对水平距离影响

距离 d/km	距离误差 $\Delta d/\text{mm}$	相对误差 $\Delta d/d$
1	0.008	1/12500 万
10	8.2	1/120 万
25	128.3	1/19.5 万

从表 1-1 可以看出，当地面距离为 10km 时，用水平面代替水准面所产生的距离误差仅为 8.2mm，其相对误差为 1/120 万。而实际测量距离时，精密电磁波测距仪的测距精度为 1/100 万（相对误差）。所以，在半径为 10km 的区域内测量距离时，可不必考虑地球曲率对水平距离的影响，即把水准面当作水平面看待。

二、地球曲率对水平角的影响

由球面三角学可知，同一空间多边形在球面上投影 $A'B'C'$ 的各内角之和，较其在平面上投影 ABC 的各内角之和大一个球面角超 ε 的数值，如图 1-11 所示。其公式为

$$\varepsilon'' = \rho'' \frac{P}{R^2} \tag{1-11}$$

式中：ρ'' 为以秒计的弧度；P 为球面多边形面积；R 为地球半径。

以球面上不同面积代入式（1-11），求出的球面角超，见表 1-2。

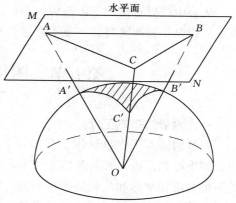

图 1-11　水平面代替水准面引起的角度误差

表 1-2　　　　　　　　　　地球曲率对水平角的影响

球面面积/km^2	$\varepsilon/('')$	球面面积/km^2	$\varepsilon/('')$
10	0.05	100	0.51
50	0.25	500	2.54

计算表明，当测区面积在 100km² 以内时，地球曲率对水平角的影响仅为 0.51″，只有在最精密的测量中才需要考虑，在普通测量时可以忽略不计。

三、地球曲率对高程的影响

在图 1-10 中，B' 点的高程为 $B'B$，如用过 A 点的水平面代替水准面，则 B' 点的高程为 $B'C$，这时产生的高程误差为 Δh。从图中可以看出，$\angle CAB = \dfrac{\alpha}{2}$，因该角很小，以弧度表示，则

$$\Delta h = d \times \frac{\alpha}{2} \tag{1-12}$$

因 $\alpha = \dfrac{d}{R}$，故

$$\Delta h = \frac{d^2}{2R} \tag{1-13}$$

以不同的距离 d 代入式（1-13），算得相应的 Δh 值列在表 1-3 中。

表 1-3 　　　　　　　　　　地球曲率对高程的影响

距离 d/m	高程误差 Δh/mm	距离 d/m	高程误差 Δh/mm
10	0.0	200	3.1
50	0.2	500	19.6
100	0.8	1000	78.5

从表中可以看出，当距离为 200m 时，高程误差就达 3.1mm，这对高程测量影响很大。所以尽管距离很短，也不能忽视地球曲率对高程的影响。

第五节　测量工作的基本原则

一、测量的基本工作

测量的基本工作包括测定和测设，其中测定的主要任务是确定地面点的空间位置，即坐标和高程。实际测量工作中，一般不能直接测出地面点的坐标和高程，通常需要根据已知坐标和高程的点，测出已知点与待定点之间的几何关系，然后再推算出待定点的坐标和高程。因此需要测量已知点与待定点之间的距离、角度和高差，这 3 个量称为确定地面点空间位置的 3 个基本元素，也称为测量三要素。

二、测量工作的原则

测量工作测定的是一个点与另一个点的相互关系，如果从一个点开始逐点进行施测，最后虽然可以得到欲测各点的空间位置，但由于存在不可避免的误差，会导致前一点的测量误差传递到下一点，使误差累积起来，最后可能达到不可容许的程度。因此，测量工作必须按照一定的原则进行。

在实际测量工作中要遵循以下原则：布局上要"从整体到局部"，工作次序上要"先控制后碎部"，精度等级上要"由高级到低级"。

本 章 小 结

本章对测绘学研究的内容、地球的形状和大小、地面点位的表示方法以及测量工作的基本原则作了较详细的阐述。本章的教学目标是使学生掌握测量工作的基准面和基准线、测量成果计算的基准面、表示地面点空间位置的坐标系统和高程系统。

重点应掌握的公式：

1. 6°带计算公式：$L_0 = 6N - 3$

2. 3°带计算公式：$L_0 = 3N$

3. 高差计算公式：$h_{AB} = H_B - H_A$

思 考 与 习 题

一、填空题

1. 测量工作的基准面是_____，测量工作的基准线是_____。

2. 地面点的经度为经过该点的子午面与_____所夹的二面角。

3. 为了使高斯平面直角坐标系的 y 坐标恒大于 0，将 x 轴自中央子午线向_____移动_____km。

4. 测量工作的三要素分别是_____、_____、_____。

二、选择题

1. 地面上某点，在高斯平面直角坐标系（6°带）下的坐标为：$x = 3430152$m，$y = 20637680$m，则该点位于（　　）投影带。

A. 第 34 带　　　B. 第 19 带　　　C. 第 34 带　　　D. 第 20 带

2. 目前我国采用的全国统一坐标系是（　　）

A. 1954 年北京坐标系　　　B. WGS - 84 坐标系

C. 1980 国家大地坐标系　　　D. 2000 国家大地坐标系

3. 在高斯 6°投影带中，带号为 N 的投影带的中央子午线的经度 λ 的计算公式是（　　）。

A. $\lambda = 6N$　　　B. $\lambda = 3N$　　　C. $\lambda = 6N - 3$　　　D. $\lambda = 3N - 3$

4. 静止的海水面向陆地延伸，形成一个封闭的曲面，称为（　　）

A. 水准面　　　B. 水平面　　　C. 大地水准面　　　D. 圆曲面

三、简答题

1. 什么是大地水准面？

2. 什么是测定和测设？

3. 什么是高程和高差？

4. 什么是高斯平面直角坐标系，其与数学上的笛卡尔坐标系的差别是什么？

5. 我国某点的大地经度为 120°30′，试计算它所在的 6°带和 3°带的带号及中央子午线经度？

6. 测量工作应遵守哪些原则？

第二章

水准测量

测量地面点高程的工作称为高程测量，它是测量的基本工作之一。高程测量目的是为了获得点的高程，但一般只能直接测得两点间的高差，根据其中一点的已知高程间接推算出另一点的高程。高程测量的常用方法有水准测量、三角高程测量和 GPS 高程测量等。水准测量是目前精度较高、最常用的一种方法，广泛应用于国家高程控制测量和工程测量中。

第一节　水准测量原理与方法

课件 2-1

一、水准测量原理

如图 2-1 所示，已知 A 点高程 H_A，欲求 B 点的高程 H_B，可在 A、B 两点的中间安置一台能提供水平视线的仪器——水准仪，并分别在 A、B 两点上竖立带有分划的标尺——水准尺，当水准仪视线水平时，依次照准 A、B 两点上的水准尺并读数。若沿 AB 方向测量，则规定 A 为后视点，其标尺读数 a 称为后视读数；B 为前视点，其标尺读数 b 称为前视读数。则 A、B 两点间的高差为

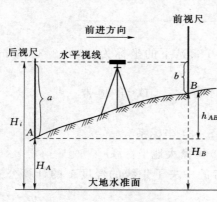

图 2-1　水准测量

$$h_{AB} = a - b \qquad (2-1)$$

由式（2-1）可知，地面上两点间的高差等于后视读数减去前视读数。因此，若 $a > b$，表明后视点低，前视点高，此段水准路线为上坡；若 $a < b$，表明后视点高，前视点低，此段水准路线为下坡。注意高差有正、负之分，高差值前须注上相应的"＋""－"符号。

根据测定的高差就可以计算待定点的高程。高程的计算方法有两种：高差法和视线高法。

（一）高差法

直接由高差计算高程，高差应连同符号一并运算。由图 2-1 可知，待定点 B 的高程为

$$H_B = H_A + h_{AB} \qquad (2-2)$$

（二）视线高法

由仪器的视线高计算高程。由图2-1可知，A点的高程加上后视读数等于水准仪的视线高程，简称视线高，设为H_i，即

$$H_i = H_A + a \tag{2-3}$$

当仪器不动时，不同点处的视线高程相同，即

$$H_i = H_B + b \tag{2-4}$$

由此，可得B点的高程等于视线高减去前视读数，即

$$H_B = H_i - b = (H_A + a) - b \tag{2-5}$$

这种方法只需要观测一次后视，就可以通过观测若干个前视计算出多点高程，主要用于各种工程勘测与施工测量。

因此，水准测量就是利用水准仪提供的一条水平视线，借助水准尺，测定地面上两点间的高差，然后利用已知点的高程推算出待定点高程的过程。

二、连续水准测量

在水准测量中，每安置一次仪器，称为一个测站。在实际工作中，已知点到待定点之间往往距离较远或高差较大，仅安置一次仪器不可能测得它们的高差，必须分成若干测站，逐站安置仪器连续进行观测。如图2-2所示，A，B两点相距较远或高差较大，安置一次仪器无法测得其高差，就需要在两点间增设若干个作为传递高程的临时立尺点称为转点（TP_i），如图2-2中的TP_1，TP_2，…，TP_n点，并依次连续设站观测。则测出的各测站高差为

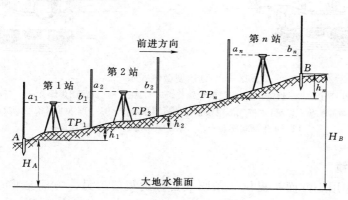

图2-2 连续水准测量

$$\left.\begin{array}{l} h_1 = a_1 - b_1 \\ h_2 = a_2 - b_2 \\ \vdots \\ h_n = a_n - b_n \end{array}\right\} \tag{2-6}$$

则A，B两点间高差的计算公式为

$$h_{AB} = \sum_{i=1}^{n} h_i = \sum_{i=1}^{n} a_i - \sum_{i=1}^{n} b_i \tag{2-7}$$

式（2-7）表明，A，B两点间的高差等于各测站后视读数之和减去前视读数之

和。该式可以用来检核高差计算的正确性。

这种连续多次设站测定高差，最后取各站高差代数和求得 A、B 两点间高差的方法，称为连续水准测量。

第二节　水准仪和水准尺

课件 2-2

水准仪是进行水准测量的主要仪器。目前工程测量中常用的水准仪有光学水准仪和电子水准仪两大类，其中光学水准仪又分为微倾式水准仪和自动安平水准仪。国产微倾式水准仪的型号有 DS_{05}、DS_1、DS_3 和 DS_{10} 四个等级，"D""S"分别是"大地测量"和"水准仪"的汉语拼音的第一个字母；下标数字是指各等级水准仪每公里往返测高差中数的中误差，以毫米为单位。工程建设中，使用最多的是 DS_3 型普通水准仪，表示使用这种仪器进行水准测量时，每公里往返测高差中数的中误差为 $\pm 3mm$。

一、DS_3 型水准仪

视频 2-1

如图 2-3 所示，DS_3 型微倾式水准仪主要由望远镜、水准器和基座 3 个部分组成。

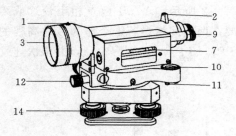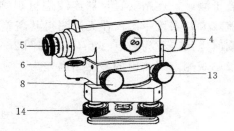

图 2-3　DS_3 型微倾式水准仪

1—准星；2—照门；3—物镜；4—物镜调焦螺旋；5—目镜；6—目镜调焦螺旋；7—管水准器；
8—微倾螺旋；9—管水准气泡观察窗；10—圆水准器；11—圆水准器校正螺丝；
12—水平制动螺旋；13—水平微动螺旋；14—脚螺旋

（一）望远镜

望远镜的作用一方面是提供一条瞄准目标的视线，另一方面是将远处的目标放大，提高瞄准和读数的精度。如图 2-4 所示，望远镜由物镜、调焦透镜、十字丝分划板及目镜组成。镜筒外面装有准星，用来初步照准目标。转动物镜调焦螺旋，则调焦透镜随之前后移动，可使物像落到十字丝平面上。再经过目镜的放大作用，使物像和十字丝同时放大成虚像。放大后的虚像与眼睛直接看到的目标大小的比值，称为望远镜放大率，通常以 V 表示，放大率是鉴别望远镜质量的主要指标。DS_3 型水准仪的望远镜放大倍率一般为 25～30 倍。

为了精确瞄准目标进行读数，望远镜里装置了十字丝分划板。十字丝分划板形式较多，常见的几种形式如图 2-5 所示，一般是在玻璃平板上刻有相互垂直的纵横细线，竖直的一条称为纵丝或竖丝，水平的一条称为横丝或中丝。与横丝平行而等距的

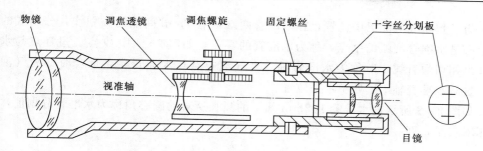

图 2-4　望远镜构造

上下两根短横线称为上下丝，总称为视距丝，用于测量距离。调节目镜调焦螺旋，可使十字丝成像清晰。物镜光心与十字丝交点的连线称为视准轴，如图 2-4 所示，视准轴是水准仪在测量中用来读数的视线。

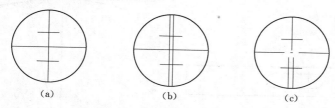

(a)　　　　　　　(b)　　　　　　　(c)

图 2-5　几种常见的十字丝分划板

（二）水准器

水准器是利用液体受重力作用后气泡居于高处的特性，指示水准器的水准轴处于水平或竖直位置，用来判断水准仪望远镜的视准轴是否水平及仪器竖轴是否竖直的装置。水准器通常分为圆水准器和管水准器（简称水准管）两种。

1. 圆水准器

圆水准器的作用是粗略整平仪器。它由玻璃圆柱管制成，里面装有液体，密封后留有气泡；其顶面内壁为磨成半径 R 的球面，中央刻有小圆圈，其圆心 O 为圆水准器的零点，过零点 O 的球面法线为圆水准器轴，它与仪器的旋转轴（竖轴）平行，如图 2-6 所示。当圆水准气泡居中时，圆水准器轴处于竖直位置，表示水准仪的竖轴也大致竖直；当气泡不居中，气泡偏移零点 2mm 时轴线所倾斜的角度值，称为圆水准器的分划值，一般为 $8'\sim10'$。圆水准器的分划值大于管水准器的分划值，因此，它通常用于粗略整平仪器。

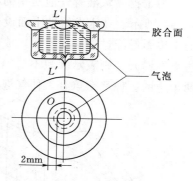

图 2-6　圆水准器

2. 水准管

水准管用于精确整平仪器。它是一个两端封闭的玻璃管，外形如图 2-7 所示，管的内壁研磨成有一定半径的圆弧，管内装有黏滞性小而易流动的液体（酒精或乙醚），仅留一个气泡即为水准气泡。由于气体比液体轻，因此，无论水准管处于水平还是倾斜位置，气泡总处于管内最高点。

　　为了判断气泡的居中位置，在水准管两端刻有 2mm 间隔的分划线，分划线的对称中心是水准管圆弧的中点，称为水准管的零点，如图 2-7 中 O 点。过零点与水准管圆弧相切的直线 LL 称为水准管轴。当气泡中点与水准管零点重合时称为气泡居中，这时水准管轴 LL 处于水平位置。

　　如图 2-8 所示，水准管上 2mm 间隔的弧长所对的圆心角称为水准管分划值，一般用 τ 表示，即

$$\tau = \frac{2}{R}\rho \qquad\qquad (2-8)$$

式中：τ 为水准管分划值，$''$；R 为水准管圆弧半径，mm；$\rho = 206265''$。

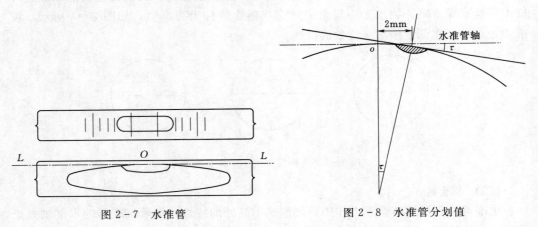

图 2-7　水准管　　　　　　　　　　图 2-8　水准管分划值

　　由式（2-8）可以看出，水准管分划值与圆弧半径成反比，半径越大，分划值越小，水准管的灵敏度越高。DS₃ 型水准仪的水准管分划值一般为 20″/2mm。它的几何意义为：当水准气泡移动 2mm 时，水准管轴倾斜的角度为 20″。

　　为了提高水准管气泡居中的精度，目前 DS₃ 水准仪多采用符合水准器，如图 2-9（a）所示。在水准管的上面设置一组符合棱镜，通过棱镜的反射作用，把气泡两端的半边影像经过三次反射后，成像在望远镜旁的符合水准器的放大镜内。若气泡两半边影像错开，则表示气泡不居中，如图 2-9（b）所示；此时可转动微倾螺旋让气泡两半边的影像严密重合，使气泡完全居中，表示仪器精确整平，如图 2-9（c）所示。

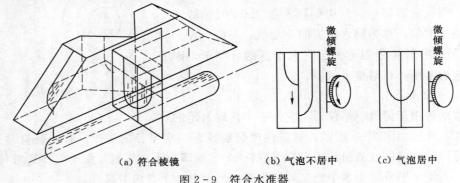

（a）符合棱镜　　　　（b）气泡不居中　　　（c）气泡居中

图 2-9　符合水准器

由于水准仪上的水准管与望远镜连在一起，旋转微倾螺旋使水准管气泡居中时，水准管轴处于水平位置，从而使望远镜的视准轴也处于水平位置。因此，水准管轴与视准轴互相平行是水准仪构造的主要条件。

（三）基座

基座的作用是支承仪器的上部，用中心螺旋将基座连接到三脚架上。基座主要由轴座、脚螺旋、连接板等构成。仪器上部通过竖轴插入轴座内，脚螺旋用于调整水准器气泡，使气泡居中，连接板通过连接螺旋与三脚架连接。

二、水准尺和尺垫

（一）水准尺

水准尺是水准测量时用以读数的工具，一般用伸缩性小且不易变形的优质木材、铝合金或玻璃钢制成，长度为2～5m，如图2-10所示。根据构造可以分为直尺、塔尺和折尺。其中直尺又分为单面水准尺和双面水准尺两种。塔尺和折尺常用于图根水准测量，塔尺是可以伸缩的水准尺，长度一般为3m或5m，塔尺面上的最小分划一般为1cm，在每米和每分米处均有注记。

双面水准尺一般尺长为2m或3m，尺面每隔1cm涂以黑白或红白相间的分格，每分米处注有数字。双面尺的一面黑白相间，称为黑面尺，也称主尺；另一面红白相间，称为红面尺。在水准测量中，水准尺通常成对使用。每对双面水准尺黑面尺底部的起始数均为零，而红面尺底部的起始数分别为4.687m和4.787m，目的是为校核读数，避免读数错误。为使水准尺更精确地处于竖直位置，多数水准尺的侧面装有圆水准器。

（二）尺垫

尺垫如图2-11所示，用生铁铸成，一般为三角形，中央有一突出的半圆球，下有3个尖脚可以插入土中。尺垫通常用于转点上，使用时应放在地上踩实，然后将水准尺立于半圆球上，以防止观测过程中水准尺下沉或位置发生变化而影响读数。

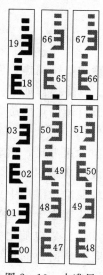

图2-10 水准尺

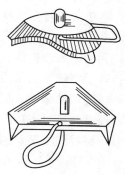

图2-11 尺垫

三、水准仪的使用

用水准仪进行水准测量的操作步骤为安置仪器—粗略整平—瞄准水准尺—精确整平—读数。

（一）安置仪器

在测站上，首先松开三脚架架腿的固定螺旋，伸缩三个架腿使高度适中，然后打开三脚架，目估架头大致水平，用脚踩实架腿，使脚架稳定、牢固。三脚架安置好后，从仪器箱中取出仪器，放在三脚架头上，用连接螺旋转入仪器基座的中心螺孔内，使仪器与三脚架连接牢固。

（二）粗略整平（粗平）

粗平即通过调节脚螺旋使圆气泡居中，初步整平仪器。具体步骤如下：转动仪器，将圆水准器置于两个脚螺旋之间，如图 2-12（a）所示，当气泡偏离中心位于 m 处时，用两手同时相对（向内）转动 1、2 两个脚螺旋，使气泡沿 1、2 两螺旋连接的平行方向移至中间 n 处，如图 2-12（b）所示。然后转动第三个脚螺旋，使气泡居中，如图 2-12（c）所示。在整平过程中气泡移动方向与左手拇指移动方向相同。

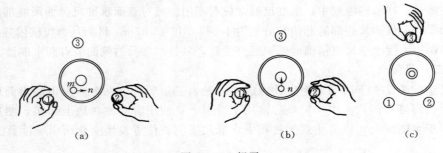

图 2-12　粗平

（三）瞄准水准尺

瞄准是将水准仪的望远镜对准水准尺，进行目镜和物镜调焦，使十字丝和水准尺成像清晰，消除视差，以便精确地在水准尺上读数。具体操作如下。

（1）调节目镜：将望远镜转向明亮的背景，调节目镜调焦螺旋，使十字丝达到最清晰。

（2）初步瞄准：利用望远镜镜筒上面的准星，照准水准尺，然后拧紧制动螺旋。

（3）物镜调焦：转动物镜调焦螺旋，使水准尺成像清晰。

（4）精确瞄准：转动微动螺旋，用十字丝的纵丝照准水准尺中央或边缘。

（5）消除视差：经过物镜对光后，水准尺的影像应落在十字丝平面上；否则，当眼睛微微上下移动时，将看到十字丝的横丝相对水准尺读数也随之变化，这种现象称为视差，如图 2-13（a）和（b）所示。视差将直接影响读数的正确性，必须予以消除。为此，应反复调节目镜和物镜调焦螺旋，直至眼睛上下移动时读数不变为止，如图 2-13（c）所示。

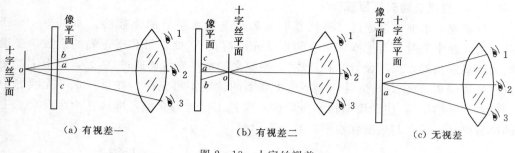

（a）有视差一　　　　　（b）有视差二　　　　　（c）无视差

图 2-13　十字丝视差

（四）精确整平（精平）

精平即在每次读数前使用微倾螺旋使水准管气泡居中。转动微倾螺旋，使气泡观察窗中两半气泡完全符合为止，如图 2-14（c）所示；精确整平时应当注意：若需右半气泡往上，应按逆时针方向转动微倾螺旋，如图 2-14（a）所示；若需右半气泡往下，应按顺时针方向转动微倾螺旋，如图 2-14（b）所示。

在水准测量中，务必记住每次瞄准水准尺进行读数前都要进行精平。

（五）读数

精确整平后，用中丝读取水准尺读数。读数前要注意水准尺的影像方向，有正像和倒像之分。倒像应从上往下读，如图 2-15（a）所示，读数为 0825（0.825m）；正像从下往上读，如图 2-15（b）所示，读数为 1740（1.740m）。读数时先估出毫米，再看清所注米数、分米数和厘米数，然后一气读出全部读数。读后再检查气泡是否符合，若不符合应再精确整平，重新读数。

视频 2-2

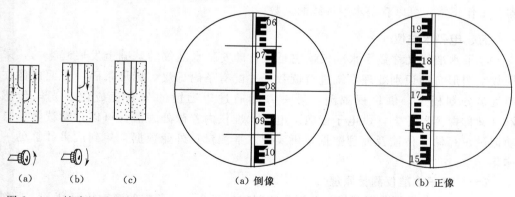

（a）　（b）　（c）

图 2-14　精确整平示意图

（a）倒像　　　　　（b）正像

图 2-15　水准尺读数

四、自动安平水准仪

微倾式水准仪是通过水准管的气泡居中来获得水平视线的，调整气泡到符合要求要花一定的时间，水准管灵敏度越高，整平需要的时间越长。自动安平水准仪则不需要水准管和微倾螺旋，只有一个圆水准器。安置仪器时，只要使圆水准器的气泡居中，再借助一种名为"补偿器"的特别装置，就可以使视线自动处于水平状态。因此，自动安平水准仪是一种不用水准管就能自动获得水平视线的水准仪。

（一）视线自动安平原理

自动安平水准仪是通过"补偿器"得到视准轴水平时的读数的。如图 2-16 所示，视准轴水平时，与视准轴重合的水平光线落在 X' 处，可获得正确的读数。当视准轴倾斜 α 角时，若不设置"补偿器"，则原来的水平光线仍通过 X' 处，但十字丝交点已经移到 X 处，也就是说，十字丝交点上的读数不再正确，如果在水平光线的中途设置"补偿器"，使光线偏转 β 角后恰好通过十字丝的交点，那么在十字丝交点上的读数仍然正确，与视准轴水平时的读数相同。

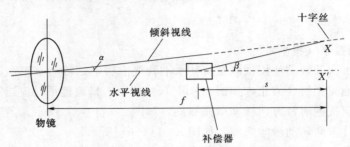

图 2-16 自动安平水准仪原理

自测 2-1

（二）自动安平水准仪的操作步骤

自动安平水准仪的操作步骤分为四步，即粗平—检查—照准—读数。其中，粗平、照准、读数的方法和微倾式水准仪相同，在此不再赘述。

检查的方法就是按动自动安平水准仪目镜下方的补偿控制按钮，查看"补偿器"是否正常工作。在粗平时，按动按钮，如果目标影像在视场中晃动，则说明"补偿器"工作正常，可以获得水平视线的读数。

五、电子水准仪

电子水准仪又称数字水准仪，它是在自动安平水准仪的基础上发展起来的，采用数字图形自动识别处理系统进行读数，并配有条码标尺。标尺条码一方面成像在望远镜分划板上，供目视观测，另一方面通过望远镜的分光镜成像在光电传感器（又称探测器）上，供电子读数。电子水准仪内置微处理器，可以自动读数、自动记录、存储、传输及处理数据，可实现水准测量从外业数据采集到成果计算的一体化。

（一）电子水准仪测量原理

电子水准仪采用条形码尺，条形码印制在铟瓦合金钢条或玻璃钢的尺身上。观测时，标尺上的条形码由望远镜接收后，探测器将采集到的标尺编码光信号转换成电信号，并与仪器内部存储的标尺编码信号进行比较，若两者信号相同，则可以确定读数。

（二）电子水准仪的基本操作

目前电子水准仪的种类很多，国外的品牌主要有徕卡、天宝和拓普康，国产的品牌有南方和中海达等。不同品牌的电子水准仪外部结构和操作界面有所不同，但是基本功能都差不多，在使用仪器前应仔细阅读使用说明书。下面以南方 DL-2003A 为例介绍电子水准仪。

　　DL-2003A 使用因瓦水准尺测量时，每公里往返测均值高差观测中误差为 ±0.3mm/km，可用于国家一、二等水准测量，距离测量误差为 5mm/10m，中丝读数最小显示可设置为 0.001m、0.0001m、0.00001m，单次测量时间为 3s。

　　1. 电子水准仪部件功能

　　电子水准仪部件功能如图 2-17 所示。

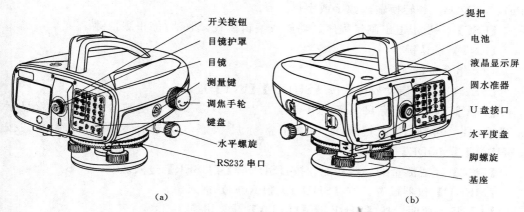

图 2-17　南方 DL-2003A 水准仪部件功能图

　　2. 操作面板

　　操作面板界面如图 2-18 所示。

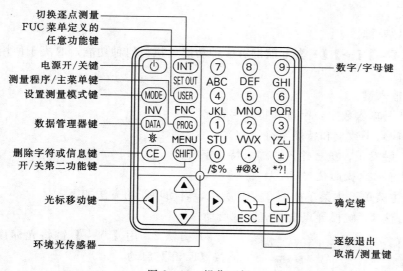

图 2-18　操作面板

　　(1) 功能键。

　　【↑↓←→】导航键，光标移动。

　　【INT】切换到逐点测量。

【MODE】设置测量模式键。

【USER】根据 FNC 菜单定义的任意功能键。

【PROG】测量程序，主菜单键。

【DATA】数据管理器键。

【CE】删除字符或信息。

【SHIFT】开关第二功能键（SET OUT，INV，FNC，MENU，LIGHTING，PgUp，PgDn）和转换输入数字或字母。

【ESC】一步步退出测量程序、功能或编辑模式，取消/停止测量键

【ENT】确认键。

（2）组合按键。

【SET OUT】启动放样。按【SHIFT】【INT】进入。

【INV】测量翻转标尺（标尺 0 刻度在上），只要反转功能被激活，仪器就显示"T"符号，再按 INV 键恢复测量正常标尺状态。反转标尺测量值为负。按【SHIFT】【MODE】进入。

【FNC】完成测量的一些功能。按【SHIFT】【USER】进入。

【MENU】仪器设置。按【SHIFT】【PROG】进入。

【☀】显示照明。按【SHIFT】【DATA】开关切换。

【PgUp】若显示内容含有多页，"Page Up"＝翻到前一页。按【SHIFT】【↑】进入。

【PgDn】若显示内容含有多页，"Page Down"＝翻到下一页。按【SHIFT】【↓】进入。

（3）导航键。

【↑】【↓】【→】【←】导航键有多种功能，执行何种功能，取决于使用导航键的模式。

（4）输入键。

"0…9"输入数字，字母和特殊字符。

"."输入小数点和特殊字符。

"±"触发正、负号输入；输入特殊字符。

3．电子水准仪的使用

（1）主菜单。主菜单如图 2－19 所示，启动功能的方法如下：

1）方法 1，触摸屏点击相应区域启动。

2）方法 2，用【↑】【↓】键将光标移到所选功能按【ENT】启动。

3）方法 3，可直接按压数字键①…⑥快捷启动。

（2）测量菜单。

1）高程测量。在主菜单的【测量】下选择"①高程测量"即可调出【高程测量】界面，按压

图 2－19　主菜单

【MEAS】按钮启动测量，测量完成后点击"确定"查看高程测量结果，如图 2 - 20 和图 2 - 21 所示。

图 2 - 20 测量菜单

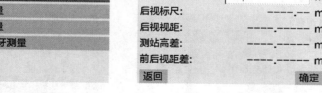

图 2 - 21 高程测量

2）放样测量。输入或查找后视点号及高程测量出视高和视距，确认后将提示选择高程放样、高差放样和视距放样。

3）线路测量。下面以一等水准测量为例讲解测量过程：①在触摸屏上点击如图 2 - 23 所示选中区域启动；②选择作业，在作业下拉列表中选择作业，也可通过按压"作业："进入新建作业界面，新建作业，如图 2 - 24 所示；③选择线路，在线路下拉列表中选择作业，也可通过按压"线路："进入新建线路界面，新建一条线路，如图 2 - 24 所示；④开始测量，进入测量界面；⑤后

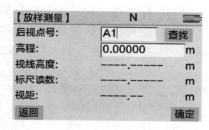

图 2 - 22 放样测量

视，输入所需要的全部参数，然后用测量键触发测量，如图 2 - 25 所示；⑥前视，输入所需要的全部参数，然后起动测量，如图 2 - 26 所示。

图 2 - 23 线路测量

图 2 - 24 一等水准测量

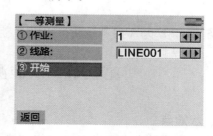

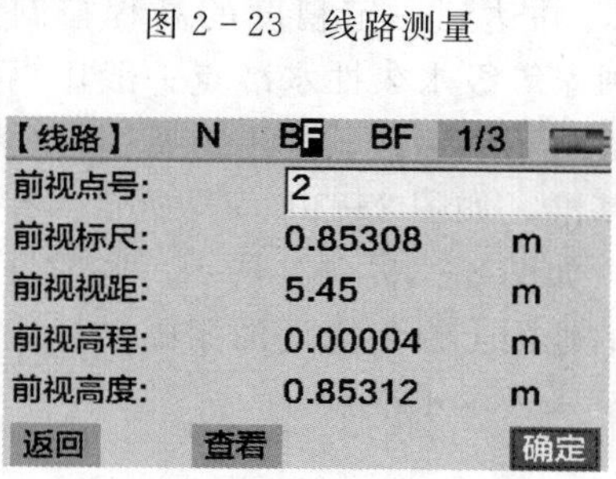

图 2 - 25 前视界面

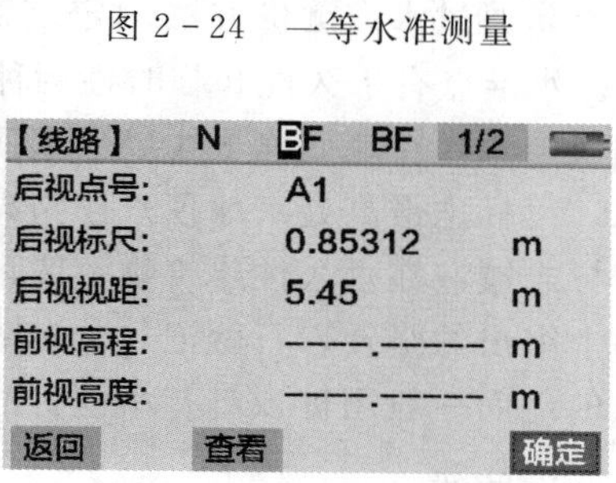

图 2 - 26 后视界面

（3）数据菜单。数据菜单如图 2-27 所示。启动功能方法：①方法 1，【DATA】调出数据管理器选择显示窗；②方法 2，通过主菜单进入。

1）编辑数据，如图 2-28 所示。修改、创建、查看和删除作业数据、测量点数据、已知点数据、编码表、线路限差数据。

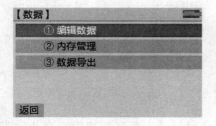

图 2-27　数据菜单　　　　　　　　　　图 2-28　编辑数据

2）内存管理。查看作业信息和存储状况信息及对内存进行格式化。

3）数据导出。把测量数据通过接口从内存输出到 U 盘或通过蓝牙导出到相关设备，分为"导出作业"和"导出线路"，如图 2-29 所示。

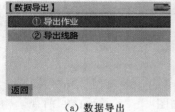
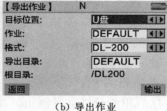
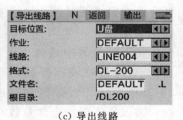

（a）数据导出　　　　　　　（b）导出作业　　　　　　　（c）导出线路

图 2-29　数据导出

南方 DL-2003A 的其他功能可以参考仪器说明书，在此不再赘述。

第三节　水准测量与成果检核

一、水准点

课件 2-3

水准点是通过水准测量方法测定其高程，并达到一定精度的高程控制点，常用 BM 表示。水准点有永久性和临时性两种。国家等级永久性水准点一般用钢筋混凝土或石料制成，深埋在地面冻土线以下，顶面设有不锈钢或其他不易腐蚀材料制成的半球形标志，以标志最高处（球顶）作为高程基准，如图 2-30（a）所示。有时把水准点的金属标志镶嵌在永久性建筑物的墙角上，如图 2-30（b）所示。临时性的水准点可用地面上突出的坚硬岩石做记号，在坚硬的地面上也可以用油漆画出标记作为水准点，松软的地面一般用桩顶钉有小铁钉的木桩来表示水准点。

二、水准路线

在水准点之间进行水准测量所经过的路线，称为水准路线。两相邻水准点间的水准路线称为测段。根据已知水准点和待求水准点的分布情况，考虑水准测量成果正确

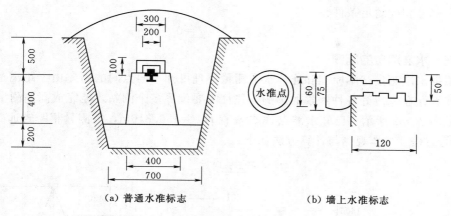

（a）普通水准标志　　　　　　　（b）墙上水准标志

图 2-30　水准标志埋设图（单位：mm）

性的检核等因素，一般布设为闭合水准路线、附合水准路线和支水准路线，如图 2-31 所示。

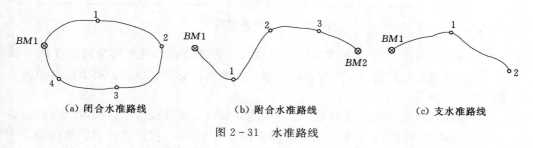

（a）闭合水准路线　　　　　（b）附合水准路线　　　　　（c）支水准路线

图 2-31　水准路线

（一）闭合水准路线

如图 2-31（a）所示，从一个已知高程的水准点 BM1 出发，沿各待定高程点 1、2、3、4 进行水准测量，最后返回到已知水准点 BM1，这种环形线路称为闭合水准路线。各测站所测高差之和的理论值应等于 0，可检核观测正确性，即闭合水准路线的高差观测值理论上应满足如下条件：

$$\sum h_{理} = 0 \qquad\qquad (2-9)$$

（二）附合水准路线

如图 2-31（b）所示，从一个已知高程的水准点 BM1 出发，沿各待定高程点 1、2、3 进行水准测量，最后附合到另一个已知高程的水准点 BM2 上的路线称为附合水准路线。各站所测高差之和的理论值应等于两个已知水准点的高程之差，可以检核观测正确性。即附合水准路线的高差观测值应满足条件：

$$\sum h_{理} = H_{BM2} - H_{BM1} \qquad\qquad (2-10)$$

（三）支水准路线

如图 2-31（c）所示，从一个已知高程的水准点 BM1 出发，沿各待定高程点 1、2 进行水准测量，测量最后既不回到原已知高程水准点上，也不附合到另一已知高程水准点的路线，称为支水准路线。支水准路线应进行往返观测，理论上，往测高差总和与返测高差总和应大小相等，符号相反，可以检核观测正确性。即支水准路线往、返测高差总和应满足条件：

$$\sum h_{往} + \sum h_{返} = 0 \qquad\qquad (2-11)$$

三、水准测量的施测

根据水准测量基本原理和连续水准测量原理可知，两点间的高差由于距离远、高差大或者存在障碍等各种因素的影响，往往需要设置多个测站才能完成高差测量。

如图 2-32 所示，已知水准点 A 的高程 $H_A = 456.816\text{m}$，欲测量相距较远的水准点 B 的高程，具体观测与计算方法如下：

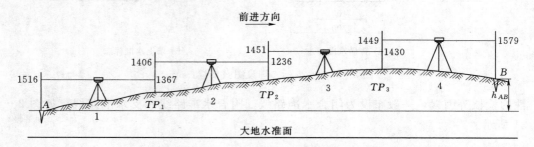

图 2-32　水准测量施测

（1）在已知水准点 A 立水准尺作为后视尺，再选合适的地点作为转点 TP_1，踩实尺垫，在尺垫上立前视尺。选择合适的地点为测站，安置水准仪。要求前视距离与后视距离大致相等。

（2）观测者首先将水准仪粗平，然后瞄准后视尺，水准仪精平后读取后视读数为 1.516m；再瞄准前视尺，精平后读取前视读数为 1.367m。记录者将观测数据记录在表 2-1 中，并根据式（2-12）计算出该测站的高差。

$$h = a - b \qquad\qquad (2-12)$$

（3）记录者计算完毕，通知观测者搬往下一个测站。原后尺手也同时前进到下一个测站的前视点 TP_2。原前尺手在 TP_1 原地不动，把尺面转向下一个测站，变为后视尺。按照前一个测站的方法观测。重复上述过程，一直观测至待定点 B。

（4）计算 B 点高程

根据每测站所测高差计算 AB 间的高差：

$$h_{AB} = \sum h \qquad\qquad (2-13)$$

B 点的高程为 $\qquad\qquad H_B = H_A + h_{AB} \qquad\qquad (2-14)$

观测数据的记录计算见表 2-1。

四、水准测量的检核

水准测量连续性很强，若在其中任何一个测站上仪器操作有失误，任何一次水准尺后视或前视准尺上读数有错误，任何一步计算有错误，都会影响该测站高差观测值的正确性，进而影响整个水准路线的观测成果，因此在水准测量过程中需要进行各种检核。

表 2 - 1　　　　　　　　　　　　水 准 测 量 手 簿

测站	测点	后视读数 a /mm	前视读数 b /mm	高差/m +	高差/m −	高程 /m	备注
1	A	1516		0.149		456.816	已知高程
	TP_1		1367				
2	TP_1	1406		0.170			
	TP_2		1236				
3	TP_2	1451		0.021			
	TP_3		1430				
4	TP_3	1449			0.130		
	B		1579			457.026	
计算校核	Σ	5822	5612	0.340	0.130		
	$\Sigma a-\Sigma b=5822-5612=+0210$			$\Sigma h=+0.210$			

（一）计算检核

由表 2 - 1 可以看出，AB 点之间的高差等于各转点之间高差的代数和，也等于后视读数之和与前视读数之和的差值，可用式（2 - 15）校核高差计算是否正确。

$$h_{AB}=\sum h=\sum a-\sum b \tag{2-15}$$

（二）测站校核

在每一个测站的观测中，为了能及时发现观测中的错误，通常采用变更仪器高法或双面尺法进行水准测量，以便检核。

1. 两次仪器高法

在每一测站上用不同的仪器高度（相差大于 10cm）分别进行高差测量，当两次所测高差之差不大于容许值±5mm，则认为观测值符合要求，取其两次高差的平均值作为最后结果；否则需要重测。

2. 双面尺法

将水准仪安置在两立尺点之间，高度不变。分别读取后视和前视水准尺的黑面和红面读数各一次，测得两次高差，以检核测站成果的正确性。四等水准测量中，若同一水准尺的红面与黑面（加上常数）读数之差在±3mm，且黑红面高差之差不超过容许值±5mm，则认为符合要求，取其平均值作为最后结果；否则需要重测。

（三）路线校核

上述检核只能检查单个测站的观测精度和计算是否正确，不能说明整个水准路线的成果是否符合要求。由于水准测量过程中受仪器和外界环境的影响，测量误差不可避免，同时随着测站的增加，误差会逐渐累积。因此，必须进一步对整个水准路线的测量成果进行检核，即将测量结果与理论值比较，判断观测精度是否符合要求。实际测量得到的该段高差与该段高差的理论值之差即为高差闭合差，用 f_h 表示：

$$f_h=\sum h_測-\sum h_理 \tag{2-16}$$

如果高差闭合差在允许限差之内，观测结果正确，精度合乎要求，否则应当重测。水准测量的高差闭合差的允许值根据水准测量的等级不同而异。表 2 - 2 为 GB 50026—2007《工程测量规范》的限差规定。

表 2 - 2　　　　　　　　　　　　工程测量限差规定表

等级	闭　合　差/mm	
	平地/mm	山地/mm
三等	$\pm 12\sqrt{L}$	$\pm 4\sqrt{n}$
四等	$\pm 20\sqrt{L}$	$\pm 6\sqrt{n}$
五等	$\pm 30\sqrt{L}$	

注　表中 L 为往返测段、附合或闭合水准路线长度，km；n 为测站数。

1. 闭合水准路线的高差闭合差

对于闭合水准路线，各测站高差之和的理论值应等于 0，即 $\sum h_{理}=0$。但由于测量有误差，往往 $\sum h_{测}\neq 0$，则产生高差闭合差。即

$$f_h=\sum h_{测} \tag{2-17}$$

2. 附合水准路线的高差闭合差

对于附合水准路线，测得的高差总和 $\sum h_{测}$ 应等于两已知水准点的高程之差（$H_{终}-H_{始}$），即 $\sum h_{理}=H_{终}-H_{始}$；实际上，两者往往不相等，其差值即为高差闭合差：

$$f_h=\sum h_{测}-(H_{终}-H_{始})=\sum h_{测}+H_{始}-H_{终} \tag{2-18}$$

3. 支水准路线的高差闭合差

对于支水准路线，要求往返观测，往测和返测的高差的绝对值应相等，符号相反。往返测量值之和理论上应等于 0，实际上，两者往往不相等，其差值即为高差闭合差：

$$f_h=\sum h_{测}=\sum h_{往}+\sum h_{返} \tag{2-19}$$

当闭合差在容许误差范围之内时，则认为精度合格，成果可用。超过容许范围时，则应查明原因并进行重测，直到符合要求。

第四节　水准测量成果计算

外业测量成果通过各种检核满足了有关规范的精度要求，然后进行内业计算。首先按一定的原则把高差闭合差分配到各实测高差中去，使调整后的高差闭合差为 0，然后用改正后的高差值计算各待求点高程，上述工作称为水准测量的内业计算。

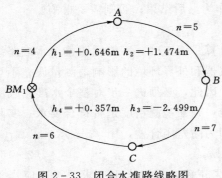

图 2 - 33　闭合水准路线略图

一、闭合水准路线的内业计算

图 2 - 33 为一闭合水准路线的观测成果，已知水准点 BM_1 的高程为 152.358m，试按四等水准测量的精度要求，计算待定点 A、B、C 的高程，结果见表 2 - 3。

表 2-3 <td></td> 闭合水准路线成果计算表

点名	测站数	实测高差/m	高差改正数/m	改正后高差/m	高程/m	备注
BM_1					152.358	
	4	+0.646	+0.004	+0.650		
A					153.008	
	5	+1.474	+0.005	+1.479		
B					154.487	
	7	-2.499	+0.007	-2.492		
C					151.995	
	6	+0.357	+0.006	+0.363		
BM_1					152.358	
$\sum$	22	-0.022	+0.022	0		
计算检核	$f_h = \sum h = -0.022\mathrm{m} = -22\mathrm{mm}$ $f_{h容} = \pm 6\sqrt{n} = \pm 6\sqrt{22} = \pm 28.1\mathrm{mm}$，$f_h < f_{h容}$					

（一）高差闭合差的计算与检核

计算实测高差闭合差 f_h 和高差闭合差的允许值 $f_{h容}$。当 $f_h \leqslant f_{h容}$ 时，进行后续计算；如果 $f_h > f_{h容}$，则说明外业成果不符合要求，必须重测，不能进行内业成果的计算。

$$f_h = \sum h_{测} = -0.022\mathrm{m} = -22\mathrm{mm}$$

$$f_{h容} = \pm 6\sqrt{n} = \pm 6\sqrt{22} = \pm 28.1\mathrm{mm}$$

$f_h < f_{h容}$，符合水准测量的要求。

（二）高差闭合差的调整

高差闭合差调整和分配原则是：将高差闭合差反符号后，按与测站数或距离成正比的原则，分配到各观测高差中。每段高差的改正数 v_i 按下式计算

$$v_i = -\frac{f_h}{\sum L} L_i \tag{2-20}$$

$$或 \quad v_i = -\frac{f_h}{\sum n} n_i \tag{2-21}$$

式中：v_i 为测段高差的改正数，m；f_h 为高差闭合差，m；$\sum L$ 为水准路线总长度，km；L_i 为测段长度，km；$\sum n$ 为水准路线测站数总和；n_i 为测段测站数。

高差改正数的总和应与高差闭合差大小相等，符号相反，即

$$\sum v_i = -f_h \tag{2-22}$$

可用式（2-22）检核计算的正确性。

本例中根据式（2-21），计算每一测段的高差改正数为

$$v_1 = -\frac{-0.022}{22} \times 4 = +0.004\mathrm{m}$$

$$v_2 = -\frac{-0.022}{22} \times 5 = +0.005\mathrm{m}$$

$$v_3 = -\frac{-0.022}{22} \times 7 = +0.007\mathrm{m}$$

$$v_4 = -\frac{-0.022}{22} \times 6 = +0.006\mathrm{m}$$

$\sum v_i = +0.022\text{m} = -f_h$，说明计算正确。

（三）计算改正后的高差

将各段高差观测值加上相应的高差改正数，求出各段改正后的高差，即

$$h_{i改} = h_{i测} + v_i \tag{2-23}$$

根据式（2-23）计算每一测段改正后的高差：

$$h_{1改} = +0.646 + 0.004 = +0.650\text{m}$$
$$h_{2改} = +1.474 + 0.005 = +1.479\text{m}$$
$$h_{3改} = -2.499 + 0.007 = -2.492\text{m}$$
$$h_{4改} = +0.357 + 0.006 = +0.363\text{m}$$

（四）计算各点高程

根据改正后的高差，由起点高程逐一推算出其他各点的高程。最后一个已知点的推算高程应等于它的已知高程，以此检查计算是否正确。

$$H_A = 152.358 + 0.650 = 153.008\text{m}$$
$$H_B = 153.008 + 1.479 = 154.487\text{m}$$
$$H_C = 154.487 - 2.492 = 151.995\text{m}$$
$$H_{BM1} = 151.995 + 0.363 = 152.358\text{m}$$

推算的 H_{BM1} 等于该点的已知高程，计算正确。

二、附合水准路线的成果计算

附合水准路线的计算与闭合水准路线计算的步骤和方法相同，区别仅是闭合差的计算方法不同。

图 2-34 为按五等水准测量要求施测的附合水准路线观测成果略图。A、B 为已知高程的水准点，A 点的高程为 45.286m，B 点的高程为 48.139m，图中箭头表示水准测量的前进方向，各测段的高差和水准路线长度如图 2-34 所示，试计算待定点 1，2，3 点的高程。

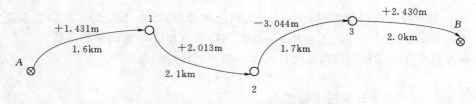

图 2-34 附合水准路线观测成果略图

计算过程如下。

1. 高差闭合差的计算与检核

$$f_h = \sum h - (H_B - H_A) = 2.830 - (48.139 - 45.286) = -0.023\text{m} = -23\text{mm}$$

$$f_{h容} = \pm 30\sqrt{L} = \pm 30 \times \sqrt{7.4} = \pm 81.6\text{mm}$$

$f_h < f_{h容}$，符合水准测量的要求。

2. 高差改正数和改正后的高差计算

已知每一测段的长度，利用式（2-20）计算高差改正数，计算结果见表 2-4。

$\sum v_i = -f_h = 0.023\text{m}$，说明改正数计算正确。

然后利用式（2-23）计算改正后的高差，计算结果见表2-4。

案例分析2-1

表2-4　　　　　　　　　　　附合水准测量成果计算表

点名	路线长 L_i /km	观测高差 /m	高差改正数 /m	改正后高差 /m	高程 /m
A	1.6	+1.431	+0.005	+1.436	45.286
1	2.1	+2.013	+0.007	+2.020	46.722
2	1.7	-3.044	+0.005	-3.039	48.742
3	2.0	+2.430	+0.006	+2.436	45.703
B					48.139
Σ	7.4	+2.830	+0.023	+2.853	
计算检核	$f_h = \sum h - (H_B - H_A) = 2.830 - (48.139 - 45.286) = -0.023\text{m} = -23\text{mm}$ $f_{h容} = \pm 30\sqrt{L} = \pm 30 \times \sqrt{7.4} = \pm 81.6\text{mm}, f_h < f_{h容}$				

3. 高程的计算

各点高程的计算与闭合水准路线相同。

三、支水准路线的成果计算

支水准路线计算过程是：取往测和返测高差绝对值的平均值作为两点的高差值（其符号与往测相同），然后根据起点高程和各测段平均高差推算各测点的高程。

必须指出，如果支水准路线起始点的高程抄录错误或该点的位置错误，所计算的待定点的高程也会错误。因此，应用此法应特别注意检查。

视频2-3

第五节　微倾式水准仪的检验与校正

一、水准仪的轴线应满足的条件

如图2-35所示，微倾式水准仪的主要轴线有视准轴 CC、水准管轴 LL、圆水准器轴 $L'L'$ 和竖轴 VV。为使水准仪能提供一条水平视线保证正确工作，水准仪的轴线

课件2-4

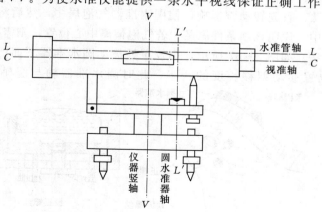

图2-35　水准仪的轴线关系

应该满足下列 3 个条件：

（1）圆水准器轴应平行于竖轴（$L'L'//VV$）。

（2）十字丝的横丝应垂直于竖轴。

（3）水准管轴应平行于视准轴（$LL//CC$）。

以上条件在仪器出厂时都经过严格检验，但由于长期使用和运输过程中的震动，可能使某些部件松动，各轴线之间的几何关系会发生变化。所以水准测量作业前，应对水准仪进行严格检验与校正。

二、圆水准器轴平行仪器竖轴的检验与校正

（1）检验目的。使圆水准器轴平行于仪器竖轴。

（2）检验原理。假设竖轴 VV 与圆水准器轴 $L'L'$ 不平行，那么当气泡居中时，圆水准器轴竖直，竖轴则偏离竖直位置 δ 角，如图 2-36（a）所示。将仪器旋转 180°，如图 2-36（b）所示，此时圆水准器轴从竖轴右侧移至左侧，与铅垂线夹角为 2δ。圆水准器气泡偏离中心位置，气泡偏离的弧长所对的圆心角应等于 2δ。

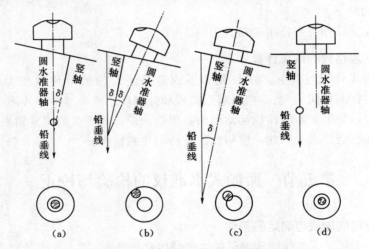

图 2-36　圆水准器检验、校正原理

（3）检验方法。首先转动脚螺旋，使圆水准器气泡居中，然后将仪器旋转 180°，此时若气泡仍居中，说明该项条件满足；若气泡偏离中心位置，则需要校正。

（4）校正方法。如图 2-37 所示，用校正针拨动圆水准器下面的 3 个校正螺丝，使气泡向居中位置移动偏移长度的一半，此时圆水准器轴与竖轴平行，如图 2-

图 2-37　圆水准器校正螺丝

36（c）所示；再旋转脚螺旋使气泡居中，此时竖轴处于竖直位置，如图 2-36（d）所示。校正工作须反复进行，直到水准仪旋转到任何位置气泡都居中为止。

三、十字丝横丝垂直于竖丝的检验与校正

（1）检验目的。使十字丝横丝垂直于仪器的竖轴。

（2）检验原理。如果十字丝横丝不垂直于仪器的竖轴，当仪器整平时竖轴竖直，此时十字丝横丝不水平，用横丝的不同部位在水准尺上读数将产生误差。

（3）检验方法。仪器整平后，从望远镜视场内选择一个清晰目标点，用十字丝中心照准目标点，拧紧制动螺旋。转动水平微动螺旋，若目标点始终在横丝上移动，如图 2-38 中的（a）、（b）所示，说明横丝垂直于竖轴；如果目标偏离横丝，如图 2-38 中的（c）、（d）所示，则表明横丝不垂直于竖轴，需要校正。

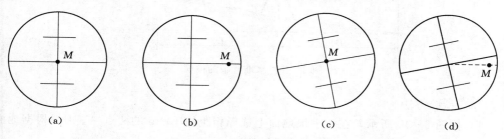

图 2-38　十字丝横丝的检验

（4）校正方法。校正方法因十字丝分划板装置的形式不同而不同。如图 2-39（a）所示，这种仪器在目镜端镜筒上有三颗固定螺丝，可直接用螺丝刀松开相邻两颗固定螺丝，转动分划板座，让横丝水平，再将螺丝拧紧。如图 2-39（b）所示，这种仪器必须先卸下目镜处的外罩，再用螺丝刀松开十字丝分划板座的四颗固定螺丝，轻轻转动分划板座，使横丝水平，最后旋紧固定螺丝，并旋上外罩。

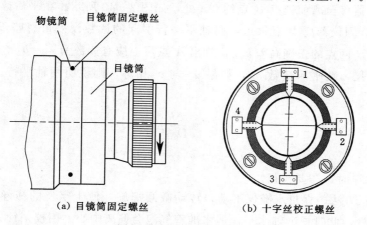

（a）目镜筒固定螺丝　　　　　（b）十字丝校正螺丝

图 2-39　十字丝的校正

四、水准管轴平行于视准轴的检验与校正

（1）检验目的。使水准管轴平行于望远镜视准轴。

（2）检验原理。如图 2-40 所示，若水准管轴与望远镜视准轴不平行，会出现一个夹角 i，由于 i 角的影响产生的读数误差称为 i 角误差。此项检验也称 i 角检验。《国家三、四等水准测量规范》（GB/T 12898—2009）规定，DS$_3$ 型水准仪的 i 角不得大于 $20''$，否则需要校正。

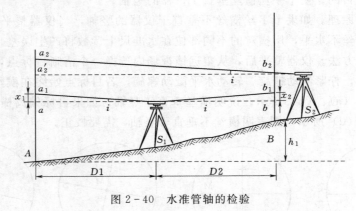

图 2-40 水准管轴的检验

（3）检验方法。

1）如图 2-40 所示，在一平坦地面上选择相距约 100m 的两点 A、B，根据地面情况分别在 A、B 两点打入木桩或放置尺垫。

2）将水准仪安置在 A、B 两点的中间，使前、后视距相等，依次照准 A、B 两点的水准尺，精平后读数分别为 a_1 和 b_1，因前、后视距相等，所以 i 角对前、后视读数的影响也相同，即 $x_1 = x_2$，则 A、B 两点之间的高差为

$$h_{AB} = (a_1 - x_1) - (b_1 - x_2) = a_1 - b_1 \qquad (2-24)$$

由式（2-24）可知，该高差是不受视准轴误差影响的正确高差。

3）将仪器移至离前视点 B 点约 3m 处，如图 2-40 所示。精平后读得 B 处水准尺读数为 b_2。因仪器离 B 点很近，两轴不平行引起的读数误差可忽略不计，故可根据 b_2 和 A，B 两点的正确高差 h_{AB}，算出 A 点尺上应有读数为 $a_2' = b_2 + h_{AB}$。然后瞄准 A 点水准尺，精平后读数 a_2，如果 a_2 与 a_2' 相等，则说明两轴平行。否则存在 i 角，其值为

$$i'' = \frac{\Delta h}{D_{AB}} \rho'' \qquad (2-25)$$

其中 $\qquad\qquad\qquad\qquad \Delta h = a_2 - a_2' ; \rho = 206265''$

当 i 角大于 $20''$ 时，需要校正。

（4）校正方法。保持水准仪不动，转动微倾螺旋，使十字丝的横丝对准 A 尺的正确读数 a_2' 处，此时视准轴水平，但水准管气泡会偏离中心。用校正针先松开水准管的左右校正螺丝，然后拨动上下校正螺丝，如图 2-41 所示，一松一紧，升降水准管的一端，使气泡居中。此项检验需反复进行，直到符合要求后，拧紧松开的校正螺丝。

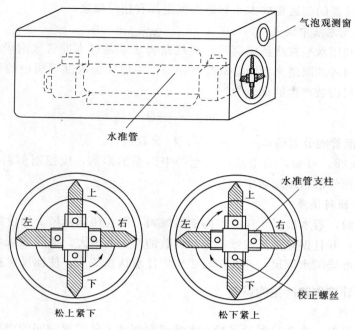

图 2-41　水准管的校正

第六节　水准测量误差产生的原因与消减方法

水准测量的误差主要有 3 个方面：仪器误差、观测误差及外界环境影响产生的误差。

一、仪器误差

1. i 角误差

水准仪虽经检验校正，但不可能彻底消除 i 角误差。根据 i 角检验原理，当仪器至前、后视水准尺的距离相等时，在高差计算中就可以消除 i 角对高差的影响。因此，水准测量中要求前后视距要大致相等。

2. 水准尺的误差

水准尺本身的误差包括：分划误差、尺面弯曲误差、尺长误差和零点误差等，在使用前必须对水准尺进行检验，符合要求方能使用。

由于水准尺在使用过程中的磨损等原因，水准尺的底面与其分划零点不完全一致，其差值称为标尺零点误差。使用成对水准尺进行水准测量时，可通过设置偶数站到达，消除零点误差。因此，在一个测段内应使测站数为偶数。

二、观测误差

1. 读数误差

读数误差产生的原因有两个：一是存在视差；二是毫米位估读不准确。视差可通过目镜和物镜的调焦加以消除；估读误差与望远镜放大率和视距长度有关，因此各级水准测量所用仪器的望远镜放大率和最大视距都有相应规定。

2. 水准管气泡居中误差

水准测量利用水平视线测定高差，视线是否水平是以水准管气泡居中为根据的，但这些都凭观测者的眼睛来判断，故存在误差。一般认为水准管居中的误差约为 0.1 分划值，水准尺读数产生的误差为

$$m = \frac{0.1\tau''}{\rho}D \tag{2-26}$$

式中：τ'' 为水准管的分划值；$\rho = 206265''$；D 为视线长。

由式（2-26）可知，为了减小气泡居中误差的影响，应控制前后视距，同时，观测过程中应使气泡精确地居中。

3. 水准尺倾斜误差

水准测量时，若水准尺在视线方向前后倾斜，则在倾斜标尺上的读数总是比正确的标尺读数大，并且误差随尺的倾斜角和读数的增大而增大。消除或减小误差的办法是使用有圆水准器的水准尺，并在测量工作中注意认真扶尺，使标尺竖直。

三、外界环境影响产生的误差

1. 仪器下沉误差

在水准测量时，由于仪器的重量，水准仪在测站上随安置时间的增加而下沉，会使后面的读数比应有读数小，造成高差测量误差。如图 2-42 所示。假设仪器下沉的速度与时间成正比，从读取后视读数 a_1 到读取前视读数 b_1 时，仪器下沉了 Δ，则有

$$h_1 = a_1 - (b_1 + \Delta) \tag{2-27}$$

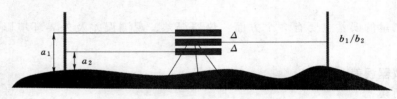

图 2-42　仪器下沉误差的影响

为了减弱此项误差的影响，可在同一测站进行第二次观测，而且第二次观测先读前视读数 b_2，再读后视读数 a_2。则

$$h_2 = (a_2 + \Delta) - b_2 \tag{2-28}$$

取两次高差的平均值，即

$$h = \frac{h_1 + h_2}{2} = \frac{(a_1 - b_1) + (a_2 - b_2)}{2} \tag{2-29}$$

可消除仪器下沉对高差的影响。一般称上述操作为"后、前、前、后"的观测程序。

2. 水准尺下沉误差

水准尺下沉对读数的影响表现在两个方面：一是和上述仪器下沉的影响类似，采用"后、前、前、后"的观测程序可以消除或减少其影响；二是在转站时，转点处的水准尺下沉会造成误差，如果往测与返测尺子下沉的量相同，误差符号相同，而往测与返测高差符号相反，因此，取往测和返测高差的平均值可消除其影响。

3. 大气折光的影响

水平视线经过密度不同的空气层被折射，会形成一条向下弯曲的曲线。视线离地面越近，光线的折射越大。一般使视线离地面的高度不少于 0.3m，同时使后视与前视距离相等，减少大气折光的影响。

本 章 小 结

本章对水准测量的原理、水准仪的结构、水准仪的使用步骤、水准测量基本方法、水准仪的检校和水准测量误差来源及处理方法作了较详细的阐述。本章的教学目标是使学生掌握水准测量的基本原理、水准测量仪器的操作方法和水准测量与计算过程。

重点应掌握的公式：

1. 高差计算公式：$h_{AB}=a-b$
2. 高程计算公式：$H_B=H_A+h_{AB}=H_A+\sum a-\sum b$
3. 闭合水准路线高差闭合差的计算公式：$\Delta h=\sum h_{测}$
4. 附合水准路线高差闭合差的计算公式：$\Delta h=\sum h_{测}-(H_{终}-H_{始})$

思 考 与 习 题

作业 2-1

1. 水准测量的基本原理是什么？
2. 什么是转点？转点的作用是什么？
3. 水准仪由哪些主要部件构成？各起什么作用？
4. 试描述使用水准仪时的操作步骤。
5. 什么是视差？产生视差的原因是什么？如何消除视差？
6. 水准测量为什么要求前后视距相等？

7. 设地面点 A、B 分别为后、前视点，A 点高程为 48.115m，当后视读数为 1.428m、前视读数为 1.726m 时，两点的高差是多少？A 点比 B 点高还是低？B 点的高程是多少？

作业 2-2

8. 将如图 2-43 所示水准路线中的各有关数据填入表 2-5，并计算各测站的高差和 B 点的高程。

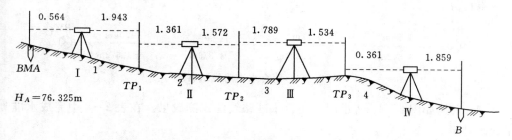

图 2-43　水准路线示意图

表 2-5

水 准 测 量 计 算 表

测站	测点	水准尺读数		高差/m		高程 /m	备注
		后视/m	前视/m	+	−		
I	BMA TP_1						
II	TP_1 TP_2						
III	TP_2 TP_3						
IV	TP_3 B						
	计算校核						

9. 根据表 2-6 水准测量记录，计算高差、高程并进行校核。

表 2-6

水 准 测 量 记 录

测站	测点 (立尺点)		中丝读数 /m	每站高差/m (后－前)	高程 /m	备注
1	后　视	BM_6	1.542		43.123	已知点
	前　视	TP_1	1.102			
2	后　视	TP_1	0.957			
	前　视	TP_2	1.512			
3	后　视	TP_2	2.556			
	前　视	TP_3	0.785			
4	后　视	TP_3	1.976			
	前　视	临1	2.543			
检核计算	后　视	$\sum a$		$\sum h =$		
	前　视	$\sum b$				

10. 图 2-44 为四等附合水准路线的观测成果和简图。试在表 2-7 中完成水准测量成果计算。

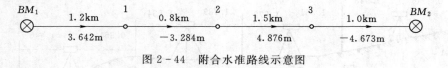

图 2-44　附合水准路线示意图

11. 根据如图 2-45 所示四等闭合水准路线的观测成果，在表 2-8 中完成水准测量成果计算。

12. 水准仪有哪些轴线？轴线间应满足哪些条件？如何进行检验和校正？

13. 水准测量的误差来源有哪些？如何防止？

表 2-7   **附合水准路线成果计算表**

点名	距离 /km	实测高差 /m	改正数 /m	改正后高差 /m	高程 /m	备注
BM1					5.612	
1						
2						
3						
BM2					6.182	
计算检核						

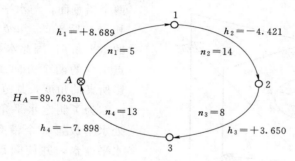

图 2-45   闭合水准路线示意图

表 2-8   **闭合水准路线计算表**

点号	测站数	观测高差 /m	改正数 /mm	改正后高差 /m	高程 /m	备注
A						
1						
2						
3						
A						
Σ						
计算检核						

第三章

角度测量

角度测量是测量工作的三要素之一，包括水平角测量和竖直角测量。目前测量角度的常用仪器有经纬仪和全站仪。

第 一 节　 角 度 测 量 原 理

一、水平角测量原理

如图 3－1 所示，设有从 O 点出发的 OA、OB 两条方向线，分别过 OA、OB 作两个铅垂面，与水平面 P 的交线为 oa 和 ob，所夹的 $\angle aob$ 即为 OA、OB 间的水平角 β。因此**水平角**是指从空间一点出发的两个方向线在水平面上的投影所夹的角度，其范围是 $0°\sim360°$。

为了测定水平角值，设想在 O 点处水平放置一个带有刻度的圆盘，即水平度盘，并使圆盘的中心位于过 O 点的铅垂线上，两方向 OA 与 OB 在水平度盘上的投影读数分别为 a 和 b，如果度盘刻划的注记是按顺时针方向由 $0°$ 递增到 $360°$，则可算出 OA 与 OB 两方向线的水平角 β

$$\beta = b - a$$

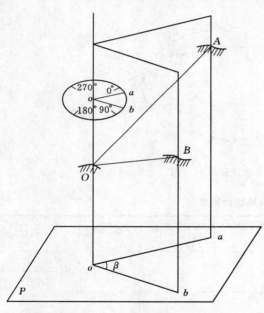

图 3－1　水平角测量原理

二、竖直角测量原理

在同一铅垂面内，观测目标的方向线与水平线的夹角称为**竖直角**。如图 3－2 所示，视线在水平线上方时称为仰角，角值为正，取值范围为 $0°\sim+90°$；视线在水平线下方时称为俯角，角值为负，取值范围为 $0°\sim-90°$。

为了测量竖直角，需在 O 点上设置一个可以在竖直平面内随望远镜一起转动又带有刻划的**竖直度盘**（竖盘）；并且竖盘内设置一条位于铅垂位置的读数指标线，不随竖盘的转动而转动。因此，竖直角就等于瞄准目标时倾斜视线的读数与水平视线读数的差值。

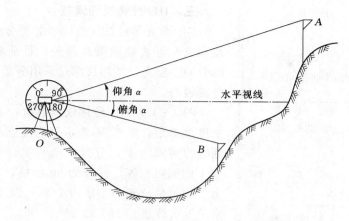

图 3-2　竖直角测量原理

第二节　经　纬　仪

角度测量仪器主要有光学经纬仪、电子经纬仪和全站仪等。

一、经纬仪概述

经纬仪是角度测量的主要仪器。按其结构和读数方式，可分为光学经纬仪和电子经纬仪。根据测角精度的不同，我国的经纬仪系列分为 DJ_{07}、DJ_1、DJ_2、DJ_6 等几个等级；D 和 J 分别表示"大地测量"和"经纬仪"汉语拼音的第一个字母，下标 07、1、2、6 分别为该仪器的精度指标。目前，经纬仪的使用越来越少。

二、经纬仪的结构

如图 3-3 所示，光学经纬仪主要由照准部、水平度盘和基座三部分组成。

1. 照准部

经纬仪基座上部能绕竖轴旋转的整体，称为照准部，包括望远镜、横轴、竖直度盘、读数显微镜、照准部水准管及竖轴等。

2. 水平度盘

水平度盘是用光学玻璃制成的圆盘。在度盘上按顺时针方向刻有 0°～360° 的分划，用来测量水平角。

3. 基座

基座起支承仪器照准部并与三脚架连接的作用，主要由轴座、脚螺旋和底板组成。轴座是连接固定仪器竖

照准部
水平度盘
基座

图 3-3　经纬仪组成

轴与基座的部件，通过轴座固定螺旋进行固定。脚螺旋用来整平仪器。连接板通过连接螺旋将仪器固定在三脚架上。

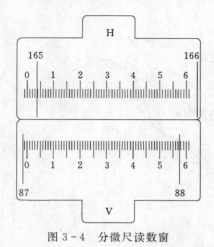

图 3-4　分微尺读数窗

三、DJ₆ 经纬仪的读数

DJ$_6$ 型光学经纬仪的读数装置分为分微尺测微器和单平行玻璃测微器两种。目前我国生产的大部分 DJ$_6$ 型光学经纬仪都是采用分微尺测微装置进行读数的。

图 3-4 为 DJ$_6$ 经纬仪读数窗，上面 H 表示水平度盘刻划，下面 V 表示竖直度盘刻划。度盘分划线的间隔为 $1°$，分微尺全长正好与度盘分划影像 $1°$ 的间隔相等，并分为 60 小格，每一小格的值为 $1'$，可估读到一小格的 $1/10$，即 $6''$。图 3-4 中水平度盘读数为 $165°03'48''$。

第三节　全　站　仪

课件 3-2

全站仪是全站型电子速测仪的简称，是由电子测角、光电测距、电子计算和数据存储单元等组成的三维坐标测量系统，也是一种集水平角、垂直角、距离（斜距、平距）、高差测量功能于一体的测量仪器系统。

一、全站仪的结构

全站仪主要由电子测角系统、光电测距系统、自动补偿系统、数据存储设备、微处理器和输入输出单元组成，各部分的组合框图如图 3-5 所示。

微处理器是全站仪的核心装置，主要由中央处理器、随机储存器和只读存储器等构成。测量时，微处理器根据键盘或程序的指令控制各分系统的测量工作。数据存储设备相当于全站仪的数据库，能够存储测量数据和相关测量程序；容量越来越大，从以前只能存储几百个点的坐标数据或测量数据，发展到现在能储存上万个点的坐标数据或观测数据。另外，全站仪已实现了"三轴"补偿功能（补偿

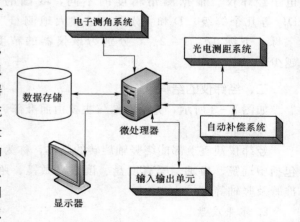

图 3-5　全站仪结构图

器的有效工作范围一般为 $±3'$），从而保证观测得到的是在正确的轴系关系条件下的结果。

二、全站仪的分类

全站仪按测量功能分成四类。

1. 经典型全站仪

经典型全站仪也称为常规全站仪，具备全站仪电子测角、电子测距和数据自动记录与计算等基本功能，有的还可以运行厂家或用户自主开发的机载测量程序。

2. 机动型全站仪

在经典全站仪的基础上安装轴系步进电机，可自动驱动全站仪照准部和望远镜的旋转。在计算机的在线控制下，机动型全站仪可按计算机给定的方向值自动照准目标，并可实现自动正、倒镜测量。

3. 无合作目标型全站仪

无合作目标型全站仪又称免棱镜全站仪，是指在无反射棱镜的条件下，可对一般目标直接测距的全站仪。因此，对不便安置反射棱镜的目标进行测量时，免棱镜全站仪具有明显优势。

4. 智能型全站仪

在机动型全站仪的基础上，安装自动目标识别与照准功能，在相关软件的控制下，自动完成多个目标的识别、照准与测量，实现了全站仪的智能化。因此，智能型全站仪又称为"测量机器人"。

三、全站仪的基本操作

目前全站仪的种类很多，国外的品牌主要有徕卡、天宝和拓普康，国产的品牌有南方、中海达和华测等。不同的全站仪外部结构和操作界面都有所不同，在使用仪器前应仔细阅读使用说明书。

（一）南方 NTS-332RM 系列全站仪

南方 NTS-332RM 系列全站仪是一款免棱镜仪器（图 3-6），其测角精度有 $1''$、$2''$ 和 $5''$，精测模式下测距精度为 $\pm(1+1\times10^{-6}D)$mm 和 $\pm(2+2\times10^{-6}D)$mm 两种，普通模式下最大测程 4000m，无棱镜最大测程 600m。

1. 全站仪部件功能

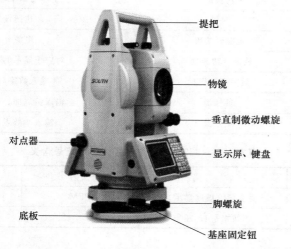

图 3-6 南方 NTS-332RM 系列全站仪部件功能图

2. 全站仪操作面板

图 3-7 为南方 NTS-332RM 系列全站仪的操作面板，各按键的功能见表 3-1，显示屏显示符号的含义见表 3-2。

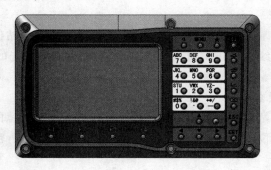

图 3-7　南方 NTS-332RM 系列全站仪操作面板、显示屏与按键功能

表 3-1　　　　　　　　南方 NTS-332RM 系列全站仪面板键盘功能表

按键	名　称	功　　能
⬜	角度测量键	进入角度测量模式
⬜	距离测量键	进入距离测量模式
⬜	坐标测量键	进入坐标测量模式
⬜	退格键	删除光标前字符
▲ ▼	方向键	上、下移键
◀ ▶	方向键	左、右移键
ESC	退出键	返回上一级状态或返回测量模式
ENT	回车键	对所做操作进行确认
MENU	菜单键	进入菜单模式
α	转换键	字母与数字输入转换
★	星键	快捷设置
⏻	电源开关键	电源开关
F1~F4	软键（功能键）	对应于显示的软键信息
0~9	数字字母键盘	输入数字和字母
—	负号键	输入负、加、乘、除号
·	点号键	输入小数点等字符

表 3-2　　　　　　　南方 NTS-332RM 系列全站仪显示符号含义

符　　号	含　　义	符　　号	含　　义
V%	垂直角（坡度显示）	PPM	大气改正值
R/L	切换水平右/左角		

3. 星键设置★

按下星键后出现如图 3-8 所示的界面。

（1）按合作目标可以出现如图3-9所示的界面。

图3-8　全站仪星键功能　　　　　图3-9　合作目标设置

有3种合作目标可选，按［◀］或者［▶］可以进行切换，分别为棱镜、反射板和无合作，选择一个模式后按确认即可返回上一界面。在选择棱镜模式下可以更改棱镜常数。

（2）电子气泡：进入该界面可以调整电子气泡整平。

（3）按PPM设置可以进入气象改正设置，如图3-10所示，如果TP自动显示"关"则需要预先测得测站周围的温度和气压，输入温度及气压后确认；如果显示为"开"，则下面显示的温度气压为仪器测量得到的结果。

（4）测量模式：进入界面后按［◀］或者［▶］可以在连续精测、跟踪、精测3个模式之间进行转换，选择完按确定结束。

（5）激光指示：开启测距头激光指示。

（6）激光下对点开关以及对点器的亮度，如图3-11所示。

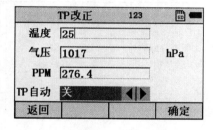

图3-10　气象改正设置

4. 全站仪角度测量

按下角度测量键，进入角度测量模式，出现如图3-12所示界面。每一项的功能见表3-3。

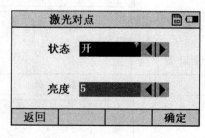

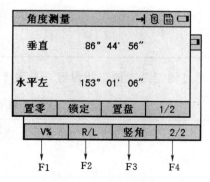

图3-11　激光对点设置　　　　　图3-12　角度测量显示界面

（1）水平角的设置。在仪器处于角度测量模式时进行以下操作，完成角度值的设置。

表3-3　　　　　　　　　　　　　　角度测量功能显示符号含义

页数	软键	显示符号	功　　能
1/2	F1	置零	水平角置为0°0′0″
	F2	锁定	水平角读数锁定
	F3	置盘	通过键盘输入设置水平角
	F4	1/2	显示第2页软键功能
2/2	F1	V%	垂直角显示格式（绝对值/坡度）的切换
	F2	R/L	水平角（右角/左角）模式之间的转换
	F3	竖角	高度角/天顶距的切换
	F4	2/2	显示第1页软键功能

1）通过置零角度值进行设置，见表3-4。

表3-4　　　　　　　　　　　　　　　置零角度值设置

操　作　过　程	操作	显　　　示
①照准目标A	照准A	**角度测量**　　　　　　　→🔋SD▮ 垂直　　276°43′32″ 水平右　186°59′30″ 置零　锁定　置盘　1/2
②设置目标A的水平角为0°00′00″ 按 F1（置零）键和 F4（确定）键	F1 F4	**置零**　　　　　　　　　→🔋SD▮ 确认置零吗？ 取消　　　　　　　确定 **角度测量**　　　　　　　→🔋SD▮ 垂直　　276°43′33″ 水平右　　0°00′00″ 置零　锁定　置盘　1/2

2）通过锁定角度值进行设置，见表3-5。

表3-5　　　　　　　　　　　　　　　锁定角度值设置

操　作　过　程	操作	显　　　示
①用水平微动螺旋转到所需的水平角	显示 角度	**角度测量**　　　　　　　→🔋SD▮ 垂直　　276°45′14″ 水平右　204°30′09″ 置零　锁定　置盘　1/2

操 作 过 程	操作	显 示
②按 F2 （锁定）键	F2	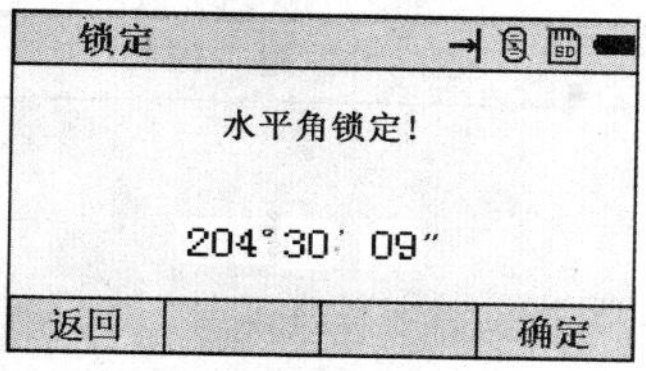 锁定　→📶🔋 SD 🔋 水平角锁定！ 204°30′09″ 返回　　　　　　　　确定
③照准目标	照准	
④按 F4 （确定）键完成水平角设置，显示窗变为正常的角度测量模式	F3	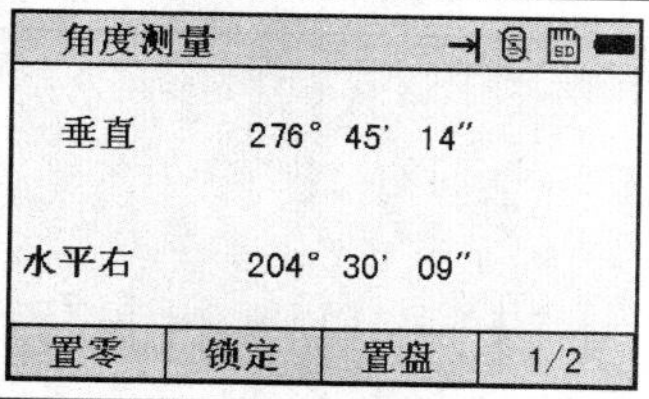 角度测量　→📶🔋 SD 🔋 垂直　　276°45′14″ 水平右　204°30′09″ 置零　锁定　置盘　1/2

3）通过键盘输入进行设置，见表3-6。

表 3-6　　　　　　　　键 盘 输 入 设 置

操 作 过 程	操作	显 示
①照准目标	照准	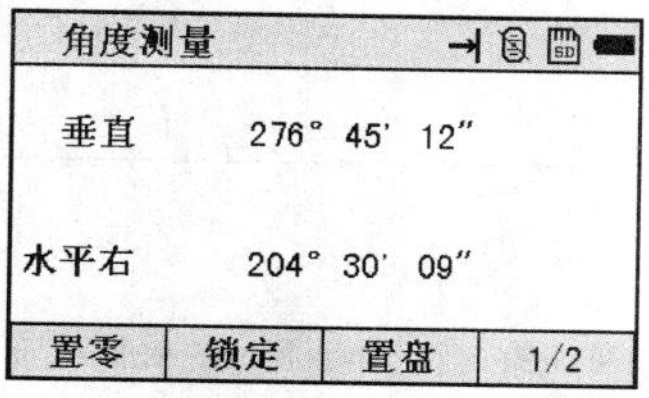 角度测量　→📶🔋 SD 🔋 垂直　　276°45′12″ 水平右　204°30′09″ 置零　锁定　置盘　1/2
②按 F3 （置盘）键	F3	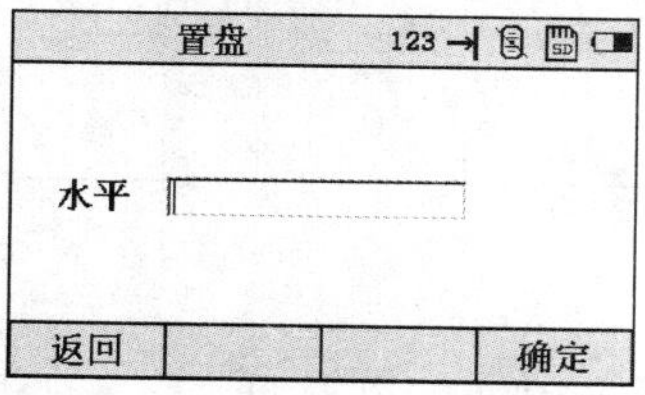 置盘　123 →📶🔋 SD 🔋 水平 [　　　　　　] 返回　　　　　　　　确定
③通过键盘输入所要求的水平角，如：150°10′20″，则输入150.1020	150.1020 F4	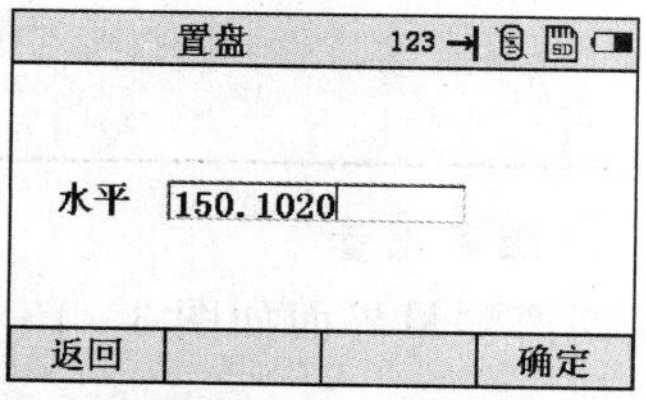 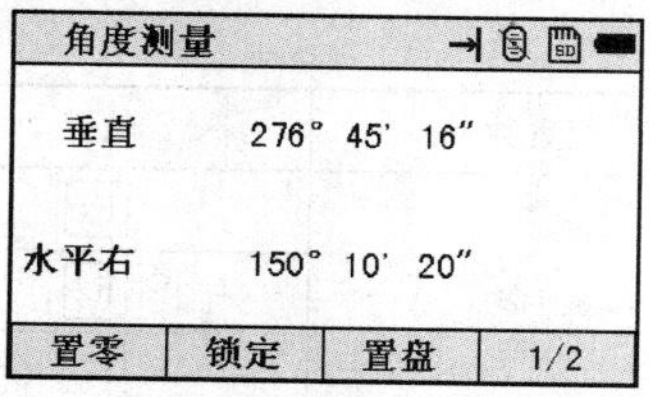 置盘　123 →📶🔋 SD 🔋 水平 [150.1020　] 返回　　　　　　　　确定 角度测量　→📶🔋 SD 🔋 垂直　　276°45′16″ 水平右　150°10′20″ 置零　锁定　置盘　1/2

47

（2）水平角测量，见表3-7。

表3-7   水 平 角 测 量

操 作 过 程	操作	显 示
①照准第一个目标A	照准A	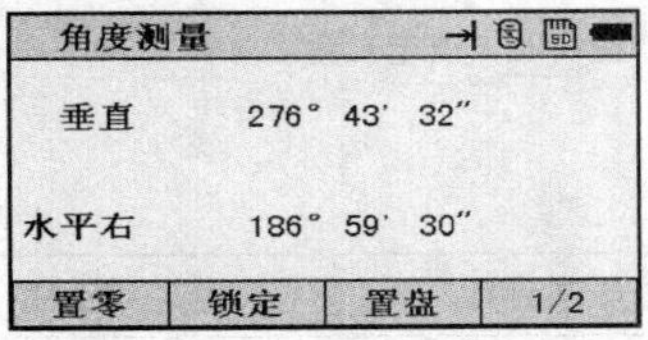 角度测量 ┘⑧🔲▬ 垂直 276°43′32″ 水平右 186°59′30″ 置零 锁定 置盘 1/2
②设置目标A的水平角为0°00′00″	F1 F4	 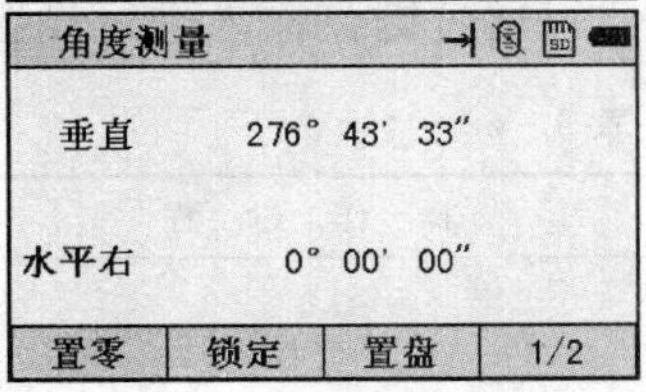 置零 ┘⑧🔲▬ 确认置零吗？ 取消 确定 角度测量 ┘⑧🔲▬ 垂直 276°43′33″ 水平右 0°00′00″ 置零 锁定 置盘 1/2
③照准第二个目标B，显示目标B的水平角	照准目标B	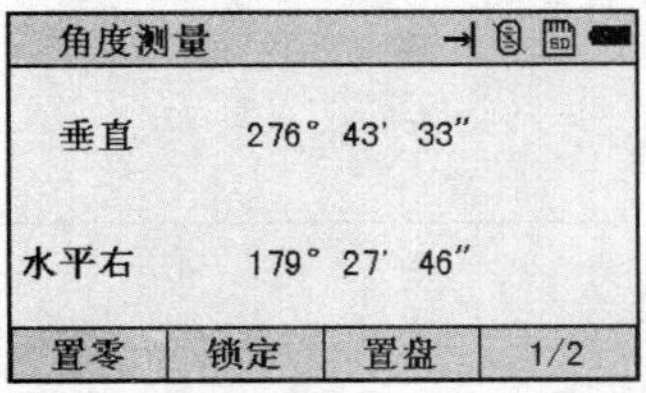 角度测量 ┘⑧🔲▬ 垂直 276°43′33″ 水平右 179°27′46″ 置零 锁定 置盘 1/2
④水平角$\beta=179°27′46″$		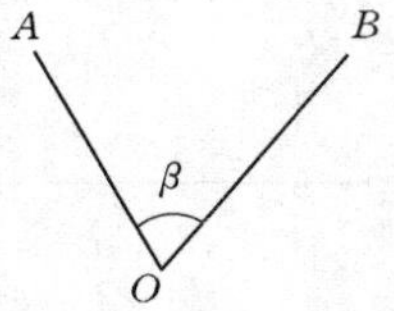

5. 距离测量

距离测量界面如图3-13所示，界面中3个功能键的含义见表3-8。

表3-8   距离测量功能显示符号含义

页数	软键	显示符号	功 能
1/1	F1	测量	启动测量
	F2	模式	设置测距模式
	F3	放样	距离放样模式

6. 坐标测量

坐标测量界面如图 3-14 所示，界面中 4 个功能键的含义见表 3-9。

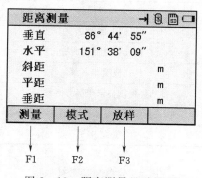

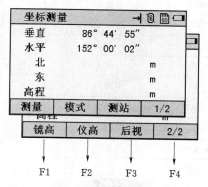

图 3-13　距离测量显示界面　　　图 3-14　坐标测量显示界面

表 3-9　　　　　　　　　　　坐标测量功能显示符号含义

页数	软键	显示符号	功　　能
1/2	F1	测量	启动测量
	F2	模式	设置测距模式
	F3	测站	设置测站坐标
	F4	1/2	显示第 2 页软键功能
2/2	F1	镜高	设置棱镜高度
	F2	仪高	设置仪器高度
	F3	后视	设置后视点坐标
	F4	2/2	显示第 1 页软键功能

菜单键中包含诸多测量程序，将在后续章节中陆续介绍。

（二）华测 CTS-112R 系列全站仪

华测 CTS-112R 系列全站仪是一款免棱镜仪器，测角精度为 $2''$，棱镜精测模式下测距精度为 $\pm(2+2\times10^{-6}D)$mm，单棱镜最大测程 4000m，无棱镜最大测程 800m。

1. 全站仪的部件功能

全站仪的部件功能如图 3-15 所示。

2. 全站仪的操作面板

图 3-16 为华测 CTS-112R 系列全站仪的操作面板、显示屏与按键功能，键盘功能和显示屏符号含义见表 3-10 和表 3-11。

表 3-10　　　　　　　华测 CTS-112R 系列全站仪面板键盘功能表

按　　键	键　　名	功　　能
★	星键模式键	进入星键模式
ANG	角度模式键	进入角度模式
DIST	距离模式键	进入距离模式

按 键	键 名	功 能
CORD	坐标模式键	进入坐标模式
MENU	菜单模式键	进入菜单模式
ESC	退出键	返回上级菜单
ENT	回车键	在输入值之后按此键
⏻	电源开关键	打开或关闭电源
F1~F4	功能键	键功能提示显示于屏幕底部
0~9	数字键	输入数字或其上面注记的字母
◀ ▶ ▲ ▼	光标移动键	输入数字/字母时用于移动光标

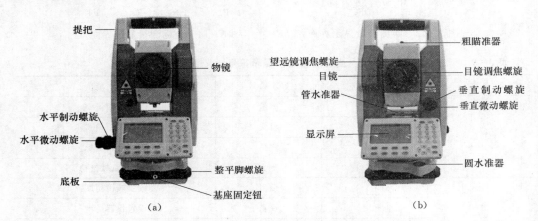

图 3 – 15 华测 CTS – 112R 系列全站仪部件功能图

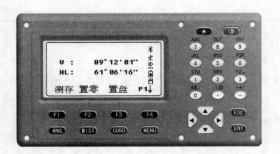

图 3 – 16 华测 CTS – 112R 系列全站仪操作面板、显示屏与按键功能

表 3 – 11 华测 CTS – 112R 系列全站仪显示屏显示符号含义

符 号	含 义	符 号	含 义
V	竖直角	VD	高差
HR	水平角（右角）	N	纵坐标（X）
HL	水平角（左角）	E	横坐标（Y）
HD	水平距离	Z	高程
SD	倾斜距离	m	以米为单位

（三）中海达 ZTS-121 系列全站仪

中海达 ZTS-121 系列全站仪是一款免棱镜仪器，测角精度为 $2''$，单棱镜精测模式下测距精度为 $\pm(2+2\times10^{-6}D)\text{mm}$，单棱镜最大测程 5000m，无棱镜最大测程 600m。

1. 全站仪的部件功能

全站仪的部件功能如图 3-17 所示。

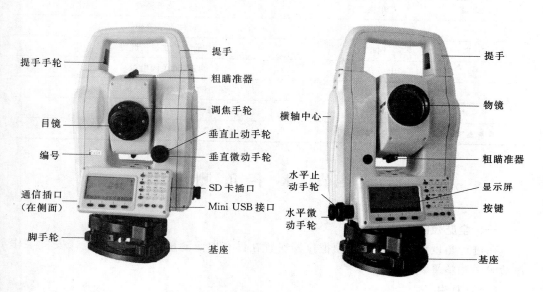

图 3-17　中海达 ZTS-121 系列全站仪部件功能图

2. 全站仪的操作面板

图 3-18 为海达 ZTS-121 系列全站仪的操作面板，各按键的功能见表 3-12。

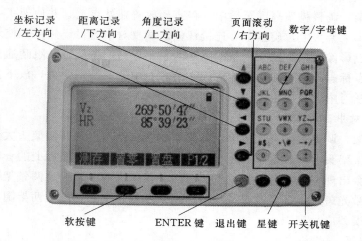

图 3-18　中海达 ZTS-121 系列全站仪操作面板、显示屏与按键功能

表 3-12		中海达 ZTS-121 系列全站仪面板键盘功能表
按　键	键　名	功　能
★	星键模式键	进入星键模式
ANG	角度模式键	进入角度模式
DIST	距离模式键	进入距离模式
CORD	坐标模式键	进入坐标模式
MENU	菜单模式键	进入菜单模式
ESC	退出键	返回上级菜单
ENT	回车键	在输入值之后按此键
Φ	电源开关键	打开或关闭电源
F1～F4	功能键	键功能提示显示于屏幕底部
0～9	数字键	输入数字或其上面注记的字母
◀ ▶ ▲ ▼	光标移动键	输入数字/字母时用于移动光标

课件 3-3

第四节　水平角测量

一、全站仪的安置

在进行角度测量之前，必须把仪器安置在设有地面测量标志的测站上。安置工作包括对中和整平。

（一）对中

对中的目的是使仪器的水平度盘中心与测站点位于同一条铅垂线上。对中有 3 种方法，即垂球对中、光学对中器对中和激光对中器对中。精度要求不高时可以采用垂球对中，目前使用较少，在此不再赘述。

1. 光学对中器对中

打开脚架，调整脚架高度至适中，将脚架放置在站点上，并使架头大致水平。将仪器放置在脚架架头上，旋紧中心连接螺栓。调整对中器目镜焦距，使对中器的圆圈标志和测站点影像清晰。踩实一条架腿，两手紧握另两条架腿，眼睛通过对中器的目镜寻找测站点标志，直至测站点标志中心落在对中器的圆圈中央，放下两架腿踩实即可。一般光学对中误差应小于 1mm。

2. 激光对中器对中

打开脚架，调整脚架高度适中，将脚架放置在站点上，并使架头大致水平；将仪器放置在脚架架头上，旋紧中心连接螺栓。通过全站仪操作面板上的★键打开激光对中器，地面会出现一个红色激光斑点。踩实一架腿，两手紧握另两条架腿移动，眼睛观察地面的激光斑点，直至激光斑点落在测站点标志中心，放下两架腿踩实即可。一般激光对中误差应小于 1mm。

（二）整平

整平的目的是使仪器的竖轴处于铅垂位置，从而使水平度盘处于水平位置。整平分为粗略整平和精确整平。

（1）粗略整平。利用上述方法对中后，松开三脚架架腿的固定螺旋，通过伸缩脚架使圆水准气泡大致居中，再用脚螺旋使圆水准气泡精确居中，使仪器粗平。

（2）精确整平。如图 3-19 所示，转动照准部，使照准部管水准器轴与任意两个脚螺旋的连线平行，图 3-19（a）为水准器轴与 1、2 号脚螺旋的连线平行，按照左手大拇指法则旋转 1、2 号脚螺旋，使照准部管水准气泡居中；转动照准部 90°，使管水准器轴垂直于 1、2 号脚螺旋的连线，如图 3-19（b）所示，旋转 3 号脚螺旋使管水准气泡居中。观察光学对中器圆圈中心（或激光对中器的激光斑点）与测站点标志是否重合，一般会有微小偏移，这时松开（但不是完全松开）仪器中心连接螺旋，在架头上平行移动仪器，使光学对中器（或激光斑点）与测站标志点重合。由于平行移动仪器的过程对整平会有一定影响，所以需要重新转动脚螺旋使水准管气泡居中，如此反复几次，直到对中、整平都满足要求为止。

二、水平角测量方法

水平角测量最常用的方法有测回法与方向观测法。实际测量时通常用盘左和盘右各观测一次，取平均值作为观测结果，可以消除仪器本身的一些误差。"盘左"是指用望远镜照准目标时，竖直度盘在望远镜的左边，又称为正镜；"盘右"是指用望远镜照准目标时，竖直度盘在望远镜的右边，又称为倒镜。如果只用盘左或盘右观测一次角度，称为半测回；如果用盘左和盘右对一个角度各观测一次，称为一个测回。

（一）测回法

当所测的角度只有两个方向时，通常用测回法观测。如图 3-20 所示。具体步骤如下：

视频 3-1

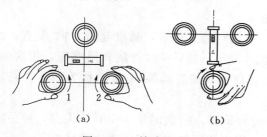
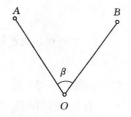

图 3-19　精确整平　　　　　图 3-20　测回法测量水平角

（1）在测站点 O 上安置全站仪，进行对中、整平。

（2）盘左位置，照准目标 A，配置度盘读数，并记录读数为 $a_左$；顺时针旋转望远镜，瞄准目标 B，读数并记录 $b_左$。计算水平角 $\beta_左 = b_左 - a_左$，以上称为上半测回。

（3）盘右位置，先照准目标 B，读数并记录 $b_右$；然后逆时针旋转望远镜，瞄准目标 A，读数并记录 $a_右$。计算水平角 $\beta_右 = b_右 - a_右$，以上称为下半测回。

（4）计算一测回角值。若两个半测回角值之差不超过规定限值，取平均值

$$\beta = \frac{1}{2}(\beta_左 + \beta_右) \tag{3-1}$$

观测数据的记录格式与计算见表 3-13。

自测 3-1

表 3 - 13 　　　　　　　　　　水平角观测记录（测回法）

测站	测回	目标	竖盘位置	水平度盘读数 (° ′ ″)	半测回角值 (° ′ ″)	一测回角值 (° ′ ″)	各测回平均角值 (° ′ ″)
O	1	A	左	0 01 04	85 44 14	85 44 12	85 44 11
		B		85 45 18			
		A	右	180 01 16	85 44 10		
		B		265 45 26			
	2	A	左	90 00 30	85 44 12	85 44 10	
		B		175 44 42			
		A	右	270 00 41	85 44 08		
		B		355 44 49			

当测角精度要求较高时，需要在一个测站上观测若干测回，各测回观测角值之差称为测回差。为了减少度盘刻划不均匀误差的影响，各测回零方向的起始数值应变换 $180°/n$（n 是测回数）。如果测回差不超限，则取多个测回的平均值作为最后结果。

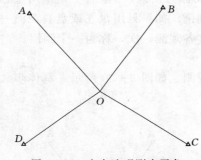

图 3 - 21　方向法观测水平角

读数分别记入表 3 - 14。

视频 3 - 2

自测 3 - 2

（二）方向观测法

当一个测站上需观测的方向数多于两个时，应采用方向观测法，又称为全圆方向法，如图 3 - 21 所示。

1. 观测步骤

（1）在测站点 O 上安置全站仪，进行对中、整平。

（2）盘左位置，瞄准起始方向 A 点，配置度盘并记录。然后顺时针旋转照准部，依次瞄准 B、C、D 点，最后瞄准 A 点，称为归零。每次观测

（3）盘右位置，瞄准 A 点，逆时针旋转，依次瞄准 D、C、B 点，最后瞄准 A 点，将各点的读数分别记入表 3 - 14。下半测回结束，归零差应满足规定。

2. 计算步骤

（1）计算半测回归零差。半测回归零差等于起始方向两次读数之差，应满足限差要求（表 3 - 15），否则应重测。

（2）计算两倍照准误差 2C 值。2C＝盘左读数－（盘右读数±180°）。对于同一仪器，在同一测回内各方向的 2C 值应为一个定数。若有变化，2C 互差不能超过表 3 - 15 中规定的范围。

（3）计算各方向盘左、盘右读数的平均值：

$$平均读数 = \frac{1}{2}\left[盘左读数 + （盘右读数 \pm 180°）\right]$$

表 3 - 14   水平角观测记录表（方向观测法）

测站	测回	目标	水平度盘读数		2C	平均方向值	归零方向值	各测回平均归零方向值
			盘左	盘右				
			(° ′ ″)	(° ′ ″)	(″)	(° ′ ″)	(° ′ ″)	(° ′ ″)
O	1	A	0 01 12	180 01 02	+10	(0 01 10) 0 01 07	0 00 00	0 00 00
		B	45 40 42	225 40 36	+6	45 40 39	45 39 29	45 39 28
		C	120 30 54	300 30 44	+10	120 30 49	120 29 39	120 29 34
		D	160 24 36	340 24 24	+12	160 24 30	160 23 20	160 23 20
		A	0 01 18	180 01 08	+10	0 01 13		
	2	A	90 02 12	270 02 06	+6	(90 02 10) 90 02 09	0 00 00	
		B	135 41 40	315 41 36	+4	135 41 38	45 39 28	
		C	210 31 44	30 31 36	+8	210 31 40	120 29 30	
		D	250 25 34	70 25 28	+6	250 25 31	160 23 21	
		A	90 02 14	270 02 08	+6	90 02 11		

表 3 - 15   方向观测法限差表

仪器级别	半测回归零差	一测回2C互差	同一方向各测回互差
DJ$_2$	8″	13″	9″
DJ$_6$	18″		24″

注 参考《城市测量规范》(CJJ/T 8—2011)

由于起始方向 OA 有两个平均读数，应再取平均记入在表格的括号中，作为 OA 方向的方向值。

（4）计算归零方向值。将各方向平均读数减去起始方向的两次平均值（括号内的值），即得到各方向归零方向值。

（5）计算各测回归零方向平均值。

第五节 竖直角测量

课件 3-4

一、竖盘的构造

经纬仪的竖直度盘（竖盘）一般由竖盘、竖盘指标、竖盘指标水准管和竖盘指标水准管微动螺旋组成。竖盘垂直固定在望远镜横轴的一端，其刻划中心与横轴的旋转中心重合。竖盘可以随着望远镜上下转动，另外有一个固定的竖盘指标，以指示竖盘转动在不同位置时的读数，这与水平度盘是不同的。竖盘指标与竖盘指标水准管一同安置在微动架上，不能随望远镜转动，只能通过调节指标水准管微动螺旋，使水准管气泡居中，这时竖盘指标处于正确位置。目前很多仪器安装了竖盘指标自动补偿装置，代替竖盘指标水准管和竖盘指标水准管微动螺旋。

竖直度盘的刻划也是在全圆周上刻划 360°。竖盘注记形式有两种：一种是顺时针注记，另一种是逆时针注记。图 3-22 为竖盘注记示意图。

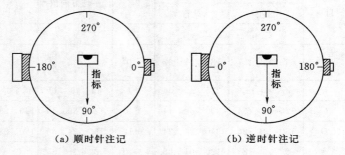

（a）顺时针注记 （b）逆时针注记

图 3-22 经纬仪竖盘注记形式

二、竖直角计算公式

竖盘注记形式不同，竖直角计算的公式也不同。以顺时针注记的竖盘为例，推导竖直角计算的基本公式。

如图 3-23 所示，当望远镜处于盘左位置，视线水平，竖盘指标水准管气泡居中时（或竖盘指标自动补偿器打开），读数指标处于正确位置，竖盘读数正好为常数 90°。

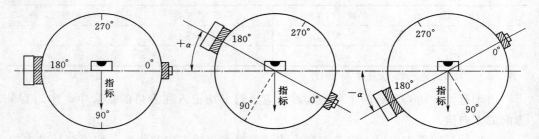

图 3-23 竖直角计算示意图（盘左）

当望远镜逐渐上仰时，竖盘读数逐渐减少，则竖直角 α 等于视线水平时的读数 90°减去瞄准目标时的读数 L，即

$$\alpha_左 = 90° - L \tag{3-2}$$

图 3-24 所示为盘右位置，视线水平时竖盘读数为 270°，当望远镜上仰时，视线与水平线之间的夹角为仰角，读数为 R，则盘右的竖直角为

$$\alpha_右 = R - 270° \tag{3-3}$$

由于观测中不可避免地存在误差，盘左、盘右所获得的竖直角不完全相同，所以应当取盘左、盘右竖直角的平均值作为最终结果

$$\alpha = \frac{1}{2}(\alpha_左 + \alpha_右) = \frac{1}{2}\big[(R - L) - 180°\big] \tag{3-4}$$

同理，当竖盘为逆时针注记时，可以推出此时的竖直角公式：

$$\alpha_左 = L - 90° \tag{3-5}$$

$$\alpha_右 = 270° - R \tag{3-6}$$

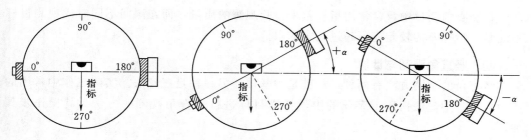

图 3-24　竖直角计算示意图（盘右）

在实际工作中，可以将望远镜抬高（上仰），观测竖盘读数是增加还是减少，来判断使用哪套公式。

三、竖盘指标差

理论上，当竖盘水准管气泡居中时，竖盘指标应为 90°和 270°。但是实际上竖盘指标在水准管气泡居中时并不能指向正确位置，而是有一个偏角 x，这个偏角就是竖盘指标差，如图 3-25 所示。当指标偏离方向与竖盘注记方向一致时，读数增大 x，且 x 为正；反之，当指标偏离方向与竖盘注记相反时，读数减少，x 为负。

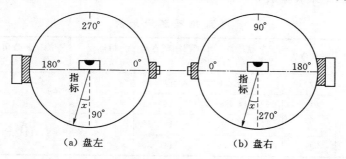

（a）盘左　　　　　　　　（b）盘右

图 3-25　竖盘指标差

如图 3-25 所示，盘左视线水平时的读数为 90°+x，盘右视线水平时的为 270°+x。当存在指标差时，竖直角的计算公式为

$$\alpha_左=(90°+x)-L \tag{3-7}$$

同理，盘右位置时的竖直角为

$$\alpha_右=R-(270°+x) \tag{3-8}$$

由此得到

$$\alpha=\frac{1}{2}(\alpha_左+\alpha_右)=\frac{1}{2}[(R-L)-180°] \tag{3-9}$$

式（3-9）与无竖盘指标差时的竖直角计算公式［式（3-4）］相同，说明观测竖直角时，通过盘左、盘右取平均值的方法可以消除指标差的影响。

如果观测没有误差，从理论上来讲，盘左测得的竖直角 $\alpha_左$ 与盘右测得的竖直角 $\alpha_右$ 应该相等，则

$$x=\frac{1}{2}[(R+L)-360°] \tag{3-10}$$

在竖直角测量中，常常用指标差来检验观测的质量，即在测回不同时或观测目标不同时，指标差的较差应不超过规定的限值。

四、竖直角观测与计算

竖直角的观测方法有两种：一种是中丝法，另一种是三丝法。实际工作中常用的是中丝法。中丝法指用十字丝的中丝切准目标进行竖直角观测的方法。其操作步骤如下：

（1）将仪器安置于测站点上（对中、整平）。

（2）盘左位置照准目标，固定照准部和望远镜，使十字丝的中丝精确切准目标的特定位置。

（3）如果仪器竖盘指标为自动归零装置，则直接读取读数 L；如果采用的是竖盘指标水准管，应先调整竖盘指标水准管微动螺旋，使指标水准管气泡居中，再读取竖盘读数 L，计入记录手簿。

（4）盘右精确照准同一目标的同一部位。重复步骤（3）的操作并读数与记录。

（5）根据相应的计算公式，计算竖直角和指标差。

竖直角观测记录表见表 3－16。

自测 3－3

表 3－16 　　　　　　　　　竖 直 角 观 测 记 录 表

测回	测站	目标	竖盘位置	竖盘读数 /(° ′ ″)			半测回竖直角 /(° ′ ″)			指标差 /(″)	一测回竖直角 /(° ′ ″)			各测回的平均值 /(° ′ ″)		
1	O	A	左	85	45	24	+4	14	36	−1	+4	14	35	+4	14	34
			右	274	14	34	+4	14	34							
2	O	A	左	85	45	28	+4	14	32	+2	+4	14	34			
			右	274	14	36	+4	14	36							

第六节　全站仪的检验与校正

课件 3－5

一、全站仪应满足的几何条件

全站仪的几何轴线有：望远镜视准轴 CC、横轴 HH、照准部水准管轴 LL 和仪器竖轴 VV。

在测量水平角时各轴线应满足下列条件：

（1）照准部水准管轴垂直于竖轴（$LL \perp VV$）。

（2）十字丝竖丝垂直于横轴（竖丝 $\perp HH$）。

（3）视准轴垂直于横轴（$CC \perp HH$）。

（4）横轴垂直于竖轴（$HH \perp VV$）。

仪器在使用过程中，由于长途运输或环境变化，仪器的光机结构参数的微量变化在所难免，其轴线之间的关系会发生变化，因此在作业开始之前必须对全站仪进行检验和校正。

二、全站仪的检验与校正

（一）照准部水准管轴垂直于竖轴

1. 检验方法

整平全站仪，转动照准部使水准管平行于一对脚螺旋的连线，并转动该对脚螺旋使气泡居中。然后，将照准部旋转180°，若气泡仍然居中，说明条件满足。如果偏离量超过1格应进行校正。

2. 校正方法

先用与长水准器平行的脚螺旋进行调整，使气泡向中心移近一半的偏离量。剩余的一半用校正针转动水准器校正螺丝（在水准器右边），调整至气泡居中。

（二）十字丝竖丝垂直于横轴

1. 检验方法

（1）如图3-26所示，整平仪器后在望远镜视线上选定一目标点 A，用分划板十字丝中心照准 A 并固定水平和垂直制动手轮。

（2）转动望远镜垂直微动手轮，使 A 点移动至视场的边沿（A' 点）。

（3）若 A 点沿十字丝的竖丝移动，即 A' 点仍在竖丝之内，则十字丝不倾斜，不必校正，如果 A' 点偏离竖丝中心，则十字丝倾斜，需对分划板进行校正。

2. 校正方法

（1）首先取下位于望远镜目镜与调焦手轮之间的分划板座护盖，可见4个分划板座固定螺丝（图3-27）。

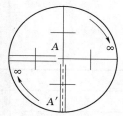 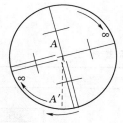

图3-26 十字丝竖丝的检验

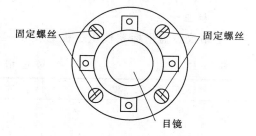

图3-27 十字丝竖丝的校正

（2）用螺丝刀均匀地旋松4个固定螺丝，绕视准轴旋转分划板座，使 A' 点落在竖丝的位置上。

（3）均匀地旋紧固定螺丝，再用上述方法检验校正结果。

（4）将护盖安装回原位。

（三）视准轴垂直于横轴

1. 检验方法

（1）距离仪器同高的远处设置目标 A，精确整平仪器并打开电源。

（2）在盘左位置将望远镜照准目标 A，读取水平角（例：水平角 $L=10°13'10''$）。

（3）松开垂直及水平制动手轮，旋转照准部盘右照准同一 A 点，照准前应旋紧水平及垂直制动手轮，并读取水平角（例：水平角 $R=190°13'40''$）。

（4）$2C=L-(R\pm180°)=-30''$，$|2C|>20''$，需校正。

2. 校正方法

（1）用水平微动手轮将水平角读数调整到消除 C 后的正确读数：
$R+C=190°13'40''-15''=190°13'25''$，此时十字丝交点与 A 点不重合。

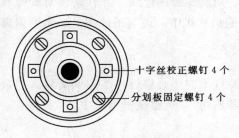

十字丝校正螺钉4个

分划板固定螺钉4个

图 3-28 视准轴垂直于横轴的检验

（2）取下位于望远镜目镜与调焦手轮之间的分划板座护盖，如图 3-28 所示，调整分划板上水平左右两个十字丝校正螺丝，先松一侧，然后拧紧另一侧的螺丝，移动分划板使十字丝中心照准目标 A。

（3）重复检验步骤，校正至 $|2C|<20''$符合要求为止。

（4）将护盖安装回原位。

（四）竖盘指标差检验和竖盘指标零点设置

1. 检验方法

（1）安置整平好仪器后开机，将望远镜照准任一清晰目标 A，得竖直角盘左读数 L。

（2）转动望远镜再照准 A，得竖直角盘右读数 R。

（3）若竖直角天顶为 $0°$，则 $i=(L+R-360°)/2$，若竖直角水平为 $0°$则 $i=(L+R-180°)/2$。

（4）若 $|i|\geqslant10''$，则需对竖盘指标零点重新设置。

2. 校正方法

全站仪竖盘指标差校正过程见表 3-17。

表 3-17　　　　　　　　　竖盘指标差校正

操作过程	操作	显示
①整平仪器后，进入校准模式	整平 校准	校正 1. 补偿器 2. 垂直角基准 3. 测距加常数 返回
②盘左状态下转动仪器精确照准与仪器同高的远处任一清晰稳定目标 A	按2键	置i角 1 正镜 盘左照准目标 V: 86°22'13'' 退出　　　　　确定

操 作 过 程	操作	显 示
③旋转望远镜，盘右精确照准同一目标A	F4	置i角 ⤙ ⊕ 🖩 ▭ 1 正镜 盘左照准目标 　V：　　86°22′14″ 2 倒镜 盘右照准目标 　V：　　266°32′48″ 退出　　　　　　　确定
④按 F4 键，显示右图，然后再按 F4 键（确定）完成	F4	结果 ⤙ ⛊ 🖩 ▭ 新i角为：86°27′31″ 确定要重置i角吗？ 取消　　　　　　　确定

（五）视准轴与发射电光轴的平行度

1. 检验方法

（1）如图 3-29 所示，在距仪器 50m 处安置反射棱镜。

（2）用望远镜十字丝精确照准反射棱镜中心。

（3）打开电源进入测距模式，按 MEAS 键作距离测量，左右旋转水平微动手轮，上下旋转垂直微动手轮，进行电照准，通过测距光路畅通信息闪亮的左右和上下的区间，找到测距的发射电光轴的中心。

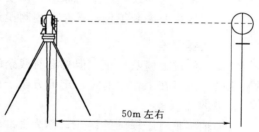

图 3-29 视准轴与发射电光轴的平行度的检验

（4）检查望远镜十字丝中心与发射电光轴照准中心是否重合，如基本重合即可认为合格。

2. 校正方法

如望远镜十字丝中心与发射电光轴中心偏差很大，则须送专业修理部门校正。

（六）激光对点器

1. 检验方法

（1）将仪器安置到三脚架上，在一张白纸上画一个十字交叉点并放在仪器正下方的地面上。

（2）打开激光对点器，移动白纸使十字交叉点位于光斑中心。

（3）转动脚螺旋，使对点器的光斑与十字交叉点重合。

（4）旋转照准部，每转 90°，观察对点器的光斑与十字交叉点的重合度。

（5）如果照准部旋转时，激光对点器的光斑一直与十字交叉点重合，则不必校正，否则需按下述方法进行校正。

2. 校正方法

（1）将激光对点器护盖取下。

（2）固定好十字交叉白纸，仪器每旋转 90°时在纸上标记出对点器光斑落点，如图 3 - 30 所示 A、B、C、D 点。

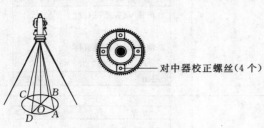

——对中器校正螺丝(4 个)

（3）用直线连接对角点 AC 和 BD，两直线交点为 O。

（4）用内六角扳手调整对点器的 4 个校正螺丝，使对中器的中心标志与 O 点重合。

（5）重复检验步骤（4），检查校正至符合要求。

图 3 - 30　激光对点器的检验与校正

（6）将护盖安装回原位。

第七节　角度测量的误差及其消减方法

在角度测量中，由于仪器的缺陷、观测的局限以及外界环境的影响，测量的结果会有误差。研究这些误差产生的原因、性质和大小，以便设法减少其对成果的影响。

角度测量误差来源于仪器误差、观测误差和外界条件的影响 3 个方面。

一、仪器误差

仪器虽经过检验及校正，但总会有残余的误差存在。仪器误差的影响，一般都是系统性的，可以在工作中通过一定的方法予以消除或减小。

1. 视准轴误差

视准轴不垂直于横轴的误差，称为视准轴误差。由于盘左、盘右观测时该误差的大小相等、符号相反，因此可以采用盘左、盘右观测取平均的方法消除。

2. 横轴误差

横轴误差是由于横轴与竖轴不严格垂直而引起的水平方向读数误差。由于盘左、盘右观测同一目标时的水平方向读数误差大小相等、符号相反，可采用盘左、盘右观测取平均的方法消除。

3. 竖盘指标差

竖盘自动补偿误差会导致竖盘指标偏离正确的位置，产生竖盘读数误差。这种误差同样可以采用盘左、盘右观测取平均的方法消除。

4. 竖轴误差

竖轴误差是水准管轴不垂直于竖轴所引起的误差。这种误差不能通过盘左、盘右取平均的方法来消除。为此，观测前应严格校正仪器，观测时保持照准部水准管气泡居中，观测过程中气泡的偏离量不得超过一格，否则应重新进行对中整平。

5. 度盘刻度误差

度盘刻度误差是度盘刻度分划不均匀造成的。可以使用在各测回间变换起始度盘位置的方法，削弱该项误差。

二、观测误差

1. 仪器对中误差

如图 3-31 所示，O 为测站点，A、B 为两目标点；由于仪器存在对中误差，仪器中心偏离至 O' 点，OO' 的距离称为测站偏心距，通常用 e 表示；β 为没有对中误差时的正确角度，β' 为有对中误差时的实际角度；测站 O 至 A、B 的距离分别为 D_1，D_2，则对中偏差所引起的角度误差为

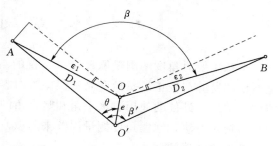

图 3-31　对中误差

$$\Delta\beta = \beta - \beta' = \varepsilon_1 + \varepsilon_2$$

由于 ε_1 和 ε_2 很小，则有

$$\varepsilon_1 = \frac{e\sin\theta}{D_1}\rho'' \qquad (3-11)$$

$$\varepsilon_2 = \frac{e\sin(\beta'-\theta)}{D_1}\rho'' \qquad (3-12)$$

因此，仪器对中误差对水平角的影响值为

$$\Delta\beta = \beta - \beta' = \varepsilon_1 + \varepsilon_2 = e\rho''\left[\frac{\sin\theta}{D_1} + \frac{\sin(\beta'-\theta)}{D_2}\right] \qquad (3-13)$$

由式（3-13）可知，对中误差对水平角测量的影响与偏心距 e 成正比，与距离 D 成反比；同所测角度大小也有关系，β 越接近 $180°$，影响越大。因此，需要特别注意的是，在观测目标较近或水平角接近 $180°$ 时，应严格对中。

2. 目标偏心误差

测量水平角时，望远镜所瞄准的目标标志应处于铅垂位置。如果标志发生倾斜，瞄准目标标志的上部时，会产生目标偏心误差。与对中误差相似，该误差对观测方向的影响与目标偏心距成正比，与距离成反比。因此，在水平角观测时，照准标志应竖直，并尽量照准目标根部。

3. 照准误差

照准误差主要受人眼分辨能力和望远镜放大率的影响。通常情况下，人眼可以分辨两个点的最小视角为 $60''$，因此望远镜的照准误差为

$$m_V = \pm\frac{60''}{V} \qquad (3-14)$$

式中：V 为望远镜的放大率，一般全站仪的望远镜放大率为 30，故照准误差为 $2.0''$。

同时，照准误差还与目标的形状、亮度、颜色和大气情况等因素有关。

三、外界条件的影响

影响水平角观测精度的外界因素有很多，如风力造成仪器不稳定；大气温度的变化导致仪器轴系关系的改变；晴天由于受到地面辐射的影响，瞄准目标的像会产生跳

动；地面土质松软造成仪器沉降；大气折光与旁折光使视线偏折等。这些因素的影响无法完全避免，只能通过采取某些措施（如选择有利观测时间、置稳仪器、打伞等）使其对观测的影响降至最低。

本 章 小 结

本章主要对角度的测量原理、全站仪的结构与使用、水平角测量、竖直角测量、全站仪的检验与校正以及角度测量误差等内容作了较详细的阐述。本章的教学目标是使学生掌握全站仪的使用、水平角和竖直角的观测、记录和计算过程；了解全站仪的检验与校正方法，掌握角度测量误差来源以及消减方法。

重点应掌握的公式：

1. 竖直角计算公式：$\alpha_左 = L - 90°$，$\alpha_右 = 270° - R$。

2. 指标差计算公式：$x = \dfrac{1}{2}[(R+L) - 360°]$。

思 考 与 习 题

1. 什么叫水平角？什么叫竖直角？竖直角的正负是如何规定的？

2. 观测角度时，对中的目的是什么？整平的目的是什么？

3. 简述用测回法和方向观测法测量水平角的操作步骤及各项限差要求。

4. 测回法观测水平角时，各测回间为何要变换始读数？如何变换？

5. 表 3-18 为测回法观测水平角的观测记录，试完成角度计算。

表 3-18　　　　　　　　　　测回法水平角观测记录表

测站	测回	目标	竖盘位置	水平度盘读数/(° ′ ″)	半测回角值/(° ′ ″)	一测回角值/(° ′ ″)	各测回平均角值/(° ′ ″)
O	1	A	左	0 01 12			
		B		76 18 36			
		A	右	180 01 06			
		B		256 18 26			
O	2	A	左	90 01 18			
		B		166 18 38			
		A	右	270 01 36			
		B		346 18 58			

6. 表 3-19 为方向观测法观测水平角的观测记录，试完成角度计算。

7. 什么是指标差？指标差对竖直角有何影响？

8. 表 3-20 为竖直角的观测记录，试完成角度计算。

9. 全站仪有哪些主要轴线？它们之间应满足什么条件？

表 3 - 19   方向观测法水平角观测记录表

测站	测回	目标	水平度盘读数		2C	平均方向值	归零方向值	各测回平均归零方向值
			盘左	盘右				
			(° ′ ″)	(° ′ ″)	(″)	(° ′ ″)	(° ′ ″)	(° ′ ″)
O	1	A	0 01 12	180 01 02				
		B	45 40 42	225 40 36				
		C	120 30 54	300 30 44				
		D	160 24 36	340 24 24				
		A	0 01 18	180 01 08				
	2	A	90 02 12	270 02 06				
		B	135 41 40	315 41 36				
		C	210 31 44	30 31 36				
		D	250 25 34	70 25 28				
		A	90 02 14	270 02 08				

表 3 - 20   竖 直 角 观 测 记 录 表

测站	目标	竖盘位置	竖盘读数 /(° ′ ″)	半测回竖直角 /(° ′ ″)	指标差 /(″)	一测回竖直角 /(° ′ ″)	备注
O	A	左	85 45 46				
		右	274 15 06				竖盘为顺时针注记
	B	左	86 00 34				
		右	273 59 30				

10. 在观测水平角和竖直角时，采用盘左、盘右观测可以消除哪些误差？

第四章

距离测量

距离测量是确定地面点位的基本测量工作之一，可以测定地面上两点间的水平距离。常用的方法有视距测量、电磁波测距等。

第一节 视 距 测 量

视距测量是用测量仪器望远镜内十字丝分划板上的视距丝及刻有厘米分划的视距标尺，根据几何光学原理测定地面点间距离的一种方法。此法操作简单，速度快，不受地形起伏的限制，但测距精度较低，一般为 1/200～1/300。

一、视距测量的原理

（一）视线水平时的视距测量

如图 4-1 所示，要测出地面上 A、B 两点间的水平距离及高差，在 A 点安置仪器，在 B 点竖立视距尺，用望远镜照准视距尺，当望远镜视线水平时，视线与尺子垂直。上、下视距丝读数之差称为视距间隔或尺间隔，用 l 表示。

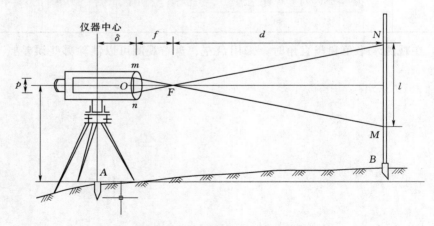

图 4-1 视线水平时的视距测量

根据透镜成像原理，可得 A、B 两点间的水平距离公式

$$D_{AB} = d + \delta + f$$

根据三角形相似性原理，$\triangle FMN$ 和 $\triangle Fmn$ 相似，则

$$\frac{d}{f} = \frac{l}{p}$$

$$d = f \frac{l}{p}$$

$$D_{AB} = \frac{f}{p}l + \delta + f$$

令 $K = \frac{f}{p}$，$C = f + \delta$，则有

$$D_{AB} = Kl + C \qquad (4-1)$$

式中：K 为视距乘常数，通常 $K = 100$；C 为视距加常数。

对于内对光望远镜，其视距加常数 C 接近 0，可以忽略不计，故水平距离公式变为

$$D_{AB} = Kl = 100l \qquad (4-2)$$

（二）视线倾斜时的视距测量

地面起伏较大时，必须使望远镜处于倾斜位置才能瞄准视距尺，视线与视距尺尺面不垂直，因此式（4-2）不再适用。

如图 4-2 所示，在 A 点安置仪器，在 B 点竖立视距尺，用望远镜照准视距尺，上下丝的读数分别为 a、b，则视距间隔 $l = a - b$。假设将视距尺转动一个 α 角，使视距尺与视准轴垂直，此时上、下视距丝的读数分别为 a'、b'，视距间隔 $l' = a' - b'$，则倾斜距离为

$$L = Kl' \qquad (4-3)$$

转化为水平距离

$$D_{AB} = L\cos\alpha = Kl'\cos\alpha \qquad (4-4)$$

由于通过视距丝的两条光线的夹角 φ 很小，有

$$l' = l\cos\alpha \qquad (4-5)$$

代入式（4-4），得到视准轴倾斜时水平距离的计算公式为

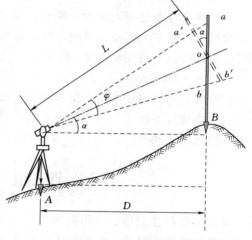

图 4-2　视线倾斜时的视距测量

$$D_{AB} = Kl\cos^2\alpha \qquad (4-6)$$

比较视线水平和视线倾斜时的水平距离和高差公式可知，视线水平时，竖直角为 0，则式（4-6）与式（4-2）相同，所以视线水平是视线倾斜的特殊情况。

【例题 4-1】　如图 4-2 所示，望远镜照准 B 点标尺，上丝、下丝读数分别为 $a = 1.588$m，$b = 1.342$m，$\alpha = 3°27'$，试求 A、B 两点间的水平距离。

解：1. 求尺间距

$$l = a - b = 1.588 - 1.342 = 0.246(\text{m})$$

2. 求水平距离

$$D = Kl\cos^2\alpha = 100 \times 0.246 \times \cos^2 3°27' = 24.51(\text{m})$$

二、视距测量的主要误差

1. 视距乘常数 K 的误差

仪器制造时设计视距乘常数 $K = 100$，但由于视距丝间隔等制造误差、仪器的使用与检校等因素影响，K 值不一定等于 100。K 值的误差对视距测量的影响较大，不能用观测方法予以消除。因此，视距测量前应严格检验视距乘常数 K。

2. 用视距丝读取尺间隔的误差

视距丝的读数是影响视距测量精度的重要因素，视距丝的读数误差与尺子最小分划的宽度、距离的远近、成像清晰情况有关。读数时应注意消除视差，认真读数，并按照规范要求控制视线长度。

3. 标尺倾斜误差

视距计算的公式是在视距尺严格垂直的条件下得到的。若视距尺发生倾斜，将给测量带来不可忽视的误差影响，测量时立尺要尽量竖直。因此，测量过程中应采用带有水准器装置的视距尺，并使气泡严格居中。

4. 大气折光的影响

大气密度分布是不均匀的，特别在晴天接近地面部分密度变化更大，使视线弯曲，给视距测量带来误差。观测时视线越接近地面，大气折光的影响也越大。因此观测时应使视线离开地面至少 1m 以上。

5. 空气对流的影响

在晴天、视线通过水面上空和视线离地表太近时，空气对流的现象较为突出，其主要表现为成像不稳定，读数误差增大，对视距精度影响非常大。因此，测量时应选择合适的观测时间。

第二节　电磁波测距

视距测量操作简单、实用范围广，但测距短、精度低，使用受到限制。电磁波测距是用电磁波作为载波，传输测距信号来测量两点间距离的一种测距方法。与传统测距方法相比，它具有精度高、测程远、作业快、几乎不受地形条件限制等优点。电磁波测距仪按其所用的载波可分为：①用微波作为载波的微波测距仪；②用激光作为载波的激光测距仪；③用红外光作为载波的红外测距仪，后两者统称光电测距仪。微波测距仪与激光测距仪多用于长距离测距，测程可达数十千米，一般用于大地测量。红外测距仪属于中、短程测距仪，一般用于小地区控制测量、地形测量和各种工程测量。本节主要介绍光电测距仪。

一、光电测距仪的分类

测距仪按测程分，有远程（15km 以上）、中程（3～15km）和短程（3km 以内）三类。

按测距精度划分为 Ⅰ 级（$|m_D| \leqslant 5mm$）、Ⅱ 级（$5mm < |m_D| \leqslant 10mm$）和 Ⅲ 级（$10mm < |m_D| \leqslant 20mm$）测距仪，其中 $|m_D|$ 为 1km 的测距中误差。

光电测距仪的精度是仪器的重要技术指标之一。光电测距仪的标称精度公式为

$$m_D = \pm(A + B \cdot ppm \cdot D) \qquad (4-7)$$

式中：A 为固定误差，mm；B 为比例误差，mm；D 为距离，km；$1ppm = 1 \times 10^{-6}$。

故上式可写成

$$m_D = \pm(A + B \times 10^{-6} \times D) \qquad (4-8)$$

二、光电测距原理

如图4-3所示，欲测定地面 A，B 两点之间的距离 D，在 A 点安置光电测距仪，在 B 点安置反射棱镜（又称反光镜），测距仪发出的光波传播到反光镜后被反射回来，又被光电测距仪接收，如果从光波发射到接收经历的时间为 t，则距离 D 为

$$D = \frac{1}{2}ct \qquad (4-9)$$

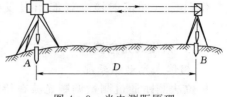

图4-3　光电测距原理

从式（4-9）可知，由于光速 c 恒定，所以测距仪测量距离的精度取决于仪器测定时间的精度。根据时间测定方法的不同，测距仪可分为脉冲式（直接测定时间）测距仪和相位式（间接测定时间）测距仪两种。由于脉冲宽度和测距仪计时分辨率的限制，脉冲式测距的精度较低，因此，一般精密测距仪都采用相位式间接测定时间。

视频4-1

（一）脉冲式光电测距

脉冲式光电测距就是直接测定仪器所发射的脉冲信号往返于被测距离的传播时间以获得距离。

图4-4是脉冲式光电测距仪工作原理图。测距时，首先由光脉冲发射器发射一束光脉冲，经发射光学系统射向被测目标，同时一小部分光束进入光电接收器，转换为电脉冲（称为主波脉冲），把电子门打开；此时时标振荡器产生的具有一定时间间隔 T 的时标脉冲通过电子门进入计数系统。从目标反射回来的光脉冲也被光电接收器接收，转换为电脉冲（称为回波脉冲），并把电子门关闭，时标脉冲停止进入计数系统。假如在"开门"和"关门"之间有 n 个时标脉冲进入计数系统，则光脉冲在测距仪和目标之间的往返时间间隔 $t = nT$。由式（4-9）可以求出待测距离

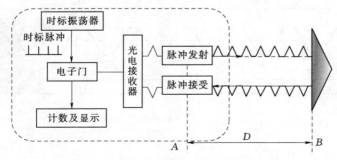

图4-4　脉冲式光电测距仪工作原理图

$$D = \frac{1}{2}cnT$$

令 $l = \frac{1}{2}cT$，则

$$D = nl \qquad\qquad (4-10)$$

由于计数器只能记录整数个时钟脉冲，不足一周期的时间被丢掉了。测距精度较低，为米级到分米级。随着电子技术的发展，采用细分时标脉冲的方法，测距精度可达到毫米级。

目前的脉冲式测距仪，一般用固体激光器发射高频率的光脉冲，在一定距离内不用合作目标（如反射镜）就能用漫反射进行测距，减轻了劳动强度，提高了作业效率。

（二）相位式光电测距

1. 相位式光电测距原理

相位法测距通过测量调制光波在待测距离上往返传播所产生的相位移，来解算距离 D。基本工作原理如图 4-5 所示。

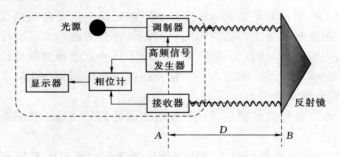

图 4-5　相位式光电测距仪工作原理

将调制光的往程和返程展开，得到如图 4-6 所示的波形。设光波的波长为 λ，如果整个过程光传播的整波长数为 N，最后一段不足整波长，其相位差为 $\Delta\varphi$（数值小于 2π），对应的整波长数为 $\Delta\varphi/2\pi$，可见图中 AB 间的距离为全程的一半，即

$$D = \frac{1}{2}\lambda\left(N + \frac{\Delta\varphi}{2\pi}\right) \qquad\qquad (4-11)$$

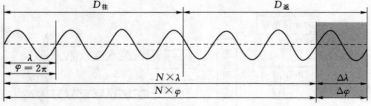

图 4-6　相位法测距的原理

令 $\Delta N = \dfrac{\Delta\varphi}{2\pi}$，$u = \dfrac{\lambda}{2}$，则有

$$D=u(N+\Delta N) \tag{4-12}$$

式（4-12）为相位法测距的基本公式。这种测距方法相当于用一把长度为 u 的尺子丈量待测距离，这把"尺子"称为"光尺"。

相位式光电测距仪只能测出不足 2π 的相位差 $\Delta\varphi$，测不出整波长数 N，距离 D 无法确定。

2. N 值的确定

由式（4-12）可以看出，当测尺长度 u 大于待测距离 D 时，$N=0$，此时可以求得确定的距离。为了扩大测程，应选择波长 λ 比较大的光尺，即降低调制频率。但光尺越长，误差越大。为了解决扩大测程和提高精度的矛盾，短程光电测距仪通常采用多个调制频率，即多种光尺进行组合测距。具体关系见表 4-1。

表 4-1　　　　　　　　　　　测尺频率与测量精度的关系

测尺频率 f	15MHz	1.5MHz	150kHz	15kHz	1.5kHz
测尺长度 u	10m	100m	1km	10km	100km
测距精度	1cm	10cm	1m	10m	100m

三、距离改正

电磁波测距过程中需要进行一系列的改正，主要包括：加常数改正、乘常数改正、气象改正、倾斜改正等。

1. 加常数改正

测距仪的距离起算中心与仪器的安置中心不一致，反射镜等效反射面与反射镜安置中心不一致，致使仪器测定的距离与实际距离不相等，其差值与所测距离的长短无关，称为测距仪的加常数，常用 K 表示。加常数包含仪器加常数和反射镜加常数，加常数为一固定值，在仪器出厂时已经测出，可预置在仪器中。但是仪器使用一段时间后，加常数可能会变化，需要定期进行检校。

2. 乘常数改正

在测距仪使用过程中，实际的调制光频率和设计的标准频率可能会有偏差，导致测距仪所测结果出现与距离有关的系统性的偏差。可以通过对距离结果乘以一个系数进行改正，该系数称为频率改正数或乘常数，常用 R 表示。乘常数可通过一定的检测方法求得，必要时对观测成果进行改正。

3. 气象改正

从电磁波测距仪的原理来看，距离测量精度与光速有很大关系，而光的传播速度又受大气状态（温度、气压、湿度等）的影响。仪器制造时只能选择某个大气状态（假定大气状态）来确定调制光的波长。实际工作过程中的大气状态一般与假定大气状态不同，导致测尺长度发生变化，使所测距离成果含有系统误差，因而必须进行气象改正。在仪器的使用说明书中一般会给出气象改正的计算公式，不同型号的测距仪，假定大气状态不同，气象改正公式中的系数也不同。如南方 NTS-332RM 型全站仪，在气压为 1013hPa，温度为 20℃大气状态下，大气改正的计算公式为

$$PPM = 273.8 - \frac{0.2900p}{(1+0.00366T)}$$

式中：P 为气压，hPa，若使用的气压单位是 mmHg 时，按 1mmHg=1.333hPa 进行换算；T 为温度，℃；PPM 为大气改正值，mm。

自测 4-1

4. 倾斜改正

测距仪测得的距离观测值经加常数、乘常数和气象改正后，得到改正后的倾斜距离 S。而一般测量要得到水平距离，因此需要进行倾斜改正。倾斜改正有两种方式：一种是根据测线两端之间的高差求出倾斜改正数，目前不太常用；第二种是在测量斜距的同时，测出测线的竖直角 α，按照式（4-13）直接计算水平距离。

$$D = S\cos\alpha \tag{4-13}$$

四、光电测距仪的使用

原来单一的光电测距仪一般都是配合经纬仪使用，这种模式现在已经基本淘汰。目前光电测距仪都是集成在全站仪和测量机器人等仪器里面。以下以全站仪测量距离为例，讲解光电测距仪的使用。

（一）安置仪器

在测站上架设全站仪，将仪器对中，整平，在目标点安置反射棱镜，对中，整平，并使镜面朝向主机。

（二）设置测距参数

1. 温度和气压

首先用温度计和气压计分别测量气温和气压，在仪器设置菜单中找到相应的项目，输入测量的气温 T 和气压 P。有的仪器带有气温和气压自动测量装置，图 4-7 为南方 NTS-332RM 型全站仪气象改正设置界面。在温度气压自动补偿开关关闭时，输入气温和气压测量值，若打开自动补偿，则不须设置温度、气压，仪器自动检测温度、气压并进行 PPM 补偿。

2. 反射棱镜常数

国产棱镜的反射棱镜常数一般为 -30mm，而进口棱镜为 0mm，若使用的棱镜不是配套棱镜，则必须设置相应的棱镜常数，如图 4-8 所示。设置棱镜常数后，关机后该常数仍被保存。

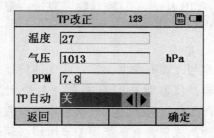

图 4-7 气象改正设置界面

图 4-8 棱镜常数设置界面

（三）距离测量

调节全站仪，使全站仪望远镜精确瞄准棱镜中心，可根据蜂鸣器声音来判断瞄准的程度，信号越强声音越大，上下左右微动全站仪，蜂鸣器的声音达到最大时，便完成了精确瞄准。完成精确瞄准后，轻轻按动测距按钮，直到显示测距成果并记录。

本 章 小 结

本章主要介绍了视距测量和电磁波测距的基本原理及测量方法。本章的教学目标是使学生掌握视线水平和视线倾斜两种情况下视距测量的原理与方法；掌握脉冲式与相位式光电测距的基本原理以及测量操作步骤。

重点应掌握的公式：

1. 视线水平时视距测量计算公式：$D_{AB} = Kl = 100l$。

2. 视线倾斜时视距测量计算公式：$D_{AB} = Kl\cos^2\alpha$。

3. 光电测距基本计算公式：$D = \dfrac{1}{2}ct$。

思 考 与 习 题

1. 简述视距法测距的基本原理。

2. 视距测量的误差来源有哪些？如何减弱误差的影响？

3. 相位法光电测距的原理是什么？光电测距时应进行哪些设置？

4. 相位法测距为什么要用多个测尺频率测距？

5. 什么是测距仪的加常数和乘常数？

第五章

测量误差的基本理论

测量实践表明，在一定的外界条件下对同一量进行多次观测，不论观测者使用多么精密的仪器和工具、采用多么合理的观测方法、观测多么精细，其观测结果总会存在差异。这种差异说明了观测中存在误差，而且观测误差的产生是不可避免的。本章主要介绍产生误差的基本原因、误差的性质、观测成果质量的评判标准以及误差传播定律等。

第一节　误 差 的 基 本 概 念

课件 5-1

一、测量误差及来源

任何观测值都包含误差，例如，闭合水准路线的高差闭合差往往不等于 0，说明观测值中有误差存在。观测对象客观存在的量，称为真值，通常用 X 表示，例如三角形内角和的真值是 180°。每次观测所得的数值，称为观测值，通常用 $L_i(i=1,2,\cdots,n)$ 表示。观测值与真值的差值，称为真误差，也称为观测误差，通常用 Δ_i 表示，有

$$\Delta_i = L_i - X \quad (i=1,2,\cdots,n) \tag{5-1}$$

产生观测误差的因素是多方面的，主要概括为 3 个方面：

（1）观测时由于观测者感觉器官的鉴别能力存在局限性，在仪器的对中、整平、照准、读数等方面都会产生误差。同时，观测者的技术熟练程度也会对观测结果产生一定影响。

（2）测量中使用的仪器和工具，在设计、制造、安装和校正等方面不可能十分完善，同时仪器的精度有限，致使测量结果产生误差。

（3）观测过程中的外界条件（如温度、湿度、风力、阳光、大气折光等）时刻都在变化，必将对观测结果产生影响。

通常把上述的人、仪器、客观环境这 3 种因素综合起来称为观测条件。

因受上述因素的影响，测量中存在误差是不可避免的。但是误差与粗差是不同的，粗差是指观测结果中出现的错误，如测错、读错、记错等，通常"测量误差"不包括粗差。凡含有粗差的观测值应舍去，并需重测。

测量中，一般把观测条件相同的各次观测，称为等精度观测；观测条件不同的各次观测，称为非等精度观测。

视频 5-1

二、测量误差的分类

根据观测误差的性质不同，观测误差分为系统误差和偶然误差两类。

1. 系统误差

在相同观测条件下，对某观测量进行一系列观测，若出现的误差在数值、符号上保持不变或按一定的规律变化，这种误差称为系统误差。

系统误差是由仪器制造或校正不完善、观测者生理习性及观测时的外界条件等原因引起的。例如，用名义长度为 30m 而实际长度为 30.003m 的钢卷尺量距，每量一尺段就有 3mm 的误差。这种量距误差，其数值和符号不变，且量的距离越长，误差越大。因此，系统误差在观测成果中具有累计性。

系统误差的特性有同一性，单向性，累积性。

系统误差在观测成果中的累积性，对成果质量影响显著。因其符号和大小有一定的规律性，如能找到规律，可在观测中采取相应措施，消除或削弱系统误差的影响。

系统误差消除的方法如下：

（1）测量仪器误差，对观测结果加以改正。例如进行钢尺检定，求出尺长改正数，对量取的距离进行尺长改正。

（2）测前对仪器进行检校，以减少仪器校正不完善的影响。例如水准仪的 i 角检校，使其影响减到最小限度。

（3）采用合理观测方法，使误差自行抵消或削弱。例如，水平角观测中，采用盘左、盘右观测，可消除视准轴误差；水准尺的零点误差可以通过偶数站到达来消除。

2. 偶然误差

在相同观测条件下，对某观测量进行一系列观测，若出现的误差在数值、符号上有一定的随机性，从表面看并没有明显的规律性，但从大量误差的总体而言，具有一定的统计规律，这种误差称为偶然误差。如用全站仪测角时的照准误差；水准测量中，在标尺上读数时的估读误差等。通过多次观测取平均值的方法可以削弱偶然误差的影响，但是不能完全消除偶然误差的影响。

为了提高观测成果的质量、发现和消除错误，在测量工作中，一般都要进行多于必要的观测，称多余观测。例如，测量一平面三角形的三个内角，以便检校内角和，从而判断结果的正确性。

三、偶然误差的特性

偶然误差产生的原因是随机性的，只有通过大量观测才能揭示其内在的规律，观测次数越多，规律性越明显。

假如在相同的观测条件下，独立观测了 358 个三角形的 3 个内角，每个三角形内角之和应等于 180°，由于观测值存在误差而往往不相等。根据式（5-1）可计算各三角形内角和真误差（在测量工作中称为三角形闭合差）

$$\Delta_i = (L_1 + L_2 + L_3)_i - 180° \quad (i = 1, 2, \cdots, 358) \tag{5-2}$$

式中：$(L_1 + L_2 + L_3)_i$ 为第 i 个三角形内角观测值之和。

现取误差区间的间隔 $d\Delta = 3''$，将这一组误差按其正负号与误差值的大小排列。出现在基本区间误差的个数称为频数，用 K 表示，频数除以误差的总个数 n 得到的值称为频率（K/n），也称相对个数。统计结果见表 5-1。

表 5 - 1　　　　　　　　　　　多次观测结果中偶然误差在区间出现个数统计表

误差区间 d△（3″）	正误差		负误差		合计	
	个数 K	相对个数 K/n（频率）	个数 K	相对个数 K/n（频率）	个数 K	相对个数 K/n（频率）
0～3	45	0.126	46	0.128	91	0.254
3～6	40	0.112	41	0.115	81	0.227
6～9	33	0.092	33	0.092	66	0.184
9～12	23	0.064	21	0.059	44	0.123
12～15	17	0.047	16	0.045	33	0.092
15～18	13	0.036	13	0.036	26	0.072
18～21	6	0.017	5	0.014	11	0.031
21～24	4	0.011	2	0.006	6	0.017
24 以上	0	0	0	0	0	0
Σ	181	0.505	177	0.495	358	1.00

　　由表 5 - 1 中可以看出：小误差出现的频率较大，大误差出现的频率较小；绝对值相等的正负误差出现的频率相当；绝对值最大的误差不超过某一个定值。其他测量结果也显示出上述规律。因此偶然误差具有如下特性：

　　（1）在一定的观测条件下，偶然误差的绝对值不会超过一定的限值。

　　（2）绝对值小的误差比绝对值大的误差出现的机会多。

　　（3）绝对值相等的正负误差出现的机会相等。

　　（4）偶然误差的算术平均值随观测次数的无限增加而趋向于 0，即

$$\lim_{n \to \infty} \frac{\Delta_1 + \Delta_2 + \cdots + \Delta_n}{n} = \lim_{n \to \infty} \frac{[\Delta]}{n} = 0 \qquad (5-3)$$

式中：$[\Delta]$ 为误差总和。

　　为了充分反映误差分布的情况，除了用上述表格的形式（误差分布表）表示，还可以用直观的图形来表示。如图 5 - 1 所示，以横坐标表示误差的大小，纵坐标表示各区间误差出现的相对个数除以区间的间隔值。这样，每一误差区间上方的长方形面

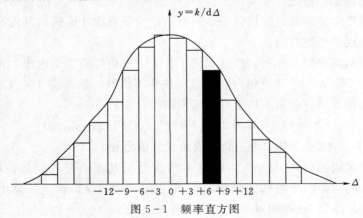

图 5 - 1　频率直方图

积，就代表误差出现在该区间的相对个数。例如图中有阴影的长方形面积就代表误差出现在 $+6''\sim+9''$ 区间内的相对个数为 0.092。这种图称为直方图，其特点是能形象地反映出误差的分布情况。

如果继续观测更多的三角形，即增加误差的个数，当 $n\to\infty$ 时，各误差出现的频率趋近于一个完全确定的值，这个数值就是误差出现在各区间的概率。此时如将误差区间无限缩小，那么图 5-1 中各长方条顶边所形成的折线将成为一条光滑的连续曲线，称为误差分布曲线，也叫正态分布曲线。曲线上任一点的纵坐标 y 均为横坐标 Δ 的函数，其函数形式为

$$y=f(\Delta)=\frac{1}{\sqrt{2\pi}\sigma}e^{-\frac{\Delta^2}{2\sigma^2}} \tag{5-4}$$

式中：e 为自然对数的底（e＝2.7183）；σ 为观测值的标准差，其几何意义是分布曲线拐点的横坐标，其平方 σ^2 称为方差。

如图 5-2 所示，有三条误差分布曲线Ⅰ、Ⅱ及Ⅲ，代表不同标准差 σ_1、σ_2 及 σ_3 的三组观测。由图中看出，曲线Ⅰ较高而陡峭，表明绝对值较小的误差出现的概率大，分布密集；曲线Ⅱ、Ⅲ较低而平缓，分布离散。因此，前者的观测精度高，后两者则较低。由误差分布的密集和离散程度，可以判断观测的精度。

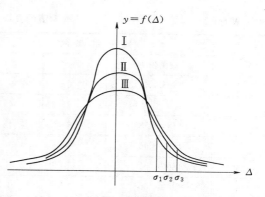

图 5-2　三组观测分布曲线

第二节　评定精度的标准

为了衡量观测值的精度高低，可以按前述的 3 种方法，把一组相同条件下得到的误差，用绘制误差分布表、直方图或误差分布曲线的方法来比较。但实际工作中，这样做只能定性地反映观测结果的好坏，无法定量精确表示。因此需要寻找衡量精度的定量标准，即评定精度的指标，该指标能够反映误差分布离散度的大小，且易于得到。评定精度的指标有多种，下面介绍几种常用的精度指标。

一、中误差

前面提到了观测误差的标准差 σ，其定义为

$$\sigma=\lim_{n\to\infty}\sqrt{\frac{[\Delta\Delta]}{n}} \tag{5-5}$$

用式（5-5）求 σ 值要求观测数 n 趋近无穷大，而在实际测量工作中，观测数是有限的，一般采用下述公式：

$$m=\pm\sqrt{\frac{[\Delta\Delta]}{n}} \tag{5-6}$$

式中：m 为中误差；$[\Delta\Delta]$ 为一组同精度观测误差自乘的总和；n 为观测数。

比较式（5-5）与式（5-6）可以看出，标准差 σ 与中误差 m 的不同在于观测个数的区别，标准差为理论上的观测精度指标，而中误差则是观测数 n 有限时的观测精度指标。所以，中误差实际上是标准差的近似值，统计学上又称估值，随着 n 的增加，m 将趋近 σ。

由图 5-2 可以看出曲线越陡，标准差越小，即 $\sigma_1 < \sigma_2 < \sigma_3$，说明曲线 I 的精度最高，曲线 II 的精度其次，曲线 III 的精度最低。因此用中误差 m 的大小来衡量精度与前面 3 种方法完全一致，即中误差越小精度越高，简单易懂。

【例题 5-1】 设有两组同学观测同一个三角形，每组的三角形内角和观测成果见表 5-2，各观测 10 次。试问哪一组观测成果精度高？

表 5-2 按观测值的真误差计算中误差

次序	第 一 组 观 测			第 二 组 观 测		
	观测值 l	Δ	Δ^2	观测值 l	Δ	Δ^2
1	180°00′03″	−3	9	180°00′00″	0	0
2	180°00′02″	−2	4	159°59′59″	+1	1
3	179°59′58″	+2	4	180°00′07″	−7	49
4	179°59′56″	+4	16	180°00′02″	−2	4
5	180°00′01″	−1	1	180°00′01″	−1	1
6	180°00′00″	0	0	179°59′59″	+1	1
7	180°00′04″	−4	16	179°59′52″	+8	64
8	179°59′57″	+3	9	180°00′00″	0	0
9	179°59′58″	+2	4	179°59′57″	+3	9
10	180°00′03″	−3	9	180°00′01″	−1	1
$|\Sigma|$		24	72		24	130

解： 计算过程见表 5-2，先计算 Δ_i，再计算 Δ_i^2，然后求和。按照式（5-6）计算结果如下：

$$m_1 = \pm\sqrt{\frac{[\Delta\Delta]}{n}} = \pm\sqrt{\frac{\sum\Delta^2}{n}} = \pm\sqrt{\frac{72}{10}} = \pm 2.7''$$

$$m_2 = \pm\sqrt{\frac{[\Delta\Delta]}{n}} = \pm\sqrt{\frac{\sum\Delta^2}{n}} = \pm\sqrt{\frac{130}{10}} = \pm 3.6''$$

由此可以看出第一组观测值比第二组观测值的精度高。虽然两组观测值的平均误差相等，但是第二组的观测误差比较分散，存在有较大的误差，用平方能反映较大误差的影响。因此，测量工作中通常采用中误差作为衡量精度的标准。

二、允许误差

中误差反映误差分布的密集或离散程度，它代表一组观测值的精度高低，不代表个别观测值的质量。因此，要衡量某一观测值的质量，决定是否取用，还需要一个新的精度衡量标准——允许误差。允许误差又称为极限误差，简称限差。由偶然误差的特性可知，在一定条件下，误差的绝对值不会超过一定的界限。根据误差理论可知，在等精度观测的一组误差中，误差落在区间（$-\sigma$，$+\sigma$）、（-2σ，$+2\sigma$）、（-3σ，$+3\sigma$）的概率分别为

$$\left.\begin{array}{l} P(-\sigma<\Delta<+\sigma)\approx 68.3\% \\ P(-2\sigma<\Delta<+2\sigma)\approx 95.4\% \\ P(-3\sigma<\Delta<+3\sigma)\approx 99.7\% \end{array}\right\} \qquad (5-7)$$

自测 5-1

式（5-7）说明，绝对值大于两倍中误差的误差出现的概率为 4.6%；绝对值大于三倍中误差的误差出现的概率仅为 0.3%，已经是概率接近于 0 的小概率事件，或者说是实际上的不可能事件。因此在测量规范中，为确保观测成果的质量，通常规定两倍中误差为偶然误差的允许误差或限差，即

$$\Delta_{允}(\Delta_{限})=2m \qquad (5-8)$$

超过上述限差的观测值被认为是错误的，应舍去，或返工重测。

三、相对误差

中误差和允许误差均与被观测量的大小无关，统称为绝对误差。在测量工作中，有时用绝对误差还不能完全表达观测结果的精度。例如，用钢卷尺丈量 200m 和 40m 两段距离，量距的中误差都是 ± 2cm，但不能认为两者的精度是相同的，因为量距的误差与其距离的长短有关。为此，采用相对中误差衡量观测值的精度。相对中误差是观测值的中误差与观测值的比值，通常用分子为 1 的分数形式表示。上述例子中，前者的相对中误差为 $\dfrac{0.02}{200}=\dfrac{1}{10000}$，而后者则为 $\dfrac{0.02}{40}=\dfrac{1}{2000}$，前者分母大，比值小，量距精度高于后者。

在距离测量中，常采用往返观测的较差与观测值的平均值之比计算相对误差，来衡量精度。但是相对误差不能用作衡量角度观测的精度指标。

第三节　误差传播定律

一、观测值的函数

在测量工作中，有些未知量往往不能直接测得，而是由某些直接观测值通过一定的函数关系间接计算得到。例如，水准测量中，测站高差是由前、后视读数求得的，即 $h=a-b$。式中高差 h 是直接观测值 a、b 的函数；又如三角高程测量中，高差 h 是由直接观测值水平距离、竖直角、仪器高、目标高推算得到，函数关系式如下：$h=D\tan\alpha+i-v$。水准测量计算高差的函数式为线性函数式，而三角高程测量计算高差的函数式为非线性函数式。两种函数的一般表达式如下。

课件 5-2

1. 线性函数

线性函数的一般形式为

$$Z=k_1 x_1 \pm k_2 x_2 \pm \cdots \pm k_n x_n \qquad (5-9)$$

式中：x_1，x_2，…，x_n 为独立观测值，k_1，k_2，…，k_n 为常数。

2. 非线性函数

非线性函数即一般函数，其形式为

$$Z = f(x_1, x_2, \cdots, x_n) \tag{5-10}$$

对函数取全微分

$$\mathrm{d}Z = \frac{\partial f}{\partial x_1}\mathrm{d}x_1 + \frac{\partial f}{\partial x_2}\mathrm{d}x_2 + \cdots + \frac{\partial f}{\partial x_n}\mathrm{d}x_n \tag{5-11}$$

视频 5-2

因为真误差很小，可用真误差 Δ_{x_i} 代替 $\mathrm{d}x_i$，得真误差关系式：

$$\Delta_Z = \frac{\partial f}{\partial x_1}\Delta_{x_1} + \frac{\partial f}{\partial x_2}\Delta_{x_2} + \cdots + \frac{\partial f}{\partial x_n}\Delta_{x_n} \tag{5-12}$$

式中：$\frac{\partial f}{\partial x_i}(i=1,2,\cdots,n)$ 为函数对各自变量所取的偏导数。

二、函数的中误差

由于直接观测值存在误差，函数也受其影响而产生误差。阐述观测值中误差与函数中误差关系的定律，称为误差传播定律。下面按线性函数与非线性函数两种情况分别进行讨论。

1. 线性函数的中误差

线性函数的一般形式

$$Z = k_1 x_1 \pm k_2 x_2 \pm \cdots \pm k_n x_n$$

其真误差关系式为

$$\Delta_Z = k_1 \Delta_{x_1} + k_2 \Delta_{x_2} + \cdots + k_n \Delta_{x_n}$$

若对 x_1，x_2，…，x_n 均观测 n 次，则可得

$$\Delta_{Z_1} = k_1 \Delta_{x_{11}} + k_2 \Delta_{x_{21}} + \cdots + k_n \Delta_{x_{n1}}$$
$$\Delta_{Z_2} = k_1 \Delta_{x_{12}} + k_2 \Delta_{x_{22}} + \cdots + k_n \Delta_{x_{n2}}$$
$$\vdots$$
$$\Delta_{Z_n} = k_1 \Delta_{x_{1n}} + k_2 \Delta_{x_{2n}} + \cdots + k_n \Delta_{x_{nn}}$$

将上面式子平方后求和，再除以 n，则得

$$\frac{[\Delta_z^2]}{n} = \frac{k_1^2[\Delta_{x_1}^2]}{n} + \frac{k_2^2[\Delta_{x_2}^2]}{n} + \cdots + \frac{k_n^2[\Delta_{x_n}^2]}{n} + 2\frac{k_1 k_2[\Delta_{x_1}\Delta_{x_2}]}{n} + \cdots + 2\frac{k_{t-1}k_t[\Delta_{x_{t-1}}\Delta_{x_t}]}{n}$$

由于 Δ_{x_1}，Δ_{x_2}，…，Δ_{x_n} 均为独立观测值的偶然误差，所以其乘积 $\Delta_{x_i}\Delta_{x_{i+1}}$ 也必然呈现偶然性。

设函数 Z 的中误差为 m_Z，根据偶然误差特性和中误差的定义，当 $n \to \infty$ 时，可得

$$m_Z = \pm\sqrt{k_1^2 m_1^2 + k_2^2 m_2^2 + \cdots + k_n^2 m_n^2} \tag{5-13}$$

式中：m_1，m_2，…，m_n 分别为各观测量的中误差。

2. 非线性函数的中误差

非线性函数 $Z = f(x_1, x_2, \cdots, x_n)$ 的真误差关系式为

$$\Delta_z = \frac{\partial f}{\partial x_1}\Delta_{x_1} + \frac{\partial f}{\partial x_2}\Delta_{x_2} + \cdots + \frac{\partial f}{\partial x_n}\Delta_{x_n}$$

其中偏导数 $\frac{\partial f}{\partial x_i}(i=1,2,\cdots,n)$ 为常数，因此，仿照式（5-13），得函数 Z 的中误差为

$$m_z = \pm\sqrt{\left(\frac{\partial f}{\partial x_1}\right)^2 m_1^2 + \left(\frac{\partial f}{\partial x_2}\right)^2 m_2^2 + \cdots + \left(\frac{\partial f}{\partial x_n}\right)^2 m_n^2} \tag{5-14}$$

可将线性函数看成非线性函数的一种特例，也可以写出线性函数的全微分式，其系数 k 不变。

三、应用实例

【例题 5-2】　自水准点 BM_1 向水准点 BM_2 进行水准测量（图 5-3），设各段所测高差分别为 $h_1 = +3.852\text{m}\pm5\text{mm}$；$h_2 = +6.305\text{m}\pm3\text{mm}$；$h_3 = -2.346\text{m}\pm4\text{mm}$，求 BM_1、BM_2 两点间的高差及中误差（其中，后缀 $\pm5\text{mm}$、$\pm3\text{mm}$、$\pm4\text{mm}$ 为各段观测高差的中误差）。

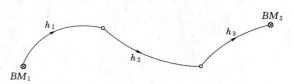

图 5-3　水准测量平差

解：（1）列函数式。BM_1、BM_2 之间的高差 $h = h_1 + h_2 + h_3 = 7.811\text{m}$，即两点间的高差为 7.811m。

（2）写出函数的真误差与观测值真误差的关系式。$\Delta_h = \Delta_{h1} + \Delta_{h2} + \Delta_{h3}$，可见各系数 k_1、k_2、k_3 均为 1。

（3）高差中误差 $m_k = \pm\sqrt{m_{k_1}^2 + m_{k_2}^2 + m_{k_3}^2} = \pm\sqrt{5^2 + 3^2 + 4^2} \approx \pm7.1\text{mm}$

【例题 5-3】　在三角形（图 5-4）中，测得斜边 S 为 100.000m，其观测中误差为 3mm，观测得竖直角 v 为 30°，其测角中误差为 3″，求高差 h 的中误差。

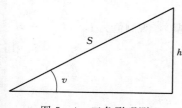

图 5-4　三角形观测

解：（1）列函数式：$h = S\sin v$。

（2）写出函数的真误差与观测值真误差的关系式。

由于是非线性函数，则先写出全微分式：

$$dh = \sin v ds + S\cos v dv$$

再写出真误差的关系式：$\Delta_h = \sin v \Delta_s + S\cos v \Delta_v = (\sin 30°)\Delta_s + 100\cos(30°)\Delta_v$

（3）求高差中误差：$m_h^2 = \sin^2 v \cdot m_s^2 + S^2\cos^2 v \cdot m_v^2$

$$= \frac{1}{4}\times 3^2 + (100\times 1000)^2 \times \frac{3}{4}\times\left(\frac{3}{206265}\right)^2$$

$$= 3.8\text{mm}^2$$

则中误差：$m_h = \pm1.95\text{mm}$

【例题 5-4】　以同精度观测了一个三角形的 3 个内角 L_1、L_2、L_3，其中误差均为 5″，且各观测值之间互相独立，求将三角形闭合差平均分配后的角 A 的中误差。

解：（1）列函数式：闭合差 $W = L_1 + L_2 + L_3 - 180°$。

平均分配后的角 $A = L_1 - \dfrac{W}{3}$（由于 L_1 与 W 互相不独立，故对该式要进一步转换）

$$= L_1 - \frac{1}{3}(L_1 + L_2 + L_3 - 180)$$

$$= \frac{2}{3}L_1 - \frac{1}{3}L_2 - \frac{1}{3}L_3 + 60°$$

（2）写出函数的真误差与观测值真误差的关系式：

$$\Delta_A = \frac{2}{3}\Delta_1 - \frac{1}{3}\Delta_2 - \frac{1}{3}\Delta_3$$

（3）高差中误差：

$$m_A = \pm\sqrt{\left(\frac{2}{3}\right)^2 m_1^2 + \left(\frac{1}{3}\right)^2 m_2^2 + \left(\frac{1}{3}\right)^2 m_3^2} = \pm\sqrt{\left(\frac{2}{3}\right)^2 5^2 + \left(\frac{1}{3}\right)^2 5^2 + \left(\frac{1}{3}\right)^2 5^2}$$

$$= \pm\sqrt{\frac{2}{3}} \times 5'' = \pm 4''$$

第四节　平差值的计算及精度评定

观测量（如角度、距离、两点间的高差等）的真值无法得知，只有经过多次重复测量，经过平差计算才能得到近似于真值的可靠值，称为平差值，常用符号 $\hat{L}$ 表示。

在相同的观测条件下进行的观测，称为等精度观测。在不同的观测条件下进行的观测，称为非等精度观测。下面介绍等精度观测平差值计算及精度评定。

一、等精度观测的平差值计算

设在相同的观测条件下，对某未知量 X 进行了 n 次观测，观测值为 L_1，L_2，$\cdots$，L_n

$$\Delta_i = L_i - X \quad (i = 1, 2, \cdots, n) \tag{5-15}$$

将式（5-15）求和后除以 n，得

$$\frac{[\Delta]}{n} = \frac{[L]}{n} - X \quad (i = 1, 2, \cdots, n)$$

当 $n \to \infty$ 时，根据偶然误差的特性，有

$$\lim_{n \to \infty} \frac{[\Delta]}{n} = 0$$

$$X = \lim_{n \to \infty} \frac{[l]}{n} = \lim_{n \to \infty} \frac{l_1 + l_2 + \cdots + l_n}{n}$$

即当 n 趋近无穷大时，算术平均值 $\overline{L} = \dfrac{L_1 + L_2 + \cdots + L_n}{n}$ 为真值。

在实际工作中观测次数有限，所以算术平均值不可视为所求量的真值；但随着观测次数的增加，算术平均值是趋近于真值，认为是该值的最可靠值，即平差值。

结论：等精度观测的平差值等于这些观测值的算术平均值。

二、等精度观测的精度评定

（一）中误差的计算

前面给出了等精度观测的中误差计算公式：

$$m = \pm \sqrt{\frac{[\Delta\Delta]}{n}}$$

式中：Δ 为观测值的真误差。

真值 X 有时是知道的（例如三角形 3 个内角之和的真值为 $180°$），但更多情况下，真值是不知道的。因此，真误差也无法知道，不能直接用上式求出中误差。但是根据前述，可以求得观测值的平差值，平差值与观测值之差称为改正数 v_i，即

$$v_i = \hat{L} - L_i \tag{5-16}$$

实际工作中可以利用观测值的改正数来计算观测值的中误差。推导如下

$$\Delta_i = L_i - X \quad (i = 1, 2, \cdots, n)$$

$$v_i = \hat{L} - L_i \quad (i = 1, 2, \cdots, n)$$

将上两式合并得

$$\Delta_i + v_i = \hat{L} - X \quad (i = 1, 2, \cdots, n)$$

令

$$\hat{L} - X = \delta$$

则

$$\Delta_i + v_i = \delta$$

得出

$$\Delta_i = \delta - v_i$$

上式等号两边平方求和再除以 n，得

$$\frac{[\Delta\Delta]}{n} = \frac{[vv]}{n} - 2\delta\frac{[v]}{n} + \frac{n\delta^2}{n}$$

由于 $[v] = 0$，有

$$\frac{[\Delta\Delta]}{n} = \frac{[vv]}{n} + \delta^2 \tag{5-17}$$

其中

$$\delta = \hat{L} - X = \frac{[L]}{n} - \left(\frac{[L]}{n} - \frac{[\Delta]}{n}\right) = \frac{[\Delta]}{n}$$

则

$$\delta^2 = \frac{1}{n^2}(\Delta_1 + \Delta_2 + \cdots + \Delta_n)^2 = \frac{[\Delta^2]}{n^2} + 2\frac{[\Delta_i\Delta_i]}{n^2}$$

当 $n \to \infty$ 时，上式右端第二项趋于 0，则

$$\delta^2 = \frac{[\Delta^2]}{n^2} = \frac{1}{n} \times \frac{[\Delta^2]}{n} = \frac{1}{n} \times m^2$$

将上式代入式（5-17）得

$$\frac{[\Delta\Delta]}{n}=\frac{[vv]}{n}+\frac{1}{n}\times m^2$$

$$m^2=\frac{[vv]}{n}+\frac{1}{n}\times m^2$$

$$m^2\left(1-\frac{1}{n}\right)=\frac{[vv]}{n}$$

$$m^2=\frac{[vv]}{n}\frac{n}{n-1}=\frac{[vv]}{n-1}$$

则

$$m=\pm\sqrt{\frac{[vv]}{n-1}} \qquad\qquad (5-18)$$

式（5-18）为同精度观测中用观测值的改正数计算观测值中误差的公式，称为白塞尔公式。

【例题 5-5】　对一段距离进行 5 次观测，其观测结果见表 5-3，求该组距离观测值的中误差。

表 5-3　　　　　　　　　　距离观测及中误差计算

次序	观测值/m	改正数 v/mm	vv/mm^2
1	123.457	−5	25
2	123.450	+2	4
3	123.453	−1	1
4	123.449	+3	9
5	123.451	+1	1
S	617.260	0	40

解： $\hat{L}=\dfrac{L_1+L_2+\cdots+L_5}{5}=123.452\mathrm{m}$，各观测值的改正数 $v_i=\hat{L}-L_i$，具体数值见表 5-3

$$m=\pm\sqrt{\frac{[vv]}{n-1}}=\pm\sqrt{\frac{40}{5-1}}=\pm\frac{6.32}{2}=\pm3.16(\mathrm{mm})$$

（二）等精度观测平差值的精度评定

由前述可知，等精度观测的平差值就是算术平均值，要评定它的精度，可以把算术平均值看成是各个观测值的线性函数。

【例题 5-6】　算术平均值 $\overline{L}=\dfrac{L_1+L_2+\cdots+L_n}{n}$，已知各观测值的中误差为 $m_1=m_2=\cdots=m_n=m$，求算术平均值（平差值）的中误差 $m_{\dot{L}}$。

解： 对算术平均值的表达式求全微分：

$$d_{\dot{L}}=\frac{1}{n}d_{L_1}+\frac{1}{n}d_{L_2}+\cdots+\frac{1}{n}d_{L_n}$$

根据误差传播定律有

$$m_{\overline{L}} = \pm \sqrt{\left(\frac{1}{n}\right)^2 m_1^2 + \left(\frac{1}{n}\right)^2 m_2^2 + \cdots + \left(\frac{1}{n}\right)^2 m_n^2} = \pm \sqrt{\left(\frac{1}{n}\right)^2 m^2 \times n} = \pm \frac{m}{\sqrt{n}}$$

$$= \pm \sqrt{\frac{[vv]}{n(n-1)}} \tag{5-19}$$

【例题 5 - 7】 已知各三角形内角和见表 5 - 4，求测角中误差 m。

表 5 - 4　　　　　　　　　　三角形内角和观测值及中误差计算表

次序	观　测　值/(°　′　″)	闭合差 Δ/(″)	ΔΔ/(″)²
1	180　00　10.3	−10.3	106.1
2	179　59　57.2	+2.8	7.8
3	179　59　49.0	+11.0	121
4	180　00　01.5	−1.5	2.6
5	180　00　02.6	−2.6	6.8
Σ		−0.6	244.3

解： 先计算出各三角形闭合差（表 5 - 4），再利用真误差求三角形闭合差的中误差（即函数值的中误差），得 $m_\Delta = \pm \sqrt{\dfrac{[\Delta\Delta]}{n}} = \pm \sqrt{\dfrac{244.3}{5}} = \pm 7.0''$

列函数式：真误差（闭合差）$\Delta = A + B + C - 180°$（其中 3 个内角 A、B、C 为等精度观测，则 $m_A = m_B = m_c = m$）

根据误差传播定律得

$$m_\Delta^2 = 3m^2$$

现已算得 m_Δ 为 $\pm 7.0''$，需求出 m，即为传播律的逆向使用。

测角中误差 $m = \pm \dfrac{m_\Delta}{\sqrt{3}} = \pm \dfrac{7.0}{\sqrt{3}} = \pm 4.0''$

自测 5 - 2

本　章　小　结

本章对误差的来源、误差的分类、偶然误差的特性作了较详细的阐述，提出了评定观测质量好坏的精度指标，即中误差、相对误差和允许误差，作为外业观测精度的衡量标准。本章的教学目标是使学生掌握如何用真误差来计算观测值的中误差，如何计算等精度观测量的平差值，以及如何用观测值改正数计算等精度观测值的中误差；掌握误差传播定律以及它的具体应用。

重点应掌握的公式：

1. 等精度观测值中误差的计算公式：$m = \pm \sqrt{\dfrac{[\Delta\Delta]}{n}}$；$m = \pm \sqrt{\dfrac{[vv]}{n-1}}$

2. 误差传播定律：$m_z = \pm \sqrt{\left(\dfrac{\partial f}{\partial x_1}\right)^2 m_1^2 + \left(\dfrac{\partial f}{\partial x_2}\right)^2 m_2^2 + \cdots + \left(\dfrac{\partial f}{\partial x_n}\right)^2 m_n^2}$

3. 等精度观测平差值中误差的计算公式：$m_{\bar{L}} = \pm \dfrac{m}{\sqrt{n}}$

思 考 与 习 题

作业 5-1

一、填空题

1. 偶然误差服从于一定的_____规律。

2. 真误差为观测值与_____之差。

3. 测量误差大于_____时，被认为是错误，必须_____。

4. 对某一角度进行多次等精度观测，观测值之间互有差异，其观测精度是_____的，即它们具有相同的_____。

作业 5-2

二、简答题

1. 什么是偶然误差？偶然误差的特性有哪些？

2. 什么是系统误差？系统误差如何消除？

3. 衡量测量精度的指标有哪些？分别是如何定义的？

4. 测量观测条件主要包括哪几方面？

5. 什么是误差传播定律？

三、计算题

1. 对某边观测 6 测回，观测结果为 114.207m，114.214m，114.240m，114.232，114.226，114.224m，试求其观测值中误差、算术平均值中误差和相对中误差。

2. 测得某长方形建筑长 $a = 32.20$m，测得精度为 $m_a = \pm 0.02$m，宽 $b = 15.10$m，测量精度为 $m_b = \pm 0.01$m，求建筑面积及精度。

3. 测得某圆的半径 $r = 100.01$m，观测中误差为 $m_r = \pm 0.02$m，求周长及其中误差。

第六章

控制测量

测量工作必须遵循"从整体到局部""先控制后碎部"的原则。其含义就是在测区内先建立若干有控制意义的控制点，把这些点按照一定的规律和要求组成网状几何图形即测量控制网，用来控制全局，然后根据控制网中的控制点测量周围的地物和地貌或者进行工程施工放样工作。这样既保证整个测区有统一的测量精度，又能增加作业面，加快测量速度。控制测量的实质就是测量控制点的平面位置和高程。

第一节 控制测量概述

任何测量过程均不可避免地存在着测量误差，随着测量范围（测区）的扩大，误差在测量数据的传递过程中累积，越来越影响测量成果的准确性。要控制测量误差的累积，保证图纸上所测绘的内容精度均匀，使相邻图幅之间正确衔接，以及施工放样点位的精度满足施工的要求，需要先进行控制测量。

控制测量就是在测区内，按测量任务要求的精度，测定一系列控制点的平面位置和高程，建立起测量控制网，作为各种测量的基础。

控制测量分为平面控制测量和高程控制测量两种。测定控制点平面位置（x，y）的工作，称为平面控制测量。测定控制点高程（H）的工作，称为高程控制测量。在传统的测量工作中，平面控制网和高程控制网通常分别布设，传统平面控制通常采用三角测量和导线测量等常规方法建立，目前平面控制网多采用全球导航卫星系统（GNSS）。高程控制主要通过水准测量和三角高程测量的方法建立。

一、平面控制测量

1. 国家基本平面控制网

在全国范围内建立的平面控制网和高程控制网统称为国家基本控制网，它提供全国统一的空间定位基准。国家平面控制网是全国各种比例尺测图和工程建设的基本平面控制，为空间科学技术的研究和应用提供重要依据；按照精度不同，分为一、二、三、四等，由高级到低级逐步建立。

国家一等平面控制网主要采用纵横三角锁的形式布设，如图 6-1 所示。三角形边长为 20～25km。在锁系交叉处精密测定起始边长，在起始边两端，用天文测量的方法测定天文方位角，用来控制误差传播、提供起算数据。一等三角锁的主要作用是统一全国坐标系统，控制以下各级控制测量，为研究地球形状及大小提供精确资料。

国家二等平面控制网主要采用三角网布设，一般称为二等全面网；以连续三角网的形式布设在一等锁环内的地区，如图 6-2 所示，我国二等网平均边长为 13km。由于一、二等锁网中要进行天文测量，所以常称为国家天文大地网。

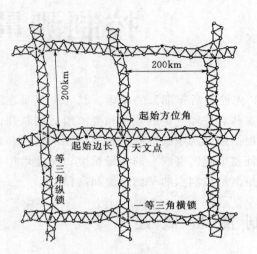

图 6-1 国家一等三角锁

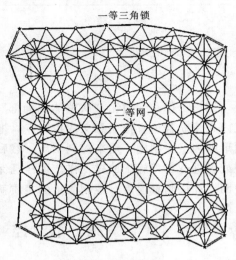

图 6-2 国家二等三角网

国家三、四等平面控制网在二等三角网基础上，根据需要，采用插网方法布设。当受地形限制时，也可采用插点法进行施测。三等三角网平均边长为 8km，四等网边长一般为 2~6km。三、四等控制测量主要为地区测图提供首级控制。国家基本网布设规格及技术要求见表 6-1。

表 6-1　　　　　　　　　国家基本网规格及技术要求

等级	平均边长/km	测角中误差	三角形最大闭合差	起始边相对中误差
一等	20~25	±0.7″	±2.5″	1:350000
二等	13	±1.0″	±3.5″	1:250000
三等	8	±1.8″	±7.0″	1:150000
四等	2~6	±2.5″	±9.0″	1:100000

2000 国家 GPS 控制网由原国家测绘局布设的高精度 GPS A、B 级网，原总参测绘局布设的 GPS 一、二级网以及中国地壳监测网络工程中的 GPS 基准网、基本网和区域网组成。通过联合处理将其归于一个坐标参考框架，是我国新一代的地心坐标系统的基础框架。

2. 城市平面控制网

国家等级控制网控制的范围大，密度小，不能满足相对较小范围的城市规划和建设的需要，因此需要建立城市控制网。一般根据城市的规模，可在不同等级的国家基本控制网的基础上分级布设城市控制网。建立城市控制网的规定和要求见《城市测量规范》（CJJ/T 8—2011）。

城市平面控制网的等级分为二、三、四等和一、二、三级。城市平面控制测量可采用卫星定位测量、导线测量和边角组合测量等方法。对于中小城市，一般以国家

三、四等网作为首级控制网，面积较小的城市（小于 $10km^2$）可用四等及四等以下的三角网或一级导线网作为首级控制。

3. 工程平面控制网

工程控制网是为满足各类工程建设、施工放样、安全监测等需求而布设的控制网。按用途分为测图控制网和专用控制网两大类。测图控制网是在各项工程建设的规划设计阶段，为测绘大比例尺地形图而建立的控制网；专用控制网是为工程建筑物的施工放样或变形观测等专门用途而建立的控制网。工程控制网一般根据工程的规模大小、工程建设所处位置的地形、工程建筑的类别等布设成不同的形式，精度要求也不一样。例如，为满足道路建设的需要，一般布设成 GPS 网、导线网，精度要求相对较低，而为满足大型工业厂房的设备安装、水利水电工程等需要，一般布设成GPS 网、三角网，而且精度相对较高。国家制定了相应的测量规范《工程测量规范》（GB 50026—2007）。

4. 小区域平面控制网

在测区小于 $10km^2$ 范围内布设的控制网，称为小区域控制网。小区域控制网应尽可能与附近的国家控制网或城市控制网进行联测，将国家或城市高级控制点坐标作为小区域控制网的起算和校核数据。如测区内没有可利用的高级控制点，或者联测较为困难，也可建立测区独立平面控制网，采用假定坐标系统。

5. 图根平面控制网

直接为测图而建立的控制网称为图根控制网，一般应在城市各级控制网下布设图根控制网。对于独立测区，也可建立测区独立平面控制网，形成各等级的控制。目前图根控制网主要采用导线测量和 GPS 测量等形式。

在测区范围内建立统一的精度最高的控制网，称为首级控制网。在首级控制网基础上进行加密的控制网叫作图根控制网，控制点称为图根控制点，简称图根点。图根点有两个作用，一是直接作为测站点，进行碎部测量；二是作为临时增设测站点的依据。图根点的密度是由测图比例尺和地形条件的复杂程度决定的。平坦开阔地区的密度不应低于表 6-2 的规定。对于地形复杂以及城市建筑区，可适当加大图根点的密度。

表 6-2   图 根 点 的 密 度 指 标

比例尺	每平方公里的控制点数/个	每幅图的控制点数/个
1：5000	4	20
1：2000	15	15
1：1000	40	10
1：500	120	8

二、高程控制测量

1. 国家高程控制网

国家高程控制网用于各种比例尺测图和工程建设的基本高程控制，也为地球形状和大小、平均海水面变化、地壳垂直运动等科学研究工作提供精确的高程资料。

国家高程控制网主要采用精密水准测量的方法建立，又称为国家水准网。国家水准网分为一、二、三、四等网，精度依次逐级降低。图 6-3 为国家水准网布设示意图，一等水准网是国家高程控制网的骨干。二等水准网布设于一等水准环内，是国家高程控制网的全面基础。三、四等水准网为国家高程控制网的进一步加密，直接为地形图测绘和工程建设提供高程依据。各等级水准测量的技术指标见表 6-3。

━━　一等水准路线
───　二等水准路线
┈┈┈　三等水准路线
┈┈┈┈　四等水准路线

图 6-3　国家水准网布设示意图

2．城市高程控制网

城市高程控制网主要是水准网，等级依次分为二、三、四等。各等级水准测量的技术指标见表 6-4。城市首级高程控制网不应低于三等水准，光电测距三角高程测量可代替四等水准测量。城市高程控制网的首级网应布设成闭合环线，加密网可布设成附合路线、结点网和闭合环，一般不允许布设水准支线。

表 6-3　　　　　　　　　　　　水 准 测 量 技 术 指 标

等级	水准网环线周长 /km	附合线路长度 /km	每公里高差中数		线路闭合差 /mm
			偶然中误差/mm	全中误差/mm	
一	1000～2000		±0.5	±1.0	$\pm 2\sqrt{L}$
二	500～750		±1.0	±2.0	$\pm 4\sqrt{L}$
三	200	150	±3.0	±6.0	$\pm 12\sqrt{L}$
四	100	80	±5.0	±10.0	$\pm 20\sqrt{L}$

表 6-4　　　　　　　　　　　　城市水准测量主要技术要求

等级	每千米高差中误差 /mm	附合路线长度 /km	测段往返测高差不符值 /mm	附合路线或环线闭合差 /mm
二等	±2	400	$\pm 4\sqrt{R}$	$\pm 4\sqrt{L}$
三等	±6	45	$\pm 12\sqrt{R}$	$\pm 12\sqrt{L}$
四等	±10	15	$\pm 20\sqrt{R}$	$\pm 20\sqrt{L}$
图根	±20	8		$\pm 40\sqrt{L}$

注　R 为测段长度，L 为附合或环线长度，均以 km 为单位。

3．工程高程控制网

工程高程控制测量精度等级的划分依次为二、三、四、五等，各等级高程控制宜采用水准测量，四等及以下等级可采用电磁波测距三角高程测量，五等也可采用 GPS 拟合高程测量。首级高程控制网的等级，应根据工程规模、控制网的用途和精度要求合理选择。首级网应布设成环形网，加密网宜布设成附合路线或结点网。测区的高程系统，宜采用 1985 国家高程基准。在已有高程控制网的地区测量时，可沿用原有的高程系统；当小测区联测有困难时，也可采用假定高程系统。

4. 小区域高程控制网

建立小区域高程控制网时，可根据测区范围的大小和工程项目的要求，采取分级布设的方法。通常是以国家或城市高等级水准点为基础，在测区内建立三、四等水准网或水准路线。小区域高程控制测量通常采用水准测量和三角高程测量。

5. 图根高程控制网

图根高程控制可以在国家四等水准网下直接布设，可采用图根水准、三角高程测量等方法。

三、控制测量的一般作业步骤

控制测量的一般作业步骤包括技术设计、实地选点、标石埋设、观测和平差计算等。

控制测量的技术设计主要包括确定精度指标和控制网网形的设计。控制网的等级和精度标准需根据测区范围大小和控制网的用途来确定。当范围较大时，为使控制网既能形成一个整体，又能相互独立地进行工作，必须采用"从整体到局部，分级布网，逐级控制"的布网原则；若范围不大，则可布设成同级全面网。设计控制网网形时，首先应收集测区的地形图、已有控制点成果及测区的人文、地理、气象、交通、电力等技术资料，然后进行控制网的图上设计，选定控制点的位置；然后到实地踏勘，以判明图上标定的已有的控制点是否与实地相符，并查明标石是否完好；查看预选的路线和控制点点位是否合适，通视是否良好；若有必要，可作适当调整并在图上标明。实地选点的点位一般应满足的条件为：点位稳定，等级控制点能长期保存；便于扩展、加密和观测。经选点确定的控制点点位，要进行标石埋设，并在地面上固定下来，绘制点之记图。

在常规的高等级平面控制测量中，在某方向上因受地形条件限制，相邻控制点间不能直接通视时，必须在选定的控制点上建造测量标。当采用 GNSS 定位技术建立平面控制网时，不要求相邻控制点间一定要通视，所以选定控制点后一般不需要建立测量标。按照测量规范要求，根据控制网的等级，选用相应精度的仪器进行外业观测。

外业观测工作结束后，应对观测数据进行检核，保证观测成果满足要求。根据控制网中的起算数据和观测数据进行平差计算。

本章主要讲述以图根导线测量为主要对象的平面控制测量，同时简单介绍 GNSS 相关内容。高程控制测量仅介绍三、四等水准测量和三角高程测量。

第二节 坐标计算原理

一、直线定向

要确定两点间平面位置的相对关系，除了需要测量两点间的距离，还要确定直线的方向。确定地面上一条直线与标准方向的角度关系的工作，称为直线定向。

（一）标准方向的种类

测量工作采用的标准方向有真子午线方向、磁子午线方向和坐标纵轴方向。

（1）真子午线方向。通过地面上某点作其所在的真子午线的切线，称为该点的真子午线方向，又称真北方向。

（2）磁子午线方向。磁针水平静止时其轴线所指的方向线，称为该点的磁子午线方向。

（3）坐标纵轴方向。坐标纵轴方向就是平面直角标系中的纵坐标轴方向。若采用高斯平面直角坐标，则以中央子午线作为坐标纵轴。

真子午线方向、磁子午线方向和坐标纵轴方向合称为标准方向，它们的北方向称为三北方向，如图6-4所示。

（二）直线方向的表示方法

表示直线方向的方式有方位角与象限角两种，其中，象限角应用较少，通常作为方位角推算的中间变量。

（1）方位角。由标准方向的北端起，顺时针方向量至某直线的角度，称为该直线的方位角，角值为0°～360°，如图6-5所示。根据采用的标准方向是真子午线方向、磁子午线方向和纵坐标轴方向，测定的方位角分别称为真方位角、磁方位角和坐标方位角，相应地用 $\alpha_{真}$、$\alpha_{磁}$ 和 α 来表示。

（2）象限角。某直线与坐标纵轴所夹的锐角称为象限角，一般用 R 表示。由于象限角为锐角，与所在象限有关，因此描述象限角时，不但要注明角度的大小，还要注明所在的象限。如图6-6所示，北东 R_1、南东 R_2、南西 R_3、北西 R_4 分别为四条直线的象限角。

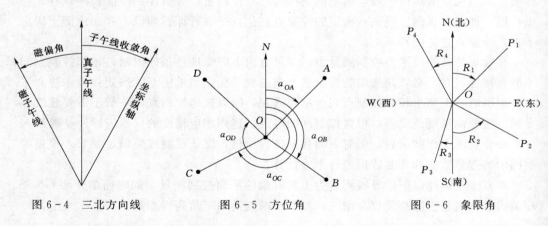

图6-4 三北方向线　　　　图6-5 方位角　　　　图6-6 象限角

（3）方位角与象限角的关系。根据方位角与象限角的定义，它们之间的换算关系见表6-5。

表6-5　　　　　　　　　　方位角、象限角与坐标增量的关系

象限	象限角 R 与方位角 α 的关系	象限	象限角 R 与方位角 α 的关系
I	$\alpha = R$	III	$\alpha = 180° + R$
II	$\alpha = 180° - R$	IV	$\alpha = 360° - R$

（三）三种方位角之间的关系

（1）真方位角与磁方位角的关系。地磁南北极与地球南北极并不重合，因此，过地面上某点的磁子午线与真子午线不重合，其夹角 δ 称为磁偏角，如图 6-7 所示。磁针北端偏于真子午线以东称东偏，偏于以西称西偏。直线的真方位角与磁方位角可按式（6-1）换算，式中 δ 值，东偏时取正值，西偏时取负值

$$\alpha_{真} = \alpha_{磁} + \delta \tag{6-1}$$

（2）真方位角与坐标方位角的关系。由高斯分带投影可知，除了中央子午线上的点，投影带内其他各点的坐标轴方向与真子午线方向都不重合，其夹角 γ 称为子午线收敛角，如图 6-8 所示。坐标轴方向北端偏于真子午线以东称东偏，偏于以西称西偏。真方位角与坐标方位角之间的关系可用式（6-2）换算，式中的 γ 值，东偏时取正值，西偏时取负值

$$\alpha_{真} = \alpha + \gamma \tag{6-2}$$

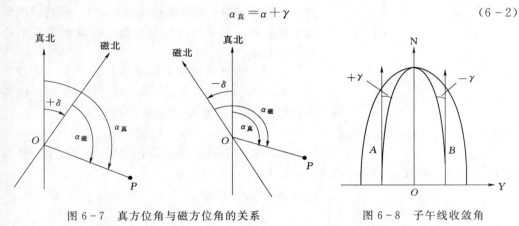

图 6-7 真方位角与磁方位角的关系 　　　 图 6-8 子午线收敛角

（3）坐标方位角与磁方位角的关系。若已知某点的磁偏角 δ 与子午线收敛角 γ，则坐标方位角与磁方位角之间的换算关系见式（6-3），式中的 δ、γ 值，东偏时取正值，西偏时取负值。

$$\alpha = \alpha_{磁} + \delta - \gamma \tag{6-3}$$

二、坐标方位角与推算

（一）正、反坐标方位角

地面上各点的真（磁）子午线方向都是指向地球（磁）的南北极，各点的子午线都不平行，给计算工作带来不便。而在平面直角坐标系中，纵坐标轴方向线均是平行的。因此在普通测量工作中，多数是以坐标方位角表示直线的方向。如图 6-9 所示，设直线 P_1 至 P_2 的坐标方位角 α_{12} 为正坐标方位角，则 P_2 至 P_1 的方位角 α_{21} 为反坐标方位角，显然，正、反坐标方位角互差 $180°$，见式（6-4）。当 $\alpha_{21} >$

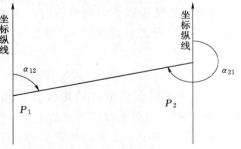

图 6-9 直线的正反坐标方位角

$180°$时，式（$6-1$）取"－"号，当$\alpha_{21} < 180°$时，取"＋"号。

$$\alpha_{12} = \alpha_{21} \pm 180° \tag{6-4}$$

（二）坐标方位角推算

坐标方位角推算分以下两种情况。

1. 共用顶点的坐标方位角推算

如图$6-10$所示，由AB方位角推算AC方位角时，观测角β为左角，而由AC方位角推算AB方位角时，观测角β为右角，推算公式如下：

$$\alpha_{AC} = \alpha_{AB} + \beta \tag{6-5}$$

$$\alpha_{AB} = \alpha_{AC} - \beta \tag{6-6}$$

以上公式简称为"左加右减"。

左、右角的判别方法如下：人站在测站上，面向路线前进方向（即面向待求点方向），所测转折角位于观测者的左手边则称为左角，在观测者右手边则称为右角。

2. 连续折线的方位角推算公式

如图$6-11$（a）所示，α_{12}为已知方位角，转折角β_2为右角，推算$2-3$边的方位角为

$$\alpha_{23} = \alpha_{12} + 180° - \beta_2$$

如图$6-11$（b）所示，α_{12}为已知方位角，转折角β_2为左角，推算$2-3$边的方位角为

$$\alpha_{23} = \alpha_{12} + \beta_2 - 180°$$

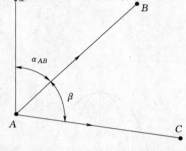

图$6-10$　共用顶点方位角推算

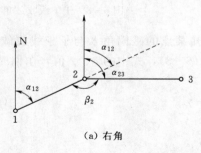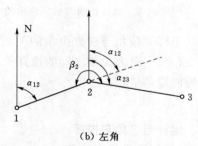

（a）右角　　　　　　　　　　　（b）左角

图$6-11$　折线方位角推算

因此，连续折线方位角推算时，要考虑转折角β_i是左角还是右角，其通用公式为式（$6-7$）和式（$6-8$）。

$$\alpha_{前} = \alpha_{后} + \beta_{左} - 180° \tag{6-7}$$

$$\alpha_{前} = \alpha_{后} - \beta_{右} + 180° \tag{6-8}$$

式中：$\alpha_{后}$为转折前已知边的坐标方位角；$\alpha_{前}$为转折后待求边的坐标方位角；脚标"后"和"前"为前进方向的前后。

在推算过程中须注意：推算出的方位角$\alpha_{前}$若大于$360°$，应减去$360°$；若小于$0°$，应加上$360°$。

自测 6-1

三、坐标增量计算

地面上两点的坐标值之差称为坐标增量,用 Δx_{AB} 表示 A 点至 B 点的纵坐标增量,Δy_{AB} 表示 A 点至 B 点的横坐标增量。坐标增量有方向性和正负意义,Δx_{BA},Δy_{BA} 分别表示 B 点至 A 点的纵、横坐标增量,其符号与 Δx_{AB},Δy_{AB} 相反。

1. 根据两个点的坐标计算坐标增量

如图 6-12 所示,设 A,B 两点的坐标分别为 $A(x_A, y_A)$,$B(x_B, y_B)$。则 A 至 B 点的坐标增量为

$$\left.\begin{aligned} \Delta x_{AB} &= x_B - x_A \\ \Delta y_{AB} &= y_B - y_A \end{aligned}\right\} \tag{6-9}$$

而 B 至 A 点的坐标增量为

$$\left.\begin{aligned} \Delta x_{BA} &= x_A - x_B \\ \Delta y_{BA} &= y_A - y_B \end{aligned}\right\} \tag{6-10}$$

很明显,A 点至 B 点与 B 点至 A 点的坐标增量,绝对值相等,符号相反。由于坐标方位角和坐标增量均有方向性(由下标表示),需注意下标的书写次序。

2. 根据直线的坐标方位角和边长计算坐标增量

在图 6-12 中,设 AB 的坐标方位角为 α_{AB},边长为 D_{AB}。则 A 点至 B 点的坐标增量为

$$\left.\begin{aligned} \Delta x_{AB} &= D_{AB} \cos\alpha_{AB} \\ \Delta y_{AB} &= D_{AB} \sin\alpha_{AB} \end{aligned}\right\} \tag{6-11}$$

四、坐标正算

根据已知点的坐标、观测边的长度及其坐标方位角计算待求点的坐标,称为坐标正算。如图 6-13 所示,假设已知点 1 的坐标为 (x_1,y_1) 和 1—2 边的坐标方位角 α_{12},测得 1—2 边长 D_{12},则 2 点的坐标(x_2,y_2)计算公式为

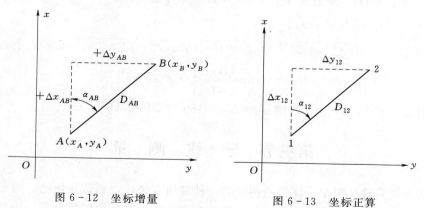

图 6-12 坐标增量　　　　　图 6-13 坐标正算

$$\left.\begin{aligned} x_2 &= x_1 + \Delta x_{12} \\ y_2 &= y_1 + \Delta y_{12} \end{aligned}\right\} \tag{6-12}$$

式中:Δx_{12}、Δy_{12} 为 1—2 边坐标增量

【例题 6-1】 如图 6-13 所示,已知 1—2 边长为 $D_{12}=123.45\text{m}$,方位角为 $\alpha_{12}=78°36'48''$,1 点坐标为(3145.67,4234.78)(单位:m),试求 2 点坐标。

解:
$$\begin{cases} x_2=x_1+\Delta x_{12}=3145.67+123.45\times\cos78°36'48''=3170.04(\text{m}) \\ y_2=y_1+\Delta y_{12}=4234.78+123.45\times\sin78°36'48''=4355.80(\text{m}) \end{cases}$$

五、坐标反算

根据直线两端点坐标计算直线的边长和坐标方位角,称为坐标反算。

根据图 6-13 可知,假设 1、2 点坐标分别为(x_1,y_1)、(x_2,y_2),则可按以下步骤分别计算坐标方位角和边长:

首先由式(6-13)计算直线边的象限角,再根据坐标增量的符号判断其所在象限,按照表 6-6 方位角与象限角的关系计算其坐标方位角,然后按照式(6-14)计算边长。

$$R=\arctan\left|\frac{\Delta y_{12}}{\Delta x_{12}}\right| \tag{6-13}$$

$$D_{12}=\sqrt{(x_2-x_1)^2+(y_2-y_1)^2} \tag{6-14}$$

表 6-6　　　　　　　　方位角、象限角与坐标增量的关系

象限	象限角 R 与方位角 α 的关系	Δx	Δy
I	$\alpha=R$	+	+
II	$\alpha=180°-R$	−	+
III	$\alpha=180°+R$	−	−
IV	$\alpha=360°-R$	+	−

【例题 6-2】 已知 1、2 点坐标分别为(4342.99,3814.29)、(2404.50,525.72)(单位:m),试计算 1—2 边长及其坐标方位角。

解: $D_{12}=\sqrt{(x_2-x_1)^2+(y_2-y_1)^2}$

$$=\sqrt{(2404.50-4342.99)^2+(525.72-3814.29)^2}=3817.39(\text{m})$$

$$R_{12}=\arctan\left|\frac{\Delta y_{12}}{\Delta x_{12}}\right|=59°28'56''$$

由于 $\Delta x_{12}<0$,$\Delta y_{12}<0$,则 $\alpha_{12}=R_{12}+180°=239°28'56''$

自测 6-2

第三节　导　线　测　量

导线测量是建立图根平面控制测量的一种常用方法,特别是在地物、地形复杂的建筑区和山区,因选点灵活,工作效率高,在光电技术普及使用的今天,仍然是图根控制测量的常用方法。

将测区内相邻控制点用线段相连,构成的折线称为导线,这些控制点称为导线点。导线测量是观测其相邻折线所夹的水平角和折线边的水平距离,并且由已知数据

课件 6-3

和观测数据推算未知点坐标。

一、导线测量概述

根据测区的条件和需要，导线通常布设成以下几种形式。

1. 闭合导线

闭合导线是起止于同一已知点的环形导线，如图 6-14 所示。导线从已知控制点出发，经过若干导线点，最后回到原起始点，形成一个封闭多边形。导线中已知方向与导线边的夹角称为连接角（图 6-14 中，β 即为连接角），在角度观测中，除观测各转折角外，还应观测其连接角，否则无法进行方位角的推算。

2. 附合导线

附合导线是起止于两个已知点间的单一导线。如图 6-15 所示，导线从已知控制点出发，经过若干导线点，最后附合到另外一个已知点上。两端都有已知方向的称为双定向附合导线，简称附合导线（图 6-15 中 β_1、β_2 为连接角）。若只有一端有已知方向，则称为单定向附合导线。若两端均无已知方向，则称为无定向附合导线。单定向附合导线和无定向附合导线在实际生产中应用较少。

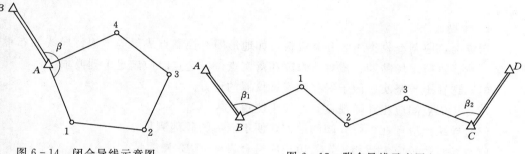

图 6-14 闭合导线示意图　　　　　图 6-15 附合导线示意图

3. 支导线

如图 6-16 所示，导线由一已知点向已知方向出发，既不附合到另外的已知点上，又不回到原有已知点上的导线，称为支导线（图 6-16 中 β 为连接角）。由于支导线缺乏检核条件，不易发现错误，因此其点数不超过两个，仅用于图根导线测量。

闭合导线、附合导线和支导线统称为单一导线。

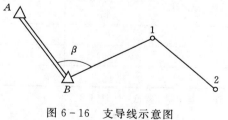

图 6-16 支导线示意图

4. 单结点导线

如图 6-17 所示，从 3 个或 3 个以上的已知点出发，布设 3 条或 3 条以上的导线，且这些导线汇合于一未知点上，该点称为结点。只有一个结点的导线称为单结点导线。结点导线的起始点一般应有已知方向。

5. 导线网

导线网是指由已知点和未知点连接成一系列折线并构成网状的平面控制图形。导线网至少包含一个结点或两个以上闭合环。单结点导线是最简单的导线网。导线网未知点多，控制范围大，计算复杂，具有较多的检核条件，如图 6-18 所示。

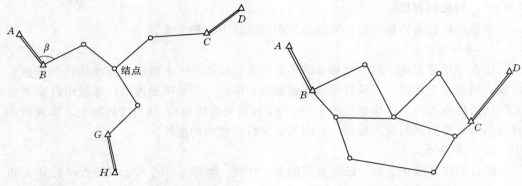

图 6-17 单结点导线示意图　　　　　　　图 6-18 导线网示意图

二、导线测量的外业工作

导线测量的外业工作主要包括：踏勘选点、建立标志、导线边长测量和角度测量等。

1. 踏勘选点

选点前，应调查收集测区有关资料，如地形图、控制点成果等。拟订导线的布设方案，然后进行现场踏勘、核对、修改和落实点位。选点时应满足下列要求：

（1）选在土质坚实，便于保存和安置仪器的地方。

（2）相邻点间应相互通视良好，便于测角。

（3）导线点应选在视野开阔的地方，便于以后的碎部测量。

（4）导线边长应大致相等，其边长应符合表 6-7 要求。

（5）导线点应有足够的密度，分布均匀，便于控制整个测区。

表 6-7　　　　　　　　　图根电磁波导线测量技术指标

测图比例尺	附合导线长度 /m	平均边长 /m	导线全长相对闭合差	测回数	方位角闭合差 /(″)
1∶500	900	80	≤1/4000	1	$40\sqrt{n}$
1∶1000	1800	150			
1∶2000	3000	250			

注　《城市测量规范》（CJJ/T 8—2011）

2. 标石埋设

导线点选定后，应在点位上建立标志。如果是土质地面，通常在点位上钉一个木桩，在桩顶钉一小钉作为点的标志，如图 6-19（a）所示；如果是沥青路面，可用顶面刻有十字纹的测钉。对于等级导线点，需长期保留时，要埋设永久性标志，如图 6-19（b）所示，并沿导线走向顺序编号，绘制导线略图。闭合导线一般按逆时针方向编号，附合导线和支导线按前进方向编号。为了便于以后寻找，应量出图根导线点到附近 3 个明显地物点间的距离，并在明显地物点上用红油漆标明导线点的位置。为便于以后使用，应绘制草图，图上注明导线点的编号、与周围明显地物点间的距离等信息，该图称为点之记，如图 6 - 20 所示。

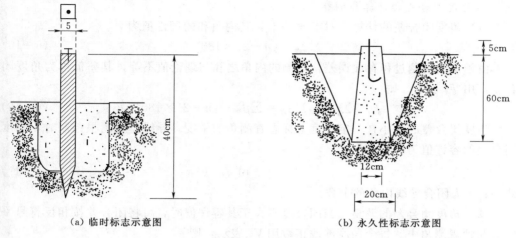

（a）临时标志示意图　　　　　　　　（b）永久性标志示意图

图 6 - 19　标志示意图

点号	D12	桩别	铁钉
埋设日期	2019 年 10 月 20 日	备注	

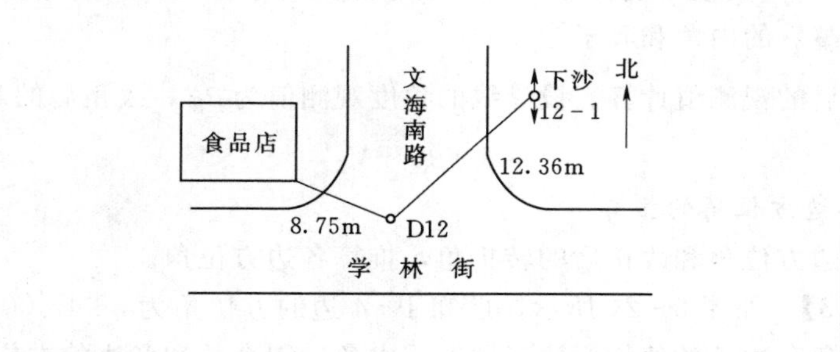

图 6 - 20　点之记

3. 边长测量

目前，一般用全站仪或电磁波测距仪测量导线边长。如果测量的是斜距，应改正为水平距离。

4. 角度测量

角度测量要测量导线的连接角和转折角。导线的转折角有左、右之分，位于导线前进方向左侧的称为左角，反之称为右角。附合导线应统一测量左角或右角；闭合导线一般测内角；支导线左右角都应观测。角度测量一般采用测回法观测。当导线边长较短时，要特别注意仪器对中与目标照准，以减少这两项误差对测角精度的影响。

三、导线测量的内业计算

在内业计算之前，要全面检查外业观测数据有无遗漏，记录、计算是否有误，成果是否符合限差要求。为防止计算过程中出现错误，在导线计算前，要根据外业成果绘制计算略图，将观测值标注在略图上。

（一）闭合导线的计算

1. 角度闭合差的计算与调整

（1）角度闭合差的计算。对于 n 边形，其内角和的理论值为

$$\sum \beta_{理} = (n-2) \times 180° \qquad (6-15)$$

视频 6-1

由于角度观测过程存在误差，观测的内角之和与理论值不等，其差值称为角度闭合差，用 f_β 表示。则

$$f_\beta = \sum \beta_{测} - \sum \beta_{理} = \sum \beta_{测} - (n-2) \times 180° \qquad (6-16)$$

角度闭合差的大小在一定程度上标志着测角的精度。导线作为图根控制时，角度闭合差的容许值为

$$f_{\beta容} = \pm 40'' \sqrt{n} \qquad (6-17)$$

式中：n 为闭合导线内角的个数。

（2）角度闭合差的调整。当闭合差不大于其容许值时，可将闭合差按相反符号平均分配到观测角中。每个角度的改正数用 V_β 表示，则

$$V_\beta = -\frac{f_\beta}{n} \qquad (6-18)$$

式中：f_β 为角度闭合差，（"）；n 为闭合导线内角的个数。

注意：如果 f_β 的值不能被导线内角数整除而有余数时，可将余数调整到短边的邻角上，使调整后的内角和等于 $\sum \beta_{理}$。

（3）调整后的观测值计算。设导线的角度观测值为 $\beta_{测}$，改正后的观测值为 $\hat{\beta}$，则

$$\hat{\beta} = \beta_{测} + V_\beta \qquad (6-19)$$

2. 导线各边方位角的推算

根据起算边方位角和改正后的转折角，推算各边方位角。

【例题 6-3】 如图 6-21 所示，已知 1—4 边的方位角为 $38°15'00''$，测得图根闭合导线各转折角、边长的值均标注于图上，求角度闭合差和各边的方位角。

解：（1）求角度闭合差。

$$f_\beta = \sum \beta_{测} - \sum \beta_{理} = \sum \beta_{测} - (n-2) \times 180°$$
$$= 360°00'36'' - 360° = +36''$$

$$f_{\beta容} = \pm 40'' \sqrt{n} = \pm 80''$$

因为 $|f_\beta| \leqslant |f_{\beta容}|$，所以角度观测精度符合要求。

（2）计算角度改正数。

$$V_\beta = -\frac{f_\beta}{n} = -9''$$

则各角的改正后的角度为

$$\hat{\beta}_1 = \beta_{测} + V_\beta = 93°57'45'' - 9'' = 93°57'36''$$
$$\hat{\beta}_2 = \beta_{测} + V_\beta = 84°23'27'' - 9'' = 84°23'18''$$

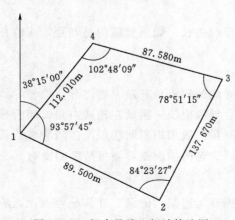

图 6-21 闭合导线坐标计算略图

$$\hat{\beta}_3 = \beta_测 + V_\beta = 78°51'15'' - 9'' = 78°51'06''$$

$$\hat{\beta}_4 = \beta_测 + V_\beta = 102°48'09'' - 9'' = 102°48'00''$$

（3）方位角推算。

按 1—2—3—4—1 线路推算，由于观测角是左角，因此，采用式（6-20）推算方位角：

$$\alpha_前 = \alpha_后 + \beta_左 - 180° \qquad\qquad (6-20)$$

故有

$$\alpha_{12} = \alpha_{14} + \hat{\beta}_1 = 38°15'00'' + 93°57'36'' = 132°12'36''$$

$$\alpha_{23} = \alpha_{12} + \hat{\beta}_2 - 180° = 132°12'36'' + 84°23'18'' - 180° = 36°35'54''$$

$$\alpha_{34} = \alpha_{23} + \hat{\beta}_3 - 180° = 36°35'54'' + 78°51'06'' - 180° + 360° = 295°27'00''$$

$$\alpha_{41} = \alpha_{34} + \hat{\beta}_4 - 180° = 295°27'00'' + 102°48'00'' - 180° = 218°15'00''$$

3. 坐标增量的计算与闭合差的调整

（1）坐标增量及坐标增量闭合差的计算。按照式（6-11）计算各边的坐标增量。对于闭合导线，各边 x 坐标增量总和与 y 坐标增量总和的理论值应等于 0，即

$$\left.\begin{array}{l}\sum \Delta x_理 = 0 \\ \sum \Delta y_理 = 0\end{array}\right\} \qquad\qquad (6-21)$$

由于观测值不可避免地包含误差，所以计算出的坐标增量总和一般不等于 0，该数值称为纵、横坐标增量闭合差，分别用 f_x、f_y 表示，即

$$\left.\begin{array}{l}f_x = \sum \Delta x \\ f_y = \sum \Delta y\end{array}\right\} \qquad\qquad (6-22)$$

（2）导线全长闭合差和相对闭合差的计算。从起点出发，根据各边坐标计算值算出各点的坐标后，若不能闭合于起点，造成错开现象，错开的距离长度称为导线全长闭合差，用 f_D 表示，如图 6-22 所示。f_x 为 f_D 在 x 轴上的投影；f_y 为 f_D 在 y 轴上的投影，则

$$f_D = \sqrt{f_x^2 + f_y^2} \qquad\qquad (6-23)$$

导线全长相对闭合差为

$$K = \frac{f_D}{\sum D} = \frac{1}{\dfrac{\sum D}{f_D}} \qquad (6-24)$$

对于图根导线，导线全长相对闭合差的容许值 $K_容 = \dfrac{1}{4000}$。

当 $K < K_容$ 时，导线测量的精度符合要求，可以进行闭合差的调整；否则需要进行外业检查，必要时重新进行外业测量。

（3）坐标增量闭合差的调整。由于

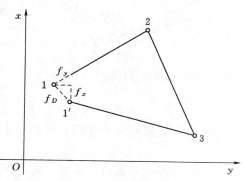

图 6-22 导线全长闭合差计算示意图

坐标增量闭合差主要由于边长误差影响而产生，而边长误差大小与边长的长短有关，因此，坐标增量闭合差的调整方法是将增量闭合差 f_x、f_y 反号，按与边长成正比分配于各个坐标增量之中，使改正后的 $\sum\Delta x$、$\sum\Delta y$ 均等于 0。设第 i 边边长为 D_i，其纵横坐标增量改正数分别用 $V_{\Delta x_i}$、$V_{\Delta y_i}$ 表示，则

$$
\left.
\begin{aligned}
V_{\Delta x_i} &= -\frac{f_x}{\sum D}D_i \\
V_{\Delta y_i} &= -\frac{f_y}{\sum D}D_i
\end{aligned}
\right\}
\tag{6-25}
$$

式中：$\sum D$ 为导线边长总和，m；D_i 为第 i 边的边长，m。

改正后的坐标增量计算公式为

$$
\left.
\begin{aligned}
\Delta\hat{x} &= \Delta x + V_{\Delta x_i} \\
\Delta\hat{y} &= \Delta y + V_{\Delta y_i}
\end{aligned}
\right\}
\tag{6-26}
$$

注意：改正数一般取至毫米，坐标增量改正数的总和应等于坐标增量闭合差的相反数，用此进行检核。如果有余数时，可将余数调整到长边的坐标增量的改正数上。

4．导线点坐标的计算

根据起算点坐标和调整后的坐标增量，按照坐标正算公式逐点计算各导线点的坐标，其计算公式为

$$
\left.
\begin{aligned}
x_i &= x_{i-1} + \Delta\hat{x}_{i-1,i} \\
y_i &= y_{i-1} + \Delta\hat{y}_{i-1,i}
\end{aligned}
\right\}
\tag{6-27}
$$

【例题 6-4】 已知 $x_1 = 200.00$m，$y_1 = 500.00$m，以及 1—2 边的方位角 132°12′36″，按逆时针点号顺序求图 6-23 中闭合导线各导线点的坐标。

解： 计算过程见表 6-8。

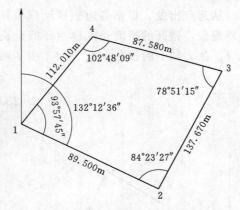

图 6-23 图根闭合导线坐标计算略图

视频 6-2

（二）附合导线的计算

附合导线的计算与闭合导线的计算基本相同，只是在角度闭合差和坐标增量闭合差的计算方面存在差异。

1．附合导线角度闭合差的计算与调整

如图 6-24 所示，根据起始边 AB 的坐标方位角及各转折角 β_i（左角），可以推算出 CD 边的坐标方位角 α'_{CD}，α'_{CD} 应与 CD 边的已知方位角 α_{CD} 相等。但是由于测角有误差，所以 α'_{CD} 与 α_{CD} 一般不相等，其差值即为附合导线的角度闭合差 f_β，即

$$
f_\beta = \alpha'_{CD} - \alpha_{CD}
\tag{6-28}
$$

用附合导线的左角来计算方位角，其公式为

$$
\alpha'_{CD} = \alpha_{AB} + \sum\beta_{左} - n\times180°
\tag{6-29}
$$

用附合导线的右角来计算方位角，其公式为

$$
\alpha'_{CD} = \alpha_{AB} - \sum\beta_{右} + n\times180°
\tag{6-30}
$$

表 6-8　图根闭合导线坐标计算表

点号 (1)	角度观测值 (° ′ ″) (2)	改正数 (″) (3)	改正后角值 (° ′ ″) (4)	方位角 (° ′ ″) (5)	平距 m (6)	坐标增量 Δx/m (7)	坐标增量 Δy/m (8)	改正后增量 Δx/m (9)	改正后增量 Δy/m (10)	坐标 x/m (11)	坐标 y/m (12)
1	(左角)									200.00	500.00
				132 12 36	89.500	−0.014 / −60.131	+0.012 / +66.292	−60.145	+66.304		
2	84 23 27	−9	84 23 18							139.855	566.304
				36 35 54	137.670	−0.022 / +110.526	+0.018 / +82.079	+110.504	+82.097		
3	78 51 15	−9	78 51 06							250.359	648.401
				295 27 00	87.580	−0.014 / +37.635	+0.011 / −79.081	+37.621	−79.070		
4	102 48 09	−9	102 48 00							287.980	569.331
				218 15 00	112.010	−0.017 / −87.963	+0.014 / −69.345	−87.980	−69.331		
1	93 57 45	−9	93 57 36	132 12 36						200.00	500.00
2											
总和	360 00 36	−36	360 00 00		426.760	+0.067	−0.055	0	0		

辅助计算：

$f_\beta = \sum\beta_{测} - (n-2)\times180° = +36''$ 　 $\sum D = 426.760\text{m}$ 　 $f_x = +0.067\text{m}$ 　 $f_y = -0.055\text{m}$ 　 $f_D = \sqrt{f_x^2 + f_y^2} = 0.087\text{m}$ 　 $K = 1/4900$

$f_{\beta容} = \pm40''\sqrt{n} = \pm80''$ 　 $K < 1/4000$（符合精度要求）

103

式中：n 为转折角的个数（包括连接角）。

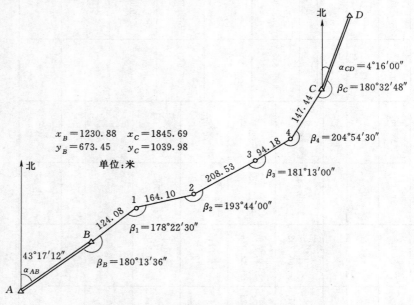

图 6-24　附合导线计算略图

若闭合差在容许范围内，则将闭合差按相反符号平均分配给各左角；若观测的是右角，则将闭合差按相同符号平均分配给各右角。

2. 坐标增量闭合差的计算

附合导线纵、横坐标增量的代数和理论上应等于起、终两已知点间的坐标差。如不相等，则其差值就是附合导线坐标增量闭合差，计算公式如下：

$$\left.\begin{array}{l} f_x = \sum \Delta x_{测} - (x_{终} - x_{起}) \\ f_y = \sum \Delta y_{测} - (y_{终} - y_{起}) \end{array}\right\} \tag{6-31}$$

式中：$x_{始}$、$y_{始}$ 为附合导线起始点的纵、横坐标；$x_{终}$、$y_{终}$ 为附合导线终点的纵、横坐标。

附合导线坐标增量闭合差的调整方法以及导线精度的衡量均与闭合导线相同。

【例题 6-5】　图 6-24 是附合导线的计算略图，A、B 和 C、D 点是已知的高级控制点，α_{AB}、α_{CD} 及 $B(x_B，y_B)$，$C(x_C，y_C)$ 为起算数据，β_i 和 D_i 分别为角度和边长的观测值，试计算 1、2、3、4 点的坐标。计算过程见表 6-9。

（三）支导线的坐标计算

由于支导线没有检核条件，坐标计算时，不必进行角度闭合差和坐标闭合差的计算与调整，直接由各边的边长和方位角计算坐标增量，最后依次求出各点坐标，具体如下：

（1）根据已知边坐标方位角和观测的转折角推算各边的坐标方位角。

（2）根据各边坐标方位角和边长计算坐标增量。

（3）根据已知点的坐标和各边坐标增量推算各点的坐标。

表 6—9 附合导线计算表

点号 (1)	观测角(右角) /(° ′ ″) (2)	改正数 /(″) (3)	改正后的角度 /(° ′ ″) (4)	坐标方位角 /(° ′ ″) (5)	边长 /m (6)	增量计算值 改正数 Δx/m (7)	增量计算值 改正数 Δy/m (8)	改正后的增量值 Δx /m (9)	改正后的增量值 Δy /m (10)	坐标 x /m (11)	坐标 y /m (12)
A				43 17 12							
B	180 13 36	+8	180 13 44	43 03 28	124.08	−0.02 90.66	+0.02 84.71	90.64	84.73	1230.88	673.45
1	178 22 30	+8	178 22 38	44 40 50	164.10	−0.02 116.68	+0.03 115.39	116.66	115.42	1321.52	758.18
2	193 44 00	+8	193 44 08	30 56 42	208.53	−0.02 178.85	+0.03 107.23	178.83	107.26	1438.18	873.60
3	181 13 00	+8	181 13 08	29 43 34	94.18	−0.01 81.79	+0.02 46.70	81.78	46.72	1617.01	980.86
4	204 54 30	+8	204 54 38	4 48 56	147.44	−0.02 146.92	+0.02 12.38	146.90	12.40	1698.79	1027.58
C	180 32 48	+8	180 32 56	4 16 00						1845.69	1039.98
D											
Σ	1119 00 24		1119 01 12		738.33	+614.90	+366.41	+614.81	366.53		

辅助计算

$\alpha'_{CD} = 4°16'48''$ $\alpha_{CD} = 4°16'00''$

$f_\beta = +48''$ $f_{\beta容} = \pm 40''\sqrt{6} = \pm 98''$

$f_\beta < f_{\beta容}$

$f_x = +0.09\text{m}$ $f_y = -0.12\text{m}$

$f = \sqrt{f_x^2 + f_y^2} = 0.15\text{m}$ $k = \dfrac{0.15}{738.33} = \dfrac{1}{4900} \approx \dfrac{1}{4900} < \dfrac{1}{4000}$

第四节 GNSS 在控制测量中的应用

全球导航卫星系统（Global Navigation Satellite System，GNSS），是中国的北斗系统、美国的 GPS 系统、俄罗斯的 GLONASS 系统、欧盟的 Galileo 系统等卫星导航定位系统的统一称谓，它的应用为测绘工作提供了崭新的测量手段。GNSS 定位技术因其精度高、速度快、费用省、操作简便等优良特性，广泛应用于控制测量。特别是 RTK 技术，在小区域控制测量中比导线测量更灵活，更快捷，是目前使用最广泛的图根控制测量方法。

一、GNSS 的组成

课件 6-4

全球导航卫星系统都是由空间、地面、用户三大部分组成，其中美国建立的全球定位系统（GPS）最成熟，应用最广泛，因此本节以 GPS 为例，介绍全球导航卫星系统的组成。

GPS 系统包括三大部分：空间部分——GPS 卫星星座；地面控制部分——地面监控系统；用户设备部分——GPS 信号接收机，具体组成如下。

1. GPS 卫星星座

美国共发射 24 颗 GPS 卫星，距离地面 20200km。24 颗卫星中有 21 颗工作卫星，3 颗备用卫星。其中，21 颗卫星均匀分布在 6 个轨道平面内，轨道倾角为 55°，各个轨道平面之间相距 60°，即各轨道面升交点赤经相差 60°。

GPS 卫星在两万多公里高空，当地球对恒星来说自转一周时，它们绕地球运行二周，即绕地球一周的时间为 12 恒星时。位于地平线以上的卫星颗数随着时间和地点的不同而不同，最少可见到 4 颗，最多可见到 11 颗。在用 GPS 信号导航定位时，为了解算测站的三维坐标，必须观测 4 颗 GPS 卫星，称为定位星座。这 4 颗卫星在观测过程中的几何位置分布对定位精度有一定的影响。

2. 地面监控系统

对于导航定位来说，GPS 卫星是动态已知点。星的位置依据卫星发射的星历（描述卫星运动及其轨道的参数）算得。每颗 GPS 卫星所播发的星历由地面监控系统提供。卫星上的各种设备是否正常工作，卫星是否一直沿着预定轨道运行，都要由地面设备进行监测和控制。地面监控系统的另一重要作用是保持各颗卫星处于同一时间标准——GPS 时间系统。这就需要地面站监测各颗卫星的时间，求出钟差，然后由地面注入站发给卫星，卫星再由导航电文发给用户设备。GPS 工作卫星的地面监控系统包括一个设在美国科罗拉多的主控站、三个分布在大西洋、印度洋和太平洋美国军事基地的注入站和五个分设在夏威夷和主控站及注入站的监测站。

3. 用户设备部分

用户设备部分主要是 GPS 接收机，主要任务是捕获、跟踪、锁定并处理卫星信号，测量出卫星信号到接收机天线的传播时间，解译 GPS 卫星导航电文，实时计算接收机天线的三维坐标、速度、时间，完成导航与定位任务。同时用户设备部分还包括数据处理软件和相应的处理器。GPS 接收机一般由天线、主机、电源 3 个部分组成。

GPS 接收机按用途可分导航型接收机、测地型接收机、授时型接收机和姿态测量型接收机；按应用领域可分为手持型、车载型、船载型、机载型、星载型接收机；按载波频率可分为单频接收机和双频接收机。

二、GNSS 定位原理与方法

（一）GNSS 定位原理

GNSS 卫星定位的实质是空间距离后方交会，将卫星视为空间"动态已知点"，地面接收机可以在任何点、任何时间、任何气象条件下进行连续观测，在时钟控制下，测出卫星信号到达接收机的时间，计算出 GNSS 卫星和用户接收机天线之间的距离，进行空间距离交会，从而确定用户接收机天线所处的位置，即待定点的（X，Y，Z）。

根据测距原理的不同，GNSS 定位分为伪距测量定位、载波相位测量定位。

1. 伪距测量定位

伪距测量定位是通过测定某颗卫星发射的测距码信号（C/A 码或 P 码）到达用户接收机天线的传播时间（即时间延迟），计算卫星到接收机天线的空间距离见式（6-32）：

$$\rho = c\Delta t \tag{6-32}$$

式中：c 是电磁波在大气中的传播速度。

由于各种误差的存在，由卫星发射的测距码信号到达 GPS 接收机的传播时间乘以光速所得出的测量距离并不等于卫星到测站的实际几何距离，故称为伪距。

设第 i 颗卫星观测瞬间在空间的位置为 $(X^i，Y^i，Z^i)^T$，接收机观测瞬间在空间的位置为 $(X，Y，Z)^T$，从卫星至接收机的几何距离可以写成

$$\rho_i = \sqrt{(X^i-X)^2+(Y^i-Y)^2+(Z^i-Z)^2} \tag{6-33}$$

观测值方程式（6-33），未考虑卫星钟差、接收机钟差以及大气层折射等影响，卫星钟差、大气层折射可以采用适当的模型进行改正。把接收机钟差看成一个未知数，加上测站 3 个坐标未知数，共有 4 个未知数，因此在同一观测历元，至少需要观测到 4 颗卫星，获得 4 个观测方程，求解出 4 个未知数。实际工作中，一般应观测尽可能多的卫星，组成较好的空间分布图形，以提高定位的精度和可靠性。

2. 载波相位测量定位

若某卫星 S 发出一载波信号的相位为 φ_S，该信号向各处传播。在某一瞬间，该信号到达接收机 R 处的相位为 φ_R，则卫地距 ρ 为

$$\rho = \lambda(\varphi_S - \varphi_R) \tag{6-34}$$

式中：λ 为载波的波长。

载波相位测量以波长 λ 作为"尺子"来测量卫星至接收机的距离。接收机并不量测载波相位 φ_S，而是通过接收机振荡器中产生的一组与卫星载波频率及初始相位完全相同的基准信号（即复制载波），来量测相位差（$\varphi_S - \varphi_R$），用 $\Delta\varphi$ 来表示相位差（$\varphi_S - \varphi_R$），N_0 表示整周数，$\Delta\varphi(t)$ 表示不到一周的余数。载波相位观测时，可

以获得 $\Delta\varphi(t)$，但整周未知数 N_0 需要通过其他途径求解。若在跟踪卫星过程中，卫星信号暂时中断或受电磁信号干扰造成失锁，整周计数器无法连续计数，但不到一周的相位观测值 $\Delta\varphi(t)$ 仍正确，这种现象称为周跳，这时需要修复周跳。若此时不到一周的相位观测值 $\Delta\varphi(t)$ 也不正确，则需要重新初始化进行观测。具体内容请参考相关书籍。

$$\Delta\varphi=N_0\times2\pi+\Delta\varphi(t) \tag{6-35}$$
$$\rho=\lambda\Delta\varphi=\lambda[N_0\times2\pi+\Delta\varphi(t)] \tag{6-36}$$

（二）卫星定位方式

GNSS 按定位模式的不同可以分为绝对定位和相对定位。

1. 绝对定位

绝对定位也叫单点定位，是指直接确定观测站在协议地球坐标系 WGS-84 中绝对坐标的定位方式。如图 6-25 所示，GNSS 绝对定位是在一个待定点上，用一台接收机独立跟踪 4 颗或 4 颗以上卫星，用伪距测量或载波测量方式，利用空间距离后方交会的方法，测定待测点（GNSS 接收机相位中心）的绝对坐标。单点定位按接收机的运动状态可分为静态单点定位和动态单点定位。

2. 相对定位

相对定位又称为差分定位，如图 6-26 所示，相对定位模式采用两台或两台以上的接收机同步跟踪相同的卫星信号，以载波相位测量方式确定接收机天线间的相对位置（三维坐标差或基线向量）。根据一个测站的坐标值，可以推算其余各点的坐标。由于各台接收机同步观测相同的卫星，卫星钟差、接收机钟差、卫星星历误差、电离层延迟和对流层延迟改正等观测条件几乎相同，通过多个载波相位观测量间的线性组合，计算各测站时可以有效地消除或大幅度削弱上述误差，从而得到较高的相对定位精度（$10^{-7}\sim10^{-6}$），广泛应用于大地测量、精密工程测量等领域。

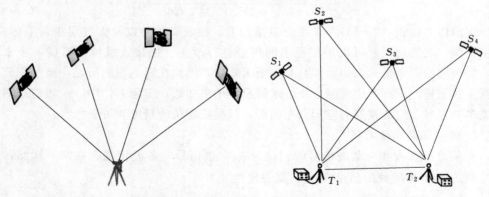

图 6-25　GNSS 绝对定位　　　　　图 6-26　GNSS 相对定位

值得注意的是，目前生产常用通过 CORS 网进行的 RTK 测量，表面上只利用一台接收机，采用绝对定位模式，但实际上是以 CORS 作为基准站的相对定位模式。

三、GNSS 控制网的布设形式

目前 GNSS 测量主要分为静态测量与动态 RTK 测量，静态测量主要用于精度较高的控制测量和变形监测等，动态 RTK 测量主要用于图根级控制测量、碎部测量或工程上的施工放样测量。

若要进行 GNSS 静态测量，就要进行 GNSS 网的技术设计，包括精度指标、网形设计等。

GNSS 网设计的出发点是在保证质量的前提下，尽可能地提高效率，努力降低成本。因此，在进行 GNSS 网的布设和测量时，既不能脱离实际的应用需求，盲目地追求不必要的高精度和高可靠性；也不能为追求高效率和低成本，而放弃对质量的要求。

根据不同的用途，GNSS 网有以下 4 种布设形式。

1．点连式

如图 6-27 所示，点连式是指相临同步图形之间仅由一个公共点的连接，其图形几何强度很弱，没有或极少有非同步图形闭合条件，一般不单独使用。

2．边连式

如图 6-28 所示，边连式是指同步图形之间由一条公共基线连接，图形几何强度较高，有较多的复测边和非同步图形闭合条件，其几何强度和可靠性均优于点连式。

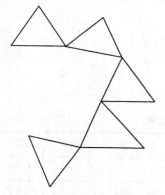

图 6-27 GNSS 点连式示意图

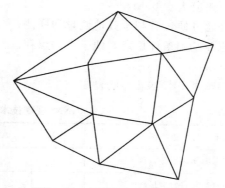

图 6-28 GNSS 边连式示意图

3．混连式

如图 6-29 所示，混连式是指把点连式与边连式有机地结合起来，组成 GNSS 控制网，既保证了网的图形强度，又能减少外业工作量，降低成本，所以该方式是较为理想的布网方式。

4．网连式

网连式是指相邻同步图形之间有两个以上的公共点相连，需要 4 台以上 GNSS 接收机，网的图形几何强度和可靠性相当高，花费的经费和时间较多，一般仅适用于较高精度的控制测量。

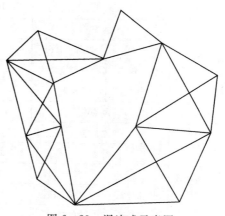

图 6-29 混连式示意图

四、GNSS 控制测量的外业工作

GNSS 控制测量分为静态测量与动态 RTK 测量。

(一) 静态控制测量的外业工作

1. 外业测量准备

(1) 测区踏勘。

(2) 资料收集。

(3) 技术设计书的编写：①项目、测区和测量概述；②作业依据；③技术要求、布网方案；④测区资料、选点埋石、数据处理、保证措施。

(4) 设备的准备与人员安排。

(5) 观测计划的拟定。

(6) GNSS 仪器的选择与检验。

2. GNSS 控制网布设要求

(1) 点位周围＋15°以上天空无障碍物。

(2) 避免周围有强烈反射无线电信号的物体，如玻璃幕墙、水面、大型建筑等。

(3) 与电台、发射塔等大功率无线电发射源的距离应大于 200m，与高压线、变电所等的距离应大于 50m。

(4) 交通方便，有利于其他测量和联测。

(5) 地面基础条件稳定，便于点的保存。

3. 技术要求

GNSS 观测技术要求，见表 6-10。

表 6-10　　　　　　　　　　　GNNS 观测技术要求

项 目 级 别			AA	A	B	C	D	E
卫星截至高度角/(°)			10	10	10	10	10	10
同时观测有效卫星数			≥4	≥4	≥4	≥4	≥4	≥4
有效观测卫星总数			≥20	≥20	≥9	≥6	≥4	≥4
观测时段数			≥10	≥6	≥4	≥2	≥1.6	≥1.6
时段长度 /min	静态		≥720	≥540	≥240	≥60	≥45	≥40
	快速静态	双频＋P 码				≥10	≥5	≥2
		双频全波				≥15	≥10	≥10
		单频				≥30	≥20	≥15
采样间隔 /s	静态		30	30	30	10～30	10～30	10～30
	快速静态					5～15	5～15	5～15
时段中任一卫星的有效观测时间 /min	静态		≥15	≥15	≥15	≥15	≥15	≥15
	快速静态	双频＋P 码				≥1	≥1	≥1
		双频全波				≥3	≥3	≥3
		单频				≥5	≥5	≥5

外业观测时段长度应根据同步观测点间距离、观测条件等情况作适当的时间延长，但同步观测时间不得少于表 6-10 的规定。观测前应编制 GPS 卫星可见性预报表，研究观测的最佳时间段，并制定工作计划。

4. GNSS 控制测量外业数据采集

(1) 拟订工作计划。外业观测计划的拟订对于能否顺利完成数据采集、保证观测精度、提高工作效率至关重要。拟订观测计划的主要依据是：GNSS 网的规模大小，点位精度，GNSS 卫星星座几何图形强度，参加作业的接收机数量，交通、通信及后勤保障。

计划内容：编制 GNSS 卫星可预见性预报图；选择卫星的几何图形强度；选择最佳观测时间段；设计与划分测区；编制作业调度表。

(2) 安置接收机：①在控制测量中，接收机应该用三脚架或强制对中装置直接安装在标石中心垂直上方，对中误差小于 3mm，特殊情况进行偏心观测，需要精确测定归心元素；②在觇标顶部安置天线进行测量时，卸掉觇标顶，按照投影点安置天线，投影示误三角形边长小于 5mm；③有寻常标的控制点安置天线前，应先放到寻常标；④天线指北定向误差小于 3°~5°，以消除相位中心偏差；⑤圆水准气泡应居中；⑥天线高不小于 1.5m，在 3 个不同方向上量高误差小于 3mm，时段测量前后分别量取，取平均结果作为天线高。

(3) 外业数据采集：①观测小组严格按照调度指令，按照规定时间同时作业；②测量过程应该严格填写测量手簿；③测量过程中，测量人员不得离开测站，并应随时检查接收卫星状态和测量信息；④各时段开始和结束时，应记录观测卫星号、天气、PDOP 等；⑤测量过程中，应避免接收机碰撞、信号遮挡等；⑥观测过程中，50m 内不准使用电台，10m 内不准使用对讲机。

(二) RTK 测量

1. RTK 测量相关概念

实时动态测量简称 RTK 测量，是全球卫星导航定位技术与数据通信技术相结合的载波相位实时动态差分定位技术，包括基准站和移动站。基准站将其差分数据通过电台或网络传输传给移动站，移动站进行差分解算，实时提供测站点坐标，RTK 技术根据差分信号传播方式的不同（即数据链不同），分为电台模式和网络模式两种。

(1) 电台模式。电台又分为内置电台和外挂电台。

内置电台安装在接收机内，无需单独架设，作业时携带设备较少，使用方便，但覆盖范围较小，无法满足大面积测区使用，可作应急使用。观测时，基准站与移动站都要安装天线。

相对于内置电台，外挂电台信号更强，覆盖范围更大，适合大面积作业，一般10km 范围内使用较多，覆盖范围内盲区少，差分数据延迟稳定。缺点是需携带配件较多，电瓶、主机、天线、三脚架等缺一不可；架设仪器费时费力；架设基站时对地形要求高，要求地形开阔，位置高，不能有遮挡物，如图 6-30 所示。

(2) 网络模式。网络模式分为传统 1+1、1+N 网络模式和 CORS 模式。传统网络模式的工作原理是基站通过网络上传、接收数据，并将接收到的差分校正数据传送

图 6 - 30　外挂电台的基准站　　　　　　　图 6 - 31　移动站

给一个或多个移动站，移动站解算以后准确定位。传统网络模式可在任意位置架设基站，无需架设电台，仪器配置简单，工作时携带的设备较少，降低了外业作业强度，大大增加了施测范围，但需要配置 SIM 流量数据卡。

CORS 模式的工作原理和传统网络模式相似，但作业时基站被连续运行参考站（CORS）替代，不需自己架设基站，只需要一台移动站登录 CORS 系统以后就可以作业。CORS 模式采用连续基站，可以随时观测，无需频繁平移基站，作业效率更高。CORS 模式除需配置 SIM 流量数据卡外，还需要 CORS 系统账号，现在部分省份已免费向公众开放，未来 CORS 模式的使用将更加广泛。

网络模式和电台模式相比，工作效率更高，作业范围更大，缺点是成本较高，信号稳定性较差，容易受一些外部电磁信号干扰，信号强度取决于移动通信的网络覆盖度，在一些干扰源较多的区域和偏远地带可能无法使用。

2. RTK 测量的外业工作

RTK 测量外业工作，分为传统 RTK 测量模式和 RTK 测量 CORS 模式，区别在于是否需要架设基准站。

（1）传统 RTK 测量模式的外业工作。

1）架设基准站：基准站架设在视野比较开阔，周围环境比较空旷，地势比较高的地方；应避免架在高压输变电设备、无线电通信设备收发天线以及大面积水域附近；并量取仪器高。

2）手薄上新建项目，设置相应的坐标系统和中央子午线。

3）设置基准站：连接相应 GNSS 接收机并设置为基站模式，设置差分格式，选择数据链模式，若数据链选择电台模式，则需设置电台频道；若选择网络模式，则要选择网络服务器地址，设置用户名、密码等，进行仪器高（天线高）设置并平滑。

4）架设移动站：打开移动站主机，将其并固定在碳纤对中杆上，安装 UHF 差分天线（对电台模式而言）；安装好手簿托架和手簿，如图 6-31 所示。

5）移动站设置：连接相应 GPS 接收机，设置为移动站，确认移动站电台频道和基站电台频道一致或者设置与基准站相同的用户名、密码等，同时选择与基准站一致的差分数据格式，修改天线高。

另外若数据链采用网络传输模式，则基准站、移动站接收机内都要放置通信卡；近几年，GNSS 接收机具有 Wi-Fi 热点功能，接收机内就不一定要放置通信卡。

6）参数求解：求解四参数或七参数，需要 2~3 个已知点，分别在已知点上进行数据采集，之后进行参数求解。

7）测量数据的导出：选择相应记录点库，建立文件并命名，选择相应的数据格式，将手簿里的数据拷贝到电脑上。

（2）RTK 测量 CORS 模式的外业工作。

CORS 作业模式跟传统 1+1 电台作业模式相比，省去了自己架设的基站，改用固定的 CORS 系统中的基站，所以首先需要设置网络参数，包括 IP 地址、端口、源列表、CORS 用户名、密码、APN 等参数，此外，跟传统模式一样，需要设置椭球系及中央子午线。如果 CORS 系统播发的差分数据中含有七参、高程拟合等参数，则不需要再设置，反之则需要输入或现场求解相关的参数。

以上简单介绍了 RTK 测量外业工作的一般流程，具体的操作需要根据 GPS 接收机型号，对照说明书进行操作。

（三）GNSS 内业数据处理

内业数据处理一般采用与接收机配套的后处理软件，主要工作内容有基线的解算、观测成果的质量检核、GPS 网平差及成果输出等。

第五节 高程控制测量

高程控制测量主要采用水准测量和三角高程测量的方法进行。本节仅介绍三、四等水准测量和三角高程测量。

一、三、四等水准测量

（一）三、四等水准测量的技术要求

三、四等水准测量除用于国家高程控制网的加密外，一般用于小区域首级高程控制网的建立。其精度要求见表 6-11。

三、四等水准测量一般采用双面尺法观测，其在一个测站上的技术要求见表 6-12。

（二）三、四等水准测量的观测程序和记录方法

三、四等水准测量的观测应在通视良好、成像清晰稳定的情况下进行。下面以一个测段为例，介绍三、四等水准测量双面尺法观测的程序，其记录与计算参见表 6-13。

课件 6-5

表 6-11　　　　　　　　　　三、四等水准测量的主要技术要求

等级	路线长度 /km	水准仪	水准尺	观测次数		往返较差、附合或环线闭合差 /mm	
				与已知点联测	附合或环线	平地	山地
三	≤45	DS$_1$	铟瓦	往返各一次	往一次	±12$\sqrt{L}$	±15$\sqrt{L}$
		DS$_3$	双面		往返各一次		
四	≤15	DS$_1$	铟瓦	往返一次	往一次	±20$\sqrt{L}$	±25$\sqrt{L}$
		DS$_3$	双面				

注　L 为路线长度，km。

表 6-12　　　　　　　　　　水准观测的主要技术要求

等级	水准仪的型号	视线长度 /m	前后视较差 /m	前后视累积差 /m	黑红面读数较差 /mm	黑红面高差较差 /mm
三等	DS$_1$	≤100	2	5	1.0	1.5
	DS$_3$	≤75			2.0	3.0
四等	DS$_1$	≤150	3	10	3.0	5.0
	DS$_3$	≤100				

表 6-13　　　　　　　　　　三、四等水准测量观测手簿

测站编号	测点编号	后尺 下丝 上丝	前尺 下丝 上丝	方向及尺号	标尺读数/m		K 加黑减红 /mm	高差中数 /m	备注
		后距/m	前距/m		黑面	红面			
		视距差 d/m	$\sum d$/m						
		(1)	(4)	后	(3)	(8)	(14)		
		(2)	(5)	前	(6)	(7)	(13)	(18)	
		(9)	(10)	后－前	(15)	(16)	(17)		
		(11)	(12)						
1	BM_1-Z_1	1.691	1.137	后 01	1.523	6.309	+1	+0.5545	
		1.355	0.798	前 02	0.968	5.655	0		
		33.6	33.9	后－前	+0.555	+0.654	+1		
		−0.3	−0.3						
2	Z_1-Z_2	1.937	2.113	后 02	1.676	6.364	−1	−0.1740	K_{01}=4.787
		1.415	1.589	前 01	1.851	6.637	+1		K_{02}=4.687
		52.2	52.4	后－前	−0.175	−0.273	−2		
		−0.2	−0.5						
3	Z_2-Z_3	1.887	1.757	后 01	1.612	6.399	0	+0.1295	
		1.336	1.209	前 02	1.483	6.169	+1		
		55.1	54.8	后－前	+0.129	+0.230	−1		
		+0.3	−0.2						
4	Z_3-BM_2	2.208	1.965	后 02	1.878	6.565	0	+0.2435	
		1.547	1.303	前 01	1.634	6.422	−1		
		66.1	66.2	后－前	+0.244	+0.143	+1		
		−0.1	−0.3						
每页校核	$\sum(9)=207.0$ $-\sum(10)=207.3$ $\overline{\qquad\qquad}$ -0.3 总视距$=\sum(9)+\sum(10)=414.3m$		$\sum[(3)+(8)]=32.326$ $-\sum[(6)+(7)]=30.819$ $\overline{\qquad\qquad}$ $+1.507$		$\sum[(15)+(16)]$ $=+1.507$			$\sum(18)=+0.7535$ $2\sum(18)=+1.507$	

1. 测站观测程序

(1) 三等水准测量每测站照准标尺分划顺序如下：

1) 后视标尺黑面，精平，读取上、下、中丝读数，记为 (1)、(2)、(3)。

2) 前视标尺黑面，精平，读取上、下、中丝读数，记为 (4)、(5)、(6)。

3) 前视标尺红面，精平，读取中丝读数，记为 (7)。

4) 后视标尺红面，精平，读取中丝读数，记为 (8)。

三等水准测量每测站观测顺序简称为："后—前—前—后"（或黑—黑—红—红），其优点是可消除或减弱仪器和尺垫下沉误差的影响。

(2) 四等水准测量每测站照准标尺分划顺序如下：

四等水准测量每测站观测顺序可以和三等一样采用"后—前—前—后"，也可以采用"后—后—前—前"（或黑—红—黑—红）。

1) 后视标尺黑面，精平，读取上、下、中丝读数，记为 (1)、(2)、(3)。

2) 后视标尺红面，精平，读取中丝读数，记为 (8)。

3) 前视标尺黑面，精平，读取上、下、中丝读数，记为 (4)、(5)、(6)。

4) 前视标尺红面，精平，读取中丝读数，记为 (7)。

2. 测站计算与校核

(1) 视距计算（以 m 为单位）。

后视距离：$(9) = [(1) - (2)] \times 100$（原始观测数据以 mm 为单位时，要除以 1000）

前视距离：$(10) = [(4) - (5)] \times 100$

前、后视距差：$(11) = (9) - (10)$

前、后视距累积差：本站 $(12) =$ 本站 $(11) +$ 上站 (12)

(2) 同一水准尺黑、红面中丝读数校核。

前尺：$(13) = (6) + K - (7)$（以 mm 为单位）

后尺：$(14) = (3) + K - (8)$（以 mm 为单位）

(3) 高差计算及校核。

黑面高差：$(15) = (3) - (6)$

红面高差：$(16) = (8) - (7)$

校核计算：黑、红面高差之差 $(17) = (15) - [(16) \pm 0.100]$

高差中数：$(18) = [(15) + (16) \pm 0.100]/2$

每一测站中，当后尺红面起点为 4.687m，前尺红面起点为 4.787 时，取 +0.100；反之，取 −0.100。

3. 每页计算校核

(1) 高差部分。每页上，后视红、黑面读数总和与前视红、黑面读数总和之差，应等于红、黑面高差之和，还应等于该页平均高差总和的两倍，即

对于测站数为偶数的页：

$$\sum[(3) + (8)] - \sum[(6) + (7)] = \sum[(15) + (16)] = 2\sum(18)$$

对于测站数为奇数的页：

$$\sum[(3)+(8)]-\sum[(6)+(7)]=\sum[(15)+(16)]=2\sum(18)\pm0.100$$

（2）视距部分。

末站视距累积差值：　　末站$(12)=\sum(9)-\sum(10)$

$$总视距=\sum(9)+\sum(10)$$

（三）成果计算与校核

每个测站计算无误，并且各项数值都在相应的限差范围之内时，根据每个测站的平均高差，利用已知点的高程，推算出各未知水准点的高程，其计算方法与高差闭合差的调整方法，在第二章已经讲述，在此不再赘述。

二、三角高程测量

在地形起伏较大的山区或高层建筑物上进行高程测量时，水准测量比较困难，而且速度慢。可采用三角高程测量的方法测定两点间的高差，进而求取高程。

（一）三角高程测量的原理

三角高程测量是根据两点间的所测的水平距离、竖直角以及仪器高、目标高计算两点的高差，求出待求点的高程。

如图 6-32 所示，在 A 点安置仪器，用望远镜中丝瞄准 B 点觇标的顶点，测得竖直角 α，并量取仪器高 i 和目标高 v，测出 A、B 两点间的水平距离 D，则可求得 A、B 两点间的高差，即

$$h_{AB}=D\tan\alpha+i-v \qquad (6-37)$$

B 点高程为

$$H_B=H_A+D\tan\alpha+i-v \qquad (6-38)$$

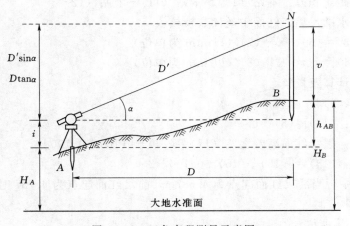

图 6-32　三角高程测量示意图

三角高程测量一般应采用对向观测法，如图 6-32 所示，由 A 向 B 观测称为直觇，由 B 向 A 观测称为反觇，直觇和反觇称为对向观测。采用对向观测取平均的方法可以消除地球曲率、削弱大气折光的影响。当对向观测所求得的高差较差，即 $f_h=h_{往}+h_{返}$ 满足表要求时，则取对向观测的高差中数为最后结果，即

$$h_{中} = \frac{1}{2}(h_{AB} - h_{BA}) \qquad\qquad (6-39)$$

式（6 - 39）适用于 A、B 两点距离较近（小于 300m）的三角高程测量，此时水准面可近似看成平面，视线视为直线。

当距离超过 300m 时，就要考虑地球曲率及大气折光对观测视线的影响，如图 6 - 33 所示。

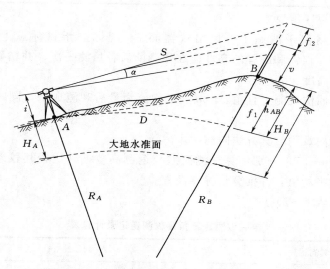

图 6 - 33 考虑球气差的三角高程测量示意图

$$h_{AB} = D\tan\alpha_{AB} + i_A - v_B + f_1 - f_2 \qquad\qquad (6-40)$$

式中：f_1 为地球曲率误差；f_2 为大气折光差。

大气折光受地形条件、天气、观测时间等多种因素的影响。$f = f_1 - f_2$ 简称为球气差，具体表达式为

$$f = f_1 - f_2 = \frac{D^2}{2R} - 0.14\frac{D^2}{2R} = 0.43\frac{D^2}{R}$$

这里采用的大气折光系数 0.14 只是一个经验数值，供一般计算使用。

（二）三角高程测量的主要技术要求

三角高程测量的主要技术要求针对竖直角测量，一般分为两个等级（四等、五等），可作为测区的首级控制，具体布设要求如下：

（1）三角高程控制，宜在平面控制点的基础上布设成三角高程网或高程导线。

（2）四等应起迄于不低于三等水准的高程点上，五等应起迄于不低于四等的高程点上。

（3）电磁波测距三角高程测量的主要技术要求，应符合表 6 - 14 的规定。

（三）三角高程测量的观测与计算

三角高程测量的观测与计算按以下步骤进行：

表 6-14　　　　　　　　　　电磁波测距三角高程测量的主要技术要求

等级	仪器	测距边测回数	竖直角测回数		指标差较差 /(″)	竖直角较差 /(″)	对向观测高差 较差 /mm	附合或环线闭 合差 /mm
			三丝法	中丝法				
四	DJ_2	往返各一次		3	≤7	≤7	$40\sqrt{D}$	$20\sqrt{\sum D}$
五	DJ_2	往一次	1	2	≤10	≤10	$60\sqrt{D}$	$30\sqrt{\sum D}$
图根	DJ_6	往一次		2	≤25	≤25	$80\sqrt{D}$	$40\sqrt{\sum D}$

注　D 为电磁波测距边长度，km。

（1）安置全站仪于测站上，量出仪器高 i；觇标立于目标点上，量出觇牌高 v（也称目标高）。仪器和觇牌的高度应在观测前后各量测一次，并精确到 mm，取其平均值作为最终高度。

（2）采用测回法观测竖直角 α，取其平均值为最后观测成果，同时观测两点的水平距离。

（3）采用对向观测，其方法同前两步。

（4）用式（6-37）分别计算往测高差与返测高差，并比较其较差，满足要求的情况下计算高差平均值，并推算目标点高程。

具体计算见表 6-15。

表 6-15　　　　　　　　　　电磁波测距三角高程测量记录计算表

起算点及其高程	A（321.257m）	
目标点	B	
觇法	直觇	反觇
水平距离 D/m	581.380	581.380
竖直角 α/(° ′ ″)	+11 38 30	-11 24 00
仪器高 i/m	1.440	1.490
目标高 v/m	2.532	3.012
初算高差 h/m	+118.689	-118.749
球气差 f/m	+0.023	+0.023
高差 h/m	+118.712	-118.726
平均高差 h/m	+118.719	
目标点高程 H_B/m	439.976	

自测 6-3

本 章 小 结

本章主要介绍了控制网的分类，直线定向，导线测量，GNSS 在控制测量中的应用，三、四等水准测量和三角高程测量的方法。本章的教学目标是使学生掌握国家基本控制网、城市控制网、小区域控制网及图根控制网的布设方法；重点掌握图根导线的外业工作、内业计算，三、四等水准测量外业观测、记录和内业计算；掌握三角高程测量原理。

重点应掌握的公式：

1. 正反坐标方位角计算公式：$\alpha_{正} = \alpha_{反} \pm 180°$

2. 方位角推算公式：$\begin{cases} \alpha_{前} = \alpha_{后} + \beta_{左} - 180° \\ \alpha_{前} = \alpha_{后} - \beta_{右} + 180° \end{cases}$

3. 坐标正算公式：$\begin{cases} x_2 = x_1 + \Delta x_{12} \\ y_2 = y_1 + \Delta y_{12} \end{cases}$

4. 角度闭合差计算公式：$f_{\beta} = \sum \beta_{测} - \sum \beta_{理} = \sum \beta_{测} - (n-2) \times 180°$

思 考 与 习 题

1. 导线布设有几种形式？

2. 在导线测量中，如何区分导线的左右角？

3. 请简述在进行四等水准测量时，一测站的观测程序。

4. 在什么情况下采用三角高程测量？为什么要采用对向观测？

5. GPS 测量有什么优点？网的布设有几种形式？

6. 简述传统 RTK 测量模式的外业工作过程。

7. 一条直线 AB 的坐标方位角 $\alpha_{AB} = 168°36'24''$，求 α_{BA}、R_{AB} 和 R_{BA}。

8. 如图 6-34 所示，已知 $\alpha_{AB} = 56°32'42''$，观测角值均标注于图上，试计算 BC 和 CD 边的坐标方位角和反坐标方位角。

作业 6-1

作业 6-2

作业 6-3

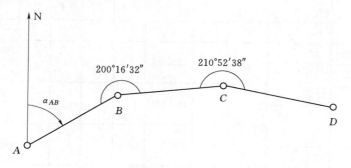

图 6-34 题 8 图

9. 根据表 6-16 所列数据，试计算闭合导线各点的坐标。导线点号为逆时针编号。

10. 计算表 6-17 中附合导线各点的坐标值。

11. 表 6-18 为四等水准测量的记录手簿，试完成表中各种计算并校核。

12. 已知 A 点高程为 258.26m，A、B 两点间水平距离为 624.42m，在 A 点观测 B 点：$\alpha = +2°38'07''$，$i = 1.62m$，$v = 3.65m$；在 B 点观测 A 点：$\alpha = -2°23'15''$，$i = 1.51m$，$v = 2.26m$，求 B 点高程。

表 6-16　　　　　　　　　　　　　　　闭 合 导 线 计 算

点号	转折角 （左角） /(° ′ ″)	改正后 角度 /(° ′ ″)	坐标 方位角 /(° ′ ″)	边长 /m	坐标增量		改正后坐标 增量		坐标	
					Δx /m	Δy /m	Δx /m	Δy /m	X /m	Y /m
1			96 52 18	100.290					1000.000	1000.000
2	82 46 29			78.960						
3	91 08 23			137.220						
4	60 14 02			78.670						
1	125 52 04									
2										
Σ										

表 6-17　　　　　　　　　　　　　　　附 合 导 线 计 算 表

点号	转折角 （左角） /(° ′ ″)	改正后 角度 /(° ′ ″)	坐标 方位角 /(° ′ ″)	边长 /m	坐标增量		改正后坐标 增量		坐标	
					Δx /m	Δy /m	Δx /m	Δy /m	X /m	Y /m
A			237 59 30							
B	99 01 00			225.852					2607.687	1315.631
1	167 45 36			139.031						
2	123 11 24			172.572						
3	189 20 36			100.073						
4	179 59 18			102.482						
C	129 27 24								2266.721	1857.292
D			46 45 30							
辅助 计算										

表 6 – 18 　　　　　　　　　　　　　**四等水准测量的记录手簿**

点号	后尺 下丝/上丝	前尺 下丝/上丝	方向及尺号	标尺读数 黑面	标尺读数 红面	K＋黑－红 /mm	高差中数 /m	备注
	后距/m	前距/m						
	视距差/m	累积差/m						
A — TP1	1.402	1.343	后 1	1.289	6.073			
	1.173	1.100	前 2	1.221	5.910			
			后—前					
TP1 — TP2	1.460	1.950	后 2	1.260	5.950			$K_1 = 4.787$ $K_2 = 4.687$
	1.050	1.560	前 1	1.761	6.549			
			后—前					
TP2 — TP3	1.660	1.795	后 1	1.412	6.200			
	1.160	1.295	前 2	1.540	6.225			
			后—前					
每页校核计算								

第七章

地形图的基本知识

地球表面千姿百态、复杂多样，但大致可以分为地物和地貌两大类。地物是指地球表面天然的或人工形成的固定物体，如道路、河流、房屋等；地貌是地球表面高低起伏的形态，如高山、深谷、陡坎、悬崖等。地物和地貌总称为地形。地形图是采用一定的比例尺和水平投影方法（沿铅垂线方向投影到水平面上），将地物和地貌的平面位置和高程用规定的符号表示在一定载体上的图形。

第一节 地形图的比例尺

课件 7 - 1

图上某直线长度与其对应实地水平距离之比称为地形图的比例尺。地形图的比例尺通常分为两大类：数字比例尺和图示比例尺。

一、数字比例尺

数字比例尺用分子为 1、分母为正整数的分数来表示，例如图上某线段长度为 d，对应实地水平距离为 D，则地形图的比例尺可表示为

$$\frac{d}{D} = \frac{1}{M} \tag{7-1}$$

式中：M 为比例尺的分母，比例尺分母 M 越大，比例尺越小，地形图上表示的地物越粗略；反之，比例尺分母 M 越小，比例尺越大，地形图上表示的地物越详细。

我国地形图基本比例尺有 1：500、1：1000、1：2000、1：5000、1：10000、1：25000、1：50000、1：100000、1：250000、1：500000、1：1000000 共 11 种。

通常 1：500、1：1000、1：2000、1：5000、1：10000 称为大比例尺；1：25000、1：50000、1：100000 为中比例尺；1：250000、1：500000、1：1000000 称为小比例尺，其对应的地形图分别被称为大比例尺地形图、中比例尺地形图和小比例尺地形图。

二、图示比例尺

随着测绘技术的发展，已经逐渐摒弃了传统的纸质绘图测图的方法。传统的纸质绘图过程中，有时需要使用图示比例尺来减少图纸的热胀冷缩引起的误差。图示比例尺，又称图解比例尺，以图形的方式来表示图上距离与实地距离之间的关系。图 7-1 为传统的图示比例尺的格式。

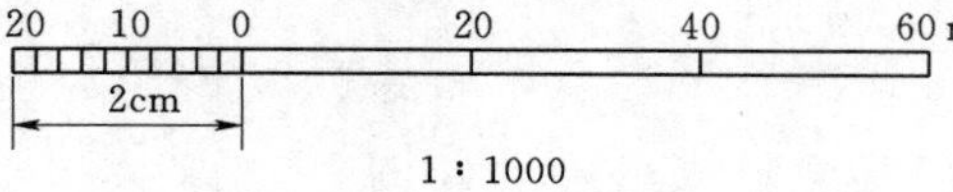

三、比例尺精度

视频 7 - 1

由于人体感官的限制，人眼能够辨

图 7 - 1　图示比例尺

别的最小距离为 0.1mm，因此将图上 0.1mm 所对应的实地水平距离称为比例尺精度。所以比例尺不同，比例尺精度也不同，见表 7-1。

表 7-1　　　　　　　　　　　　　比 例 尺 的 精 度

比例尺	1∶500	1∶1000	1∶2000	1∶5000
比例尺的精度/m	0.05	0.1	0.2	0.5

比例尺精度对测图和设计都有重要的意义。根据比例尺精度，可以确定在测图时量距的精度。在测图比例尺为 1∶1000 时，实地量距只需取到 10cm，因为即使量得再精细，在图上也无法表示出来；若设计规定某项工程设计用图，要求图上能反应 0.2m 的精度，则所选图的比例尺就不能小于 1∶2000。地形图的比例尺越大，其表示的地物、地貌就越详细，精度也越高。但比例尺越大，测图所耗费的人力、财力和时间也越多。因此，在各类工程中，应从实际情况出发，合理选择比例尺，而不要盲目追求大比例尺的地形图。

第二节　地 形 图 符 号

地形图上用于表示地物和地貌的规定符号称为地形图的图式。地形图图式参照 GB/T 20257《国家基本比例尺地图图式》。地图图式分为地物符号、地貌符号和注记符号。表 7-2 为 GB/T 20257.1—2017《国家基本比例尺地图图式》中 1∶500 和 1∶1000、1∶2000 比例尺的部分地形图图式示例。

一、地物符号

地物符号分为依比例尺符号、半依比例尺符号和不依比例尺符号三类。

1. 依比例尺符号

依比例尺符号指地物依比例尺缩小后，其长度和宽度能依比例尺表示的地物符号。主要用于轮廓较大的地物，如房屋、河流、运动场、田地等。这类符号一般用实线或点线表示出地物的轮廓特征，如表 7-2 中的 1～9 符号。

2. 半依比例尺符号

对于某些带状地物，如道路、通信线路、管道、围墙等，其长度可按测图比例尺缩绘而宽度无法按比例尺表示的地物符号，称为半依比例尺符号。这类符号一般表示地物的中心位置，如表 7-2 中的 10～20 符号。

3. 不依比例尺符号

不依比例尺符号指地物依比例尺缩小后，其长度和宽度不能依比例尺表示的地物符号，如表 7-2 中的 21～33 符号。不依比例尺符号的定位原则如下：

1）符号中心有一个点的，该点为地物的实地中心位置。

2）圆形、正方形、长方形等符号，定位点在其几何图形中心。

3）宽底符号（蒙古包、烟囱、水塔等）定位点在其底线中心。

4）底部为直角的符号（风车、路标、独立树等）定位点在其直角的顶点。

5）几种图形组成的符号（敖包、教堂、气象站等）定位点在其下方图形的中心点或交叉点。

表 7 - 2 　　　　　　　　　　常 用 地 形 图 图 式

编号	符号名称	1：500	1：1000	1：2000	编号	符号名称	1：500	1：1000	1：2000
1	单幢房屋 a. 一般房屋 b. 有地下室的房屋	a 混1	b 混3-2 2.0 1.0	0.5 3	10	高压输电线 架空的 a. 电杆		a 4.0	35
2	台阶	0.6 1.0		1.0	11	配电线 架空的 a. 电杆		a 8.0	
3	稻田 a. 田埂	0.2 a 2.5	10.0		12	电杆		1.0 ∘	
4	旱地	1.3 2.5 ⊥⊥ ⊥⊥	10.0 10.0		13	围墙 a. 依比例尺 b. 不依比例	a 10.0 0.5 b 10.0 0.5		0.3
5	菜地	⅄ ⅄ 10.0	10.0		14	栅栏、栏杆	∘ 10.0 1.0 ∘		
6	果园	1.2 ф 2.5 ф 10.0	10.0		15	篱笆	10.0 1.0 0.5		
7	草地 a. 天然草地 d. 人工草地	a 2.0 ‖ 1.0 ‖ 10.0 d ‖1.6‖ ‖0.8‖ 10.0	‖ ‖ 10.0 ‖ 5.0		16	活树篱笆	6.0 1.0 0.6		
8	花圃、花坛	1.5 1.5 10.0	10.0		17	行树 a. 乔木行树 b. 灌木行树	a b		
9	灌木林	0.5 ∘ 1.0 ∘	∘		18	街道 a. 主干道 b. 次干道 c. 支路	a b c		0.36 0.25 0.15

124

续表

编号	符号名称	1:500	1:1000	1:2000	编号	符号名称	1:500	1:1000	1:2000
19	内部道路		1.0 1.0		28	水塔 a. 依比例尺 b. 不依比例尺	a		b 3.6 2.0
20	小路、栈道	4.0	1.0	0.3	29	水塔烟囱 a. 依比例尺 b. 不依比例尺	a		b 3.6 2.0
21	三角点 a. 土堆上的	3.0 △ 张湾岭 156.718 a 5.0 黄土岗 203.623			30	亭 a. 依比例尺 b. 不依比例尺	a	2.0 1.0	b 2.4
22	小三角点 a. 土堆上的	3.0 ▽ 摩天岭 294.91 a 4.0 张庄 156.71			31	旗杆		1.6 4.0 1.0 1.0	
23	导线点 a. 土堆上的	2.0 ⊙ I16 84.46 a 2.4 I23 94.40			32	路灯			
24	埋石图根点 a. 土堆上的	2.0 12 275.46 a 2.5 16 175.64			33	独立树 a. 阔叶 b. 针叶 c. 棕榈、椰子、槟榔 d. 果树 e. 特殊树	a 2.0 3.0 b 2.0 3.0 45 c 1.0 3.0 d 1.6 3.0 e	1.6 1.0 1.6 1.0 1.0 1.0	
25	不埋石图根点	2.0 □ 19 84.47							
26	水准点	2.0 ⊗ Ⅱ京石5 32.805			34	等高线 a. 首曲线 b. 计曲线 c. 间曲线	a b 25 c 1.0 6.0	0.15 0.3 0.15	
27	卫星定位等级点	3.0 △ B14 495.263			35	高程点及其注记	0.5·1520.3	·—15.3	

6）下方没有底线的符号（窑、亭、山洞等）定位点在其下方两端点连线的中心点。

7）不依比例尺表示的其他符号（桥梁、水闸、拦水坝、岩溶漏斗等）定位点在其符号的中心点。

8）线状符号（道路、河流等）定位线在其符号的中轴线；依比例尺表示时，在两侧线的中轴线。

9）除简要说明中规定按真实方向表示的符号外，其他符号均垂直于南图廓线。

二、地貌符号

地貌是指地面高低起伏的形态。地貌的类型一般可划分为四类：平地、丘陵、山地、高山地，见表7-3。地形图上的地貌符号主要是等高线和一些用于表示特殊地貌的符号，如陡崖、悬崖等。

视频7-2

表7-3 地 貌 分 类

地貌形态	地面坡度	地貌形态	地面坡度
平地	2°以下	山地	6°～25°
丘陵地	2°～6°	高山地	25°以上

（一）等高线

地面上高程相同的点连接而形成的闭合曲线。如图7-2所示，设想用一组高差间隔相等的水平面去截地貌，则其截口必为大小不同的封闭曲线，并随山脊、山谷的形态而呈现不同的弯曲。将这些曲线垂直投影到平面上，并按一定比例尺缩小，就得到表现山头形状、大小、位置以及起伏变化的等高线。

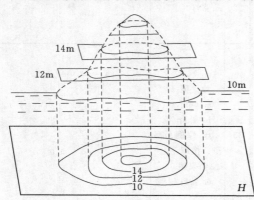

图7-2 等高线

（二）等高距与等高线平距

地面上相邻两条等高线之间的高差称为等高距。如图7-2的等高距为2m。在同一幅地形图上，等高距是相同的。选择等高距时应依据地形类型和比例尺大小，按照相应的规范执行。大比例尺地形图基本等高距参考值见表7-4。

表7-4 大比例尺地形图基本等高距表 单位：m

地形类别	1：500	1：1000	1：2000	1：5000
平地	0.5	0.5	0.5或1.0	1.0
丘陵	0.5	0.5或1.0	1.0	2.0或2.5
山地	0.5或1.0	1.0	2.0	2.5或5.0
高山地	1.0	1.0或2.0	2.0	2.5或5.0

相邻两条等高线之间的水平距离称为等高线平距，如图 7 - 3 所示。等高线平距
的大小与地面坡度有关。等高线平距越小，
地面坡度越大；平距越大，坡度越小；平距
相等，坡度相等。因此，可根据地形图上等
高线的疏、密判定地面坡度的缓、陡。

（三）等高线的分类

等高线分为首曲线、计曲线、间曲线、
助曲线。

1. 首曲线

从高程基准面起算，按基本等高距绘制
的等高线称为首曲线，又称基本等高线。如
图 7 - 4（a）中的 102m、104m、106m、
108m 等各条等高线，图 7 - 4（b）中的 42m、44m、46m、48m 等高线。

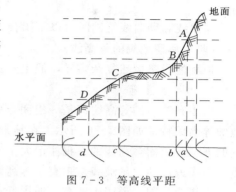

图 7 - 3　等高线平距

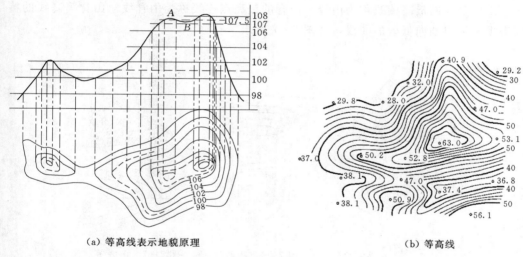

（a）等高线表示地貌原理　　　　　　　　　（b）等高线

图 7 - 4　等高线的分类

2. 计曲线

从高程基准面起算，每隔四条首曲线加粗一条等高线，称为计曲线，又称加粗等
高线。一般选择高程为 5 或 10 的整倍数的首曲线作为计曲线，同时在计曲线上注记
高程，便于判读。如图 7 - 4（a）中的 100m 等高线，图 7 - 4（b）中的 30m、40m、
50m 等高线。

3. 间曲线

当基本等高线不足以显示局部地貌特征时，按二分之一基本等高距测绘的等高
线，称为间曲线，又称半距等高线，用长虚线表示。如图 7 - 4（a）中的 101m、
107m 等高线。

4. 助曲线

当用间曲线还不足以描绘地貌的细微部分时，按四分之一基本等高距测绘的等高

线称为助曲线，又称辅助等高线，用短虚线表示。如图 7-4 （a）中的 107.5m 等高线。

间曲线和助曲线绘制时可以不闭合。

（四）典型地貌的等高线

地貌的形态虽然复杂多样，但主要是由几种典型的地貌综合而成的。

1. 山头和洼地

山头和洼地的等高线都是一组闭合曲线，山头的等高线特征如图 7-5 所示，洼地的等高线特征如图 7-6 所示。在地形图上区分山头或洼地可采用高程注记或示坡线的方法。内圈等高线的高程注记大于外圈者为山头；反之为洼地。也可以用示坡线表示山头或洼地。示坡线是垂直于等高线的短线，用以指示坡度下降的方向。示坡线从内圈指向外圈，说明中间高，四周低，故为山头；示坡线从外圈指向内圈，说明中间低，四周高，故为洼地。

2. 山脊和山谷

山体延伸的最高棱线称为山脊。山脊的最高点连线称为山脊线。山脊等高线的特征表现为一组凸向低处的曲线，如图 7-7 所示。

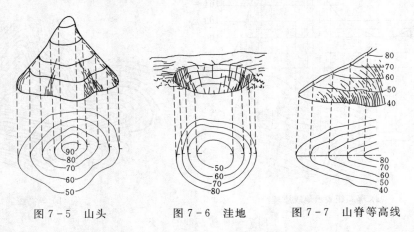

图 7-5　山头　　　　图 7-6　洼地　　　　图 7-7　山脊等高线

相邻山脊之间的凹部称为山谷。山谷中最低点的连线称为山谷线，如图 7-8 所示，山谷等高线的特征表现为一组凸向高处的曲线。

因山脊上的雨水会以山脊线为分界线而流向山脊的两侧，所以山脊线又称为分水线。在山谷中的雨水由两侧山坡汇集到谷底，然后沿山谷线流出，所以山谷线又称集水线。山脊线和山谷线合称为地性线。

3. 鞍部

鞍部是相邻两山头之间呈马鞍形的低凹部位（图 7-9 中的 S），是两个山脊与两个山谷的会合处，鞍部等高线是对称的两组山脊线和山谷线。

4. 陡崖和悬崖

陡崖是坡度在 70°以上的陡峭崖壁，用等高线表示将非常密集，甚至重合为一条线，故采用陡崖符号来表示，如图 7-10 （a）、（b）所示。

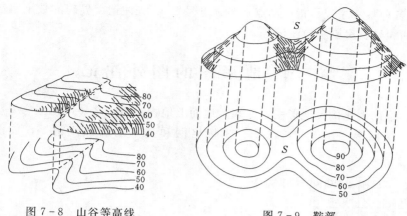

图 7-8 山谷等高线

图 7-9 鞍部

悬崖是上部突出，下部凹进的陡崖。上部的等高线投影到水平面时，与下部的等高线相交，下部凹进的等高线用虚线表示，如图 7-10（c）所示。

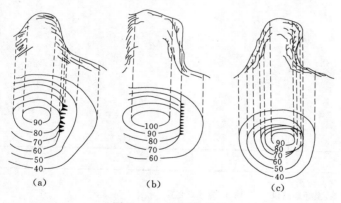

(a)　　　　(b)　　　　(c)

图 7-10 陡崖和悬崖

（五）等高线的特性

（1）同一条等高线上的高程相等。

（2）等高线为闭合曲线，不在本图幅内闭合，必定在其他图幅内闭合。

（3）等高线不能相交或重合，陡崖和悬崖除外。

（4）同一幅地形图上等高距相等，等高线的平距小则坡度陡，平距大则坡度缓，平距相等则坡度相等。

（5）等高线和山脊线、山谷线正交。

（6）等高线不能在图内中断，但遇道路、房屋、河流等地物符号和注记处可以局部中断。

三、注记符号

注记包括地理名称注记、说明注记和各种数字注记等。地图中使用的汉语文字应符合国家通用语言文字的规范和标准。地理名称注记包括水系、地貌、交通和其他地

自测 7-1

理名称。说明注记是指用文字表示地形质量和特征的各种注记，如房屋符号中的"混"字。各种数字注记是指控制点点名（点号）、高程注记、界碑的数字编号、公路技术等级和编号、房屋层数注记等。

课件 7-2

第三节　地形图的图外注记

一副标准的大比例尺地形图，除表示地面上地物和地貌之外，在图廓外应注有图号、图名、接图表、比例尺、图廓、坐标格网和其他图廓外注记等，如图 7-11 所示。

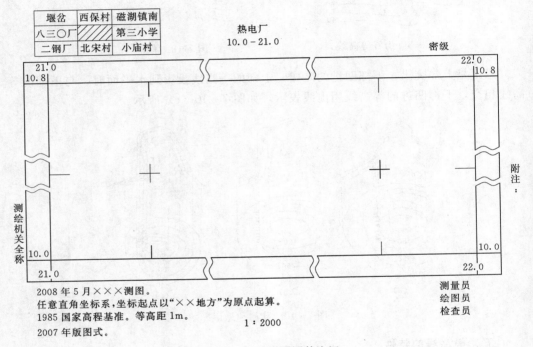

图 7-11　地形图图外注记

一、图名、图号、接图表

1. 图名

图名通常用本图幅内典型的地物或地貌的名称来命名，如村名、地名、企事业单位或山峰的名称等。如图 7-11 中的"热电厂"。

2. 图号

为便于地图的存放和检索，将地形图进行编号，称为图号。对于采用正方形和矩形分幅的大比例尺地形图，一般采用图幅西南角坐标进行编号。如图 7-11 中的"10.0-21.0"。

3. 接图表

接图表是表示本图幅与相邻图幅之间的相对位置关系的示意图，供查找相邻图幅之用。通常绘制在地形图的左上角处。

二、比例尺

地形图外图廓的正下方通常注有该地形图的测图比例尺。

三、内、外图廓和坐标格网

地形图的图廓是地形图图幅四周的范围线，分为外图廓和内图廓两种，其中外图廓用粗实线表示，起装饰作用；内图廓为细实线，用于表示测图的边界线。在内图廓外四角处注有坐标值，在内图廓内侧每隔10cm绘有5mm的坐标短线，并在图幅内绘制为间隔10cm的坐标格网交叉点。

四、其他图廓外注记

除了以上注记，地形图下方还注有测图日期、平面和高程系统、等高距、地形图图式的版别、测绘单位的名称、测量员、绘图员、检查员等。

第四节　地形图的分幅与编号

地形图测绘时，若测区超过一个图幅的范围，需要将整个测区分成若干图幅，并且将每个图幅进行编号整理。根据地形图比例尺的不同，一般有两种分幅与编号方法：一种是按经纬线进行分幅的梯形分幅法，适用于中小比例尺的地形图分幅；一种是按照坐标格网来进行分幅的矩形分幅法，主要用于工程建设中的大比例尺地形图的分幅。地形图分幅和编号按照GB/T 13989《国家基本比例尺地形图分幅和编号》规定执行。

视频 7 - 3

一、梯形分幅与编号

（一）1：100万地形图的分幅与编号

按照经纬度进行分幅的方法被称为梯形分幅法，1：100万地形图的分幅采用梯形分幅法。所谓梯形就是将整个地球椭球按照经差6°和纬差4°划分而成，如图7-12所示。

从赤道起，向两极纬差4°为一行，至88°，南北半球各分为22行，编号依次为A、B、…、V；由经度180°起，自西向东每6°一列，全球总共划分为60纵列，用1~60表示。两极为中心，纬度88°为界限的圆用Z表示。由于随着纬度的升高图幅面积迅速缩小，国际上一般规定在纬度60°~76°之间双幅合并，在纬度76°~88°之间四幅合并，纬度88°以上单独为一图幅。1：100万地形图的编号采用国际1：100万地图编号标准，即每幅1：100万地形图的编号由该图所在的行号与列号共同组成，如图7-12所示，北京某地所在1：100万地形图上的图幅编号为J50。

（二）国家基本比例尺地形图分幅与编号

世界各国采用的基本比例尺系统不尽相同，目前中国采用的基本比例尺系统为1：500~1：100万，共11种。

1：50万~1：500地形图的分幅与编号都由1：100万地形图加密划分而成。将每幅1：100万比例尺地形图划分为2行2列，分为4幅1：50万地形图，1：50万地

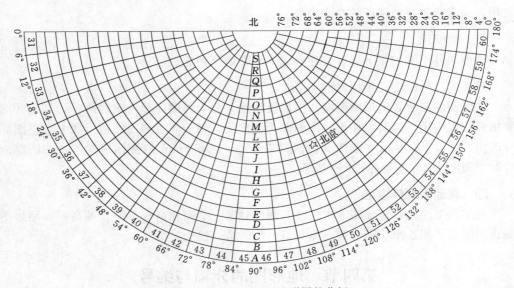

图7-12　1:100万地形图的分幅

形图的分幅经差为 3°，纬差为 2°。以此类推，其他比例尺地形图的分幅数量见表 7-5。

表 7-5　　　　　　　　　　我国基本比例尺地形图分幅

比例尺		1:100万	1:50万	1:25万	1:10万	1:5万	1:2.5万	1:1万	1:5000	1:2000	1:1000	1:500
图幅范围	经差	6°	3°	1°30′	30′	15′	7′30″	3′45″	1′52.5″	37.5″	18.75″	9.375″
	纬差	4°	2°	1°	20′	10′	5′	2′30″	1′15″	25″	12.5″	6.25″
行列数量	行数	1	2	4	12	24	48	96	192	576	1152	2304
	列数	1	2	4	12	24	48	96	192	576	1152	2304
图幅数量		1	4	16	144	576	2304	9216	36864	331766	1327104	5308416
			1	4	36	144	576	2304	9216	82944	331776	1327104
				1	9	36	144	576	2304	20736	82944	331766
					1	4	16	64	256	2304	9216	36864
						1	4	16	64	576	2304	9216
							1	4	16	144	576	2304
								1	4	36	144	576
									1	9	36	144
										1	4	16
											1	4

1:50 万～1:500 的编号也都以 1:100 万比例尺地形图的编号为基础，采用代码行列方法编号，如图 7-13 所示。

各种比例尺的代码见表 7-6。

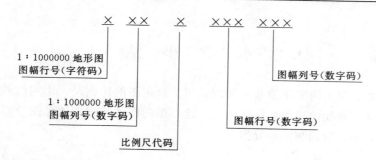

图 7-13 1:50 万~1:500 地形图的分幅与编号

表 7-6   我国基本比例尺代码

比例尺	1:100 万	1:50 万	1:25 万	1:10 万	1:5 万	1:2.5 万
代码	A	B	C	D	E	F
比例尺	1:1 万	1:5000	1:2000	1:1000	1:500	
代码	G	H	I	J	K	

1:25 万地形图的编号如图 7-14 晕线所示，图号为 J50C003003。

二、正方形和矩形分幅与编号

为了适应工程设计和施工的需要，大比例尺地形图大多按纵横坐标格网线进行等间距分幅，采用 50cm×50cm 正方形分幅和 40cm×50cm 矩形分幅，见表 7-7。图幅的编号一般采用坐标编号法，采用图廓西南角坐标进行编号。x 坐标在前，y 坐标在后，中间用短线连接，图幅的图廓线是平行于纵、横坐标轴的直角坐标格网线，以整公里或整百米坐标进行分幅。1:5000 坐标值取至 1km，1:2000、1:1000 取至 0.1km，1:500 取至 0.01km。例如，某幅 1:2000 比例尺地形图图廓西南角坐标为

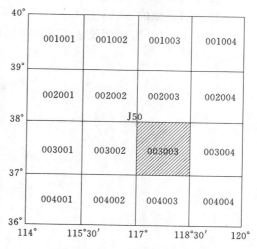

图 7-14 1:25 万地形图编号

$x=23000m$，$y=18000m$，则该图幅编号为 23.0-18.0。带状测区或小面积测区，可按测区统一顺序进行编号，一般从左到右，从上到下用数字 1，2，3，4，…编号。

表 7-7   几种大比例尺地形图的分幅

比例尺	图幅大小/cm	实地面积/km²	图幅数
1:5000	40×40	4	1
1:2000	50×50	1	4
1:1000	50×50	0.25	16
1:500	50×50	0.0625	64

本 章 小 结

本章主要介绍了地形图的基本知识，包括地形图的比例尺、比例尺的精度及其应用；用于表示地物和地貌的地形图图式；地形图的图外注记；地形图分幅与编号常用的两种方法：梯形分幅和矩形分幅。

思 考 与 习 题

1. 什么是地形图？什么是地物和地貌？地形图上地物符号分为哪几种？

2. 什么是比例尺精度？对测图和设计用图有什么意义？1∶2000 地形图的比例尺精度是多少？

3. 什么是等高线？等高距、等高线平距与等高线坡度之间有什么关系？

4. 等高线有哪几种分类？

5. 等高线的特性有哪些？

6. 地形图分幅的方法有哪些？

7. 试述 1∶100 万比例尺地形图的分幅和编号的方法。

第八章

大比例尺地形图测绘

大比例尺地形图测绘通常是指测绘 1∶500～1∶5000 比例尺地形图，大比例尺地形图位置精度高、地形表示详尽，是规划、管理、设计和建设过程中的基础资料。遵循测量工作"从整体到局部，先控制后碎部"的原则，地形控制测量工作完成以后，就可以根据图根控制点的坐标和高程，测定地物、地貌特征点的平面位置和高程，并按规定的比例尺和符号缩绘出测区的地形图。本章将重点介绍大比例尺地形图测绘的基本工作流程与方法，并对目前常用的数字化采集方法进行简要介绍，并以南方 CASS 软件为例介绍数字化成图软件的使用方法。

第一节　数字测图方法概述

一、数字测图基本原理

数字测图的基本思想是将地面上的地形和地理要素转换为数字形式，然后由电子计算机进行处理，得到内容丰富的电子地图，需要时由图形输出设备输出地形图或各种专题图。数字测图的基本思想与过程如图 8-1 所示。

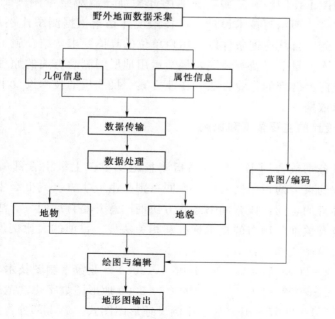

课件 8-1

图 8-1　数字测图的基本思想与过程

数字化测图利用计算机辅助绘图，可减轻测图人员的劳动强度，保证地形图绘制质量，提高绘图效率；通过计算机进行数据处理，直接建立数字地面模型和电子地图，为地理信息系统的建立提供了可靠的原始数据。

二、数字测图的作业过程

数字测图的作业过程与所使用的设备和软件、数据源及图形输出的目的等有关。但不论是测绘地形图，还是制作种类繁多的专题图、行业用图等，只要是测绘数字地图，都包括数据采集、数据处理和图形输出3个基本阶段。

1. 数据采集

目前，数据采集的常用方法有：①GNSS，即通过GNSS接收机采集野外碎部点的信息数据；②航测法，即通过航空摄影测量和遥感手段采集地形点的信息数据；③全站仪，即通过全站仪实现碎部点野外数据采集；④地图扫描数字化。

2. 数据处理

数据处理是指在数据采集后到图形输出前对图形数据的各种处理，主要包括数据传输、数据预处理、数据转换、数据计算、图形生成与编辑、图形整饰等。

3. 图形输出

图形输出是数字测图的主要目的，通过图层控制，可以编制和输出各种专题地图，以满足不同用户的需求。为了使用方便，往往需要用绘图仪或打印机将图形或数据资料输出为美观、实用的图形，也可以将其转换成地理信息系统所需要的图形格式，用于建立和更新GIS图形数据库。

三、地形图测图技术设计

为了保障测图工作的顺利实施，在测图开始前，需对整个测图工作进行整体规划，做出统筹安排，即编写技术设计书。技术设计是指依据测图比例尺、测图方法、测图面积大小、测区自然地理条件以及用户单位的具体要求，结合施工单位所能提供的仪器设备、技术力量及经费等情况，科学运用地形图测绘有关的原理和方法，制订技术上可行、经济上合理的作业方法和作业方案。批准后的技术设计书是工程施工及检查验收的技术依据。

（一）技术设计的主要依据和原则

1. 主要依据

（1）测图任务书或合同书。任务书指测量施工单位上级主管部门下达的任务文件，是具有强制约束力的指令性文件。合同书则是由业主方（或上级主管部门）与测量实施单位所签订的合同，该合同书经双方协商同意并签订后便具有法律效力。

（2）国家及有关部门颁布的技术标准和相关法规。目前的大比例尺数字测图的主要规范（规程）及图式如下：

GB/T 14912—2005《1：500 1：1000 1：2000外业数字测图技术规程》

GB/T 17160—2008《1：500 1：1000 1：2000地形图数字化规范》

GB/T 20257.1—2007《国家基本比例尺地形图图式 第1部分：1：500 1：1000 1：2000地形图图式》

GB/T 13923—2006《基础地理信息要素分类及代码》

GB/T 17278—2009《数字地形图产品基本要求》

GB/T 18316—2008《数字测绘成果质量检查与验收》

GB/T 14912—2005《大比例尺地形图机助制图规范》

GB 50026—2007《工程测量规范》

CH 5002—94《地籍测绘规范》和 CH 5003—94《地籍图图式》

GB/T 17986—2000《房产测量规范》

CJJ 8—99《城市测量规范》

2. 基本原则

大比例尺测图的技术设计是一项技术性很强的工作，设计时应遵循如下基本原则：

（1）技术设计方案应先整体后局部，且顾及测区社会经济发展要求。

（2）在进行技术设计前，广泛收集测区已有的测量资料，整理分类，然后组织人员到测区进行实地踏勘调查，重点考察测区地形的变化情况及特点、测区的交通状况、控制点保存情况、测区的管辖区及民风情况等，在此基础上，估计工程的重点和难点所在。

（3）技术设计时必须充分细化测图任务书或合同书中所提出的各项技术指标，保证最终成果满足精度要求。

（4）技术设计时在时间和进度安排上要适当留有余地，以确保工程按期完工。

（5）重视社会效益和经济效益，尽量节省人力、物力和财力。

（二）技术设计书的主要内容

1. 任务概述

对任务名称、任务来源、作业区范围、地理位置、行政隶属、测图比例尺、测图方法和工作量、拟采用的技术依据、要求达到的精度和质量标准以及工期等进行概述。

2. 测区概况

对测区的地理特征、居民点分布情况、交通状况、水系植被分布情况、气候条件等进行介绍分析，综合考虑各方面因素并参照有关生产定额，确定测区的困难类别。

3. 已有资料

对与工程相关的已有资料进行详细说明，包括施测单位、施测年代、等级、精度、比例尺、依据的规范、范围、平面和高程系统、投影带等信息。

4. 作业依据

说明测图作业所依据的规范、图式及有关的技术资料。主要包括：

（1）上级下达的测量任务书、测图委托书（或合同）。

（2）本工程执行的规范及图式、工程所在地的地方测绘管理部门制定的适合本地区的技术规定等。

5. 坐标系统

（1）平面控制坐标系统。大比例尺测图的平面坐标系统一般采用国家统一平面直角坐标系，而当长度变形值大于 2.5cm/km 时，可另选其他地方或局部坐标系统；对于小测区可采用简易方法定向，可建立独立坐标系统。

（2）高程控制系统。应尽量选择采用国家统一的 1985 国家高程基准的高程系统。在远离国家水准点的新测区，可暂时建立或沿用地方高程系统，但条件成熟时应及时归算到国家统一高程系统内。

6. 控制测量方案设计

平面控制测量方案应说明首级平面控制网的等级、起始数据的配置、加密层次及图形结构、点的密度和标石规格要求、使用的软硬件配置、仪器和施测方法、平差计算方法及各项主要限差和应达到的精度指标。

高程控制测量方案应说明首级高程控制的等级、起算数据的选择、加密方案及网形结构，确定路线长度及点的密度、高程控制点标志类型及埋设、使用仪器和施测方法、平差方法、各项限差要求及应达到的精度指标。

7. 测图方案设计

测图方案应对数字测图的测图比例尺、基本等高距、地形图采用的分幅与编号方法、图幅大小等进行详细说明，并绘制整个测区地形图的分幅编号图。测图工程主要包括数据采集、数据处理、图形处理和成果输出等工作流程。在测图方案设计中需对每一项工作流程进行详细说明。

8. 检查验收方案

检查验收是测图工作的重要环节，是保证测图成果质量的重要手段之一。检查验收方案应重点说明地形图的检测方法、实地检测工作量与要求；中间工序检查的方法与要求；自检、互检方法与要求；各级各类检查结果的处理意见等。

9. 工作量统计、作业计划安排和经费预算

工作量统计是根据设计方案，分别计算各工序的工作量；作业计划是根据工作量统计和计划投入的人力、物力，参照生产定额，分别列出各期进度计划和各工序的衔接计划；经费预算是根据设计方案和作业计划，参照有关生产定额和成本定额，编制分期经费和总经费计划，并做必要的说明。

10. 提交资料

测图成果不仅包括最终的地形图图形文件（分幅图、测区总图），而且还包括成果说明文件、控制测量成果文件、数据采集原始数据文件、图根点成果文件、细部点成果文件及图形信息数据文件等。技术设计书中应列出用图单位要求提交的所有资料清单，并编制成表。

第二节　野外数字化数据采集方法

目前地形图测图生产实践中，大面积的大比例尺地形图一般采用航测法成图，此种方法在摄影测量课程中讲授，其他情况下主要采用全站仪野外数据采集法或 GNSS-RTK 法测图。本节将介绍地形图测绘的前期准备与方法，地物地貌的测绘方法；简要介绍利用全站仪或 GNSS-RTK 法进行数字测图的流程。

一、测前准备

野外数字化测图是一项技术要求高、作业环节多、参与人员多、组织管理复杂的测量工作。为有序、高效、顺利地实施地形图测量，在实施测绘工作之前，必须进行充分的准备，主要包括资料收集、野外准备和室内准备 3 个方面。

（一）资料收集

确定测绘任务后，首先需要根据测区范围，调查了解测区及其附近的已有测绘工作情况，收集必需的测绘成果资料，主要包括测区及其附近控制点成果、测区内图根控制成果及必需的较小比例尺地形图等。此外还需收集相关测量单位、施测时间、所用平面坐标系统和高程系统、投影带号、依据的规范、测量等级、精度、测图比例尺等资料。

（二）野外准备

野外准备即在充分研究已有资料的基础上，对测区进行踏勘。通过踏勘调查控制点、图根点保存情况，控制点通视情况，测区地形特征，交通运输等方面的情况。在野外踏勘的基础上，在室内进行加密控制点、图根点布设和测图方案的设计。

（三）室内准备

室内准备包括测绘仪器、软件的准备，对仪器使用前的检验、校正，确保仪器处于较好工作状态，同时编制测图控制点坐标文件。

二、地形图测绘方法

地形图测绘一般分两步：其一是测绘碎部点的平面坐标和高程，即确定碎部点的位置；其二是在测量碎部点的基础上进行地物、地貌的绘制，即地形图绘图。

（一）地物测绘方法

由于地物特性种类繁多，各有特点，即使是同类地物其形状大小也千差万别，测绘地物是测量其最低限度的特征点，用规定的符号缩小表示在图上。有的地物形状特别复杂，局部的尺寸又特别小，缩小之后，很难将其详尽地表示在图上，因此地物的测绘还必须进行综合取舍，在分类叙述地物测量方法之前，先阐明地物综合取舍原则。

1. 测绘地物的综合取舍原则

测绘地形图时进行地物综合取舍的目的是在保证用图需要的前提下，使地形图更清晰易读。确定综合取舍原则的指导思想是：除少数特殊的有重要意义的地物之外，一般地物的尺寸小到难以在图上清晰表示时，就有必要对其进行综合取舍，而且综合取舍不会给用图带来重大影响。测绘规范对普遍性的综合取舍作出了明确的规定，例如不论比例尺大小，建筑物轮廓凹凸小于图上的 0.4mm，可以舍去凹凸部分，用直线表示其整体轮廓，而房屋甚至 0.6mm 的凹凸部分都可舍去。

是否综合取舍，与比例尺大小有较大关系。例如一般规定 1：500、1：1000 比例尺地形图房屋不能综合，即每幢房屋都应单独测绘；1：2000、1：5000 比例尺地形图可以视具体情况，酌情综合测绘。少数特殊的地物，如控制点、有重大意义的纪念地物（如纪念碑）、有方位意义的地物（如独立的树）等，均需测绘，不能综合取舍。

2. 地物的测绘

不同地物的测绘方法不同，下面分别加以介绍。

（1）建筑物测绘。

建筑物，尤其指人类工作生活相对集中的区域、建筑物相对密集的地方。对大比例尺地形图来说，原则上应独立测绘出每座永久建筑物。但对于 1∶2000、1∶5000 比例尺测图，尺寸太小的建筑物难以一一独立绘出时，可酌情综合处理。

对于布局规划较好的建筑群，只需测量少量外轮廓点，配合量取细部尺寸，即可绘出整排房屋。如图 8-2（a）所示，除测量全部外轮廓点外，还可以通过测出 1、2、3、6 点，并丈量每栋房屋的宽度、间距等，准确地绘出整排房屋。测量中为了检核外轮廓点位的正确性，通常每条外轮廓线上至少测量 3 个点，如果三点位于同一直线上，证明点位准确。对于外形较复杂的房屋，可视其形状确定测绘方法。例如图 8-2（b）所示，可测量 2、3、4 点，再量取 1—2 的距离，绘出房屋的凹部。

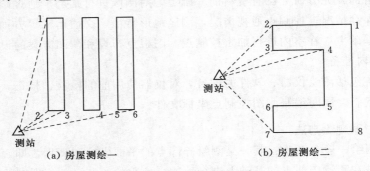

（a）房屋测绘一　　　　　　　（b）房屋测绘二

图 8-2　居民地房屋测绘

居民地名称不一，如村名、单位名、小区名等，应当调查核实后，予以注记。

（2）道路测绘。

道路包括公路、铁路、街道、乡间小路及其附属物，如桥梁、隧道、涵洞、水沟、里程碑、标志牌等。道路在图上均以比例尺缩小的真实宽度双线表示（铁路用专用符号）。

需要说明的是：

1）曲线段及拐弯处应减小立尺点的间距，直线段可适当加大。

2）铁路轨顶（曲线段为内轨）、公路路面中心、道路交叉处、桥面等必须测注高程。

3）边界不明显的道路，测量其中心线，从中心线向两侧丈量至边界距离，然后绘出道路边界线。

4）凡在图上可以绘出宽度的排水沟，应按比例测绘，其他附属物（如桥梁涵洞、里程碑等）按实际位置测绘，有专用符号表示。

5）铁路、公路在同一平面交叉时，公路中断，铁路不中断。道路立交时，应如实测绘该处的立交桥，并用相应符号表示。

6）城镇街道还需标注路面材料、街道名称。凡在围墙内的各单位的内部道路，除主要道路外，一律用内部路符号（虚线）绘出。

7）道路及其附属物均需测绘；存在多条并行小路时，可仅测绘其中的主要道路；对于临时性的便道，不需测绘。

（3）水系测绘。

水系地物包括江河湖海、溪流沟渠、池塘水库等自然和人工的水域及与其相关的水工建筑物，如堤坝、桥、码头等。

河流、湖泊、池塘、水库按实际边界测绘，有堤的按堤岸测绘，没有堤岸和明显界线的按正常洪水水位线测绘，海岸线以涨潮时的水位线为准测绘，除测绘岸线之外，还要测绘施测时的水涯线并注记水面高程。溪流除测绘岸线外，需测绘测量时的流水线，并适当注记高程和流向。时令河应测注河床的高程。堤坝要测注顶面与坡脚的高程。当河流在图上的宽度小于 0.5mm，沟渠实际宽度小于 1m 时，以单线表示。

水井、泉等视具体情况测绘：①水乡地区除较有名的井泉外，一般不予测绘；②沙漠干旱地区所有泉眼皆需测绘；③井泉必须标注测绘时的水面高程；④水乡的溪流沟渠可酌情综合取舍，干旱地区则须一一测绘。

（4）植被测绘。

植被是各种植物的总称，有天然生长的，如天然林、灌木丛、草地等；有人工种植的，如水稻、树苗、人工经济林等。地形图应反映各种植物的分布状况。各种不同植被分布区域的界线称为地类界，植被测绘就是测绘地类界。测绘时沿地类界线测量转折点的位置，在图上以不连续的小点线表示。

1）当地类界线与线状地物重合时，可略去地类界线。在各地类界圈定的范围内，填绘相应的植被符号，必要时还可配以文字说明和高程注记。

2）农田要用不同的地类符号区分所种植的不同作物，如水稻、旱地、菜地等。

3）田埂在图上的宽度大于 1mm 时，用双线表示，各地块内应均匀注记有代表性的高程点。

（5）特殊地物的测绘。

特殊地物包括各级控制点、具有方向意义或纪念意义的地物、公用事业和公用安全设施等。需要说明的是：

1）各类平面控制点前期可展示在图上，各级水准点的位置也需要展示到图上，并注记点号与高程。

2）其他特殊地物须将其实际位置测绘到图上，并用相应的符号表示。

3）当特殊地物与其他地物的表示符号重叠时，优先表示特殊地物。

（二）地貌测绘方法

地貌研究地球表面形态、特征形成的原因及发展和分布的规律，主要用等高线来描绘，等高线法既能准确、形象地在图纸上表现地表的起伏形态，又能借助等高线解决各种工程问题。

地面的起伏变化实质上是不同坡度的地面相交而成的。要正确描绘地貌就必须正确测定地面坡度变化线和地貌特征线（通常称为地性线），如山脊线、山谷线、变坡线等。由于地貌特征线不如地物特征线那样明显，在选择地貌特征点时会相对困难，因此正确选定地貌特征点是描绘地貌的关键。

地貌特征点一般选择以下几种情况：①山顶、鞍部、山脊、山谷、山脚等地性线上的变坡点；②地性线的转折点、方向变化点、交点；③平地的变坡线的起点、终点、变向点；④特殊地貌的起点、终点等。

（三）数据采集方法

地形图测量过程中，除采集坐标数据（X、Y、Z）外，还需要同时在野外采集与绘图有关的其他信息，如碎部点的地形要素名称、碎部点连接线型等，可用数字代码或英文字母代码来表示，这些代码称为图形信息码。

图形信息码采集，常用的方法有"草图法"和"编码法"两种。其中"草图法"是在观测碎部点的同时，绘制工作草图，并在草图上记录地形要素名称、碎部点连接关系、属性信息、坐标方位等信息，内业处理时将测量的碎部点展绘到绘图软件上，根据工作草图，采用人机交互方式连接碎部点生成图形。"编码法"是指在数据采集过程中，在绘制草图的同时，在测站中逐点记录地物编码信息，将带编码格式的坐标数据文件展绘到绘图软件中，进行自动绘图，编码法的作用是极大地提高内业绘图效率。

测量碎部点时，可以根据实际地形情况、所用仪器和工具，选择不同的测量方法。对小范围大比例尺地形图测绘野外数据采集来说，目前生产中最广泛采用的为全站仪数字化采集和 GNSS－RTK 数字化采集。

三、全站仪数字化采集

（一）全站仪数字测图原理

视频 8－1

全站仪数字测图主要是利用极坐标法原理。如图 8－3 所示，在控制点 O 上架设全站仪，量取仪器高 i，以后视点 A 进行定向，瞄准目标点 P，棱镜高为 v，测得 OP 方向与 OA 方向的夹角 β 及 D_{OP}，全站仪自动记录点号和观测数据，并进行目标点的三维坐标计算［见式（8－1）］。全站仪将点号、坐标和代码作为该点的一条"记录"存储于内存。依次测量所有碎部点，完成野外坐标数据采集。

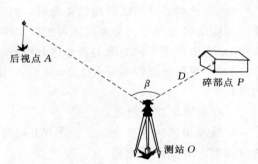

图 8－3 全站仪数字测图原理

$$\left.\begin{aligned} X_P &= X_O + D_{OP}\cos\alpha_{OP} \\ Y_P &= Y_O + D_{OP}\sin\alpha_{OP} \\ H_P &= H_O + D_{OP}\tan\alpha + i - v \end{aligned}\right\} \tag{8-1}$$

（二）全站仪数字测图流程

1. 测站设置

碎部测量开始前，首先需要进行测站设置，选择合适的测站，在测站上安置仪器，进行精密对中和整平，一般情况下，仪器对中误差应小于 5mm，测量前量取仪器高，取至厘米级。然后设置测站信息，包括记录测站坐标数据、仪器高等。

2. 后视定向

测站设置完成后，需要进行参考方向设置，即进行后视定向工作，一般有两种：人工定向和坐标定向。其中人工定向是在独立坐标系下使用；坐标定向则是在大比例尺测图时使用，即精确瞄准后视棱镜中心后，输入后视点坐标，完成定向。

3. 定向检核

后视定向工作完成后，为确认前期工作的准确性，需要进行检核，即找第三个控制点，进行坐标测量，将其测量结果与已知值进行比较，判断定向结果是否合格，以免出现较大错误。

4. 碎部测量

定向检核结果合格后，开始进行测图工作，不论草图法还是编码法，都需绘制工作草图，如图8-4所示，并按照顺序进行碎部点坐标信息和属性信息采集。

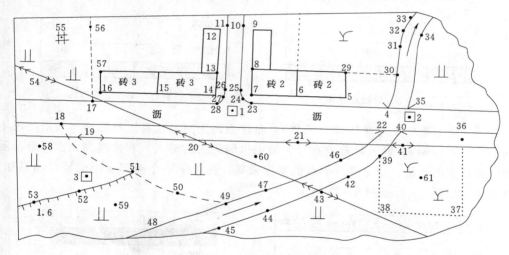

图8-4　外业草图

进行碎部观测时，特殊情况下，可以利用全站仪所提供的角度偏心观测、距离偏心观测等功能，以提高测量的精度和效率。

（三）以南方 NTS-332RM 系列全站仪为例说明测图步骤

（1）在控制点上安置全站仪，对中，整平。

（2）按开关键开机，按 MENU 键调出主菜单，仪器显示如图8-5所示。

（3）主菜单下按"5"（建站），弹出界面如图8-6所示，选择"1"（已知点），仪器显示如图8-7所示；在测站点界面中可以直接输入坐标数据或者新建坐标数据，也可以调用内存中的坐标进行设站。

（4）测站点设置完毕后，瞄准后视点，在后视选择菜单下（图8-8）选择"1"（坐标），输

主菜单	→🔋📧📶 ▮
1. 采集	2. 放样
3. 计算	4. 程序
5. 建站	6. 数据
7. 设置	8. 校准
返回			

图8-5　主菜单界面

入后视点的坐标进行定向；也可以选择"2"（角度），输入后视点的坐标方位角进行定向。仪器显示如图 8-9 和图 8-10 所示。至此完成了全站仪的测站和定向设置工作。

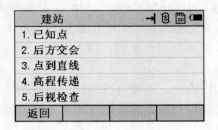

图 8-6　建站界面

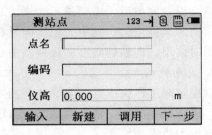

图 8-7　测站点界面

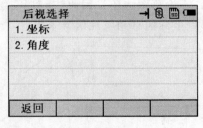

图 8-8　后视点界面

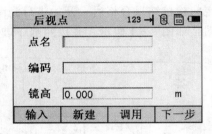

图 8-9　后视点坐标界面

（5）在主菜单下选择"1"（采集），新建或调用测量文件；然后选择采集菜单下的"1"（点测量）。输入碎部点点号、编码（编码法时输入）和棱镜高，选择坐标测量方式，点击测量，即完成一个点的坐标采集，并且下一个碎部点的编号自动累加。仪器显示如图 8-11～图 8-13 所示。

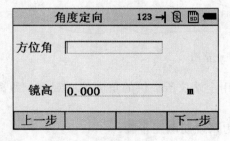

图 8-10　后视点角度界面

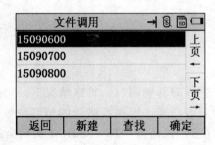

图 8-11　文件调用界面

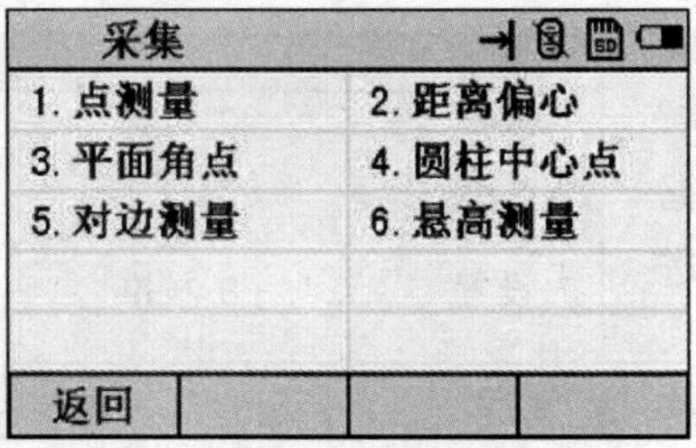

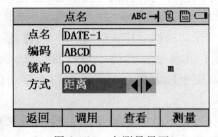

图 8-12　采集菜单界面

图 8-13　点测量界面

四、GNSS 数字化采集

如果野外观测环境通视情况不佳或距离较远时，则采用 GNSS 测图会较为高效，在控制点上或测区内任意点架设基准站，然后利用电台或者 GPRS 网络配置好流动站，再通过控制点校正，即可进行数据采集。根据基准站方式的不同，又可分为 GNSS - RTK 测图以及 GNSS CORS 系统测图。

（一）GNSS - RTK 测图

目前，大比例尺数字测图作业中，一般采用 GPS 静态测量模式进行首级控制，根据环境不同，可以选择不同的测图模式，在 GNSS 信号较为理想的地方，用 GNSS - RTK 方法进行图根控制和数据采集。

目前，GNSS - RTK 平面精度达到厘米级，且精度均匀，所需人力少，可以同时进行图根控制与测图数据采集，减少了重复设站，极大地提高外业工作效率，多适于较开阔区域作业。

RTK 测量的作业模式如图 8 - 14 所示，一台接收机固定不动，称为基准站或参考站，另一台为流动站，两接收机之间建立实时数据通信。

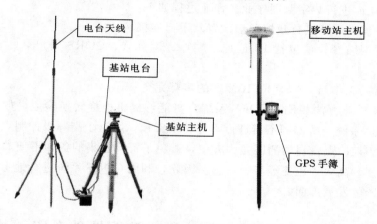

图 8 - 14　GNSS - RTK 测量示意图

流动站在接收卫星信息的同时，还可以实时获得基准站的观测信息，经差分处理得到较高精度流动站的二维坐标（可经坐标转换获得当地高斯平面坐标），在有适合的高程拟合模型和拟合条件，或有较高精度的大地水准面精化成果条件下，还可以得到符合测图精度要求的碎部点高程值，从而获得碎部点三维位置信息，测图作业过程如下：

1）基准站设置。在测区的一个位置较高、视野开阔的点（一般为已知点）上安置基准站，并进行 RTK 测量的坐标系、信号通道、工作模式等的设置，并进行初始化工作。

2）流动站设置。进行流动站坐标系、中央子午线、存储方式等的设置。

3）坐标转换。在测区范围内，找到 3 个均匀分布的已知高等级控制点进行测量，获取其 WGS - 84 坐标，并与这 3 个同名点的空间直角坐标进行坐标转换，求取转换七参数，然后在任意已知控制点上进行观测，检核转换过程是否超限。

4）如果上述过程没有问题，则可以开始碎部测图工作，绘制工作草图，选用草图法或简码法进行数据采集。

5）数据传输与图形绘制。将所采集的数据传到计算机，将其转换为绘图软件所需要的数据格式，根据草图完成地形图绘制。

RTK 可全天候作业，并且可以多个流动站同时进行，效率可以成倍提高。不要求点间通视，也不受基准站和流动站之间的地物影响，设置基准站后一般可在半径10km 内采集任意碎部点。RTK 作业方法的缺点是对空条件要求较高，在建筑密集区、植被覆盖区等易受遮挡区域受到较大限制。

（二）GNSS CORS 系统测图

GNSS CORS 是由全球卫星导航系统、地面或空间数据通信系统、计算机、互联网，以及在一个城市或一个国家范围内建立的、连续运行的若干个固定的 GNSS 参考站组成的网络系统，这种系统也被称为 GNSS 增强系统或网络 GNSS 系统。

自测 8-1

GNSS CORS 定位模式下，用户仅需使用一台流动站接收机即可获得较高精度的位置信息，从而进行数字测图作业。作业过程如下：

1）启动流动站，进行数据通信设置及手簿连接。

2）设置网络参数，包括 IP 地址、端口、源列表、CORS 用户名、密码、APN 等参数。

3）后续的工作与 GNSS RTK 测图的步骤完全一样。

与 RTK 作业方法相比，CORS 系统自身能够提供坐标转换参数，如果测量成果与 CORS 坐标系统一致，则不需进行坐标转换工作，这对于高等级控制点破坏较严重或是难以收集控制点资料的测区尤为方便，避免了资料收集的各种不便和实地找点的困难，既方便、高效，也更经济、实惠。因此，利用 CORS 系统进行地形测量，是全野外数字测图的发展方向。

第三节 南方 CASS 数字测图软件介绍

课件 8-3

CASS 软件是广州南方测绘科技股份有限公司基于 AutoCAD 平台开发的一套集地形、地籍、空间数据建库、工程应用、土石方算量等功能为一体的软件系统。该系统操作简便、功能强大、成果格式兼容性强，被广泛应用于地形、地籍成图、工程测量应用、空间数据建库、市政监管等领域，彻底打通数字化成图系统与 GIS 接口，使用骨架线实时编辑、简码用户化、GIS 无缝接口等先进技术。CASS 软件自推出以来，已经成为业内应用最广、使用最方便快捷的软件品牌，也是用户量最大、升级最快的主流成图软件系统。

（一）CASS 软件安装

需要注意的是，CASS 安装前必须先安装 CAD，且 CASS 要安装在与 CAD 相同目录下。安装后，无论双击 CAD 还是 CASS，都可以直接进入 CASS 模式中。如果需要 CAD 界面，则可以在绘图区域单击右键，选择选项，把未命名配置置为当前，关掉界面即可进入 CAD 模式。

（二）CASS 主界面介绍

以 CASS 7.0 为例，窗体的主要部分是图形显示区，操作命令分别位于 4 个部分：顶部菜单、右侧屏幕菜单、快捷工具按钮、图层窗口，如图 8 - 15 所示。每一菜单项及快捷工具按钮的操作均以对话框或底行提示的形式应答。CASS 7.0 的操作既可以通过点击菜单项和快捷工具按钮，也可以在底行命令区以命令输入的方式进行。

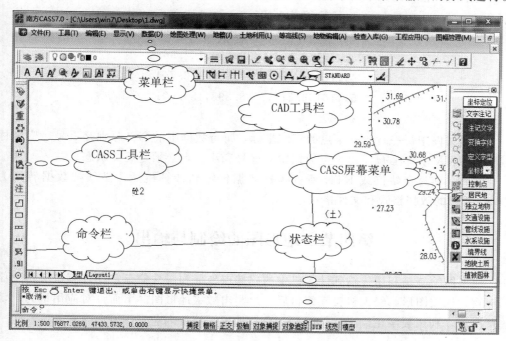

图 8 - 15　CASS 7.0 主界面

（三）CASS 菜单介绍

CASS 菜单共有 13 个，分别是：文件、工具、编辑、显示、数据、绘图处理、地籍、土地利用、等高线、地物编辑、检查入库、工程应用、其他应用，其中数据、绘图处理、地籍、土地利用、等高线、地物编辑、检查入库、工程应用、其他应用是 CASS 有，而 CAD 中没有的菜单。顶部菜单用鼠标激活，可用 Ctrl＋C 组合键或 ESC 键终止操作。

（四）CASS 主要功能介绍

（1）数据处理功能：主要包括查看/加入编码、生成/读入数据交换文件、导线记录/导线平差、数据通信、数据格式转换、数据录入、批量修改坐标数据等。

（2）绘图处理功能：主要包括显示区设定、展点（点号/高程/代码）、图幅生成等。

（3）地籍成图功能：绘制各种比例尺的地籍图。

（4）等高线生成与处理功能：主要包括 DTM 的建立、TIN 构建、等高线绘制与修饰。

（5）地物编辑功能：线型换向、修改墙宽/坎高、植被/土质/图案填充、图形接边、测站改正、直角纠正等。

（6）工程应用功能：查询、土方量计算、生成数据文件等。

（五）CASS 相关文件格式和数据格式

CASS 软件要求的数据文件名必须是 "＊.dat" 格式，一般在记事本中打开和保存。其中的数据格式如下所示：

$$1,,16157.521,7502.951,152.925$$
$$2,,16160.557,7508.831,152.934$$
$$3,,16165.104,7532.759,152.963$$
$$4,,16166.722,7537.860,152.744$$
$$5,,16163.517,7538.398,153.031$$
……

数据文件中每一行为一个点的三维坐标，每行数据中的含义分别是点号、横坐标 Y、纵坐标 X、高程 H。每个点数据中的逗号和小数点必须是英文状态。

因此，通过全站仪或 RTK 所测坐标数据传输到计算机后，必须把数据转换为 CASS 要求的数据格式和文件格式。

第四节　地形图的绘制与输出

视频 8-2

地形图绘制是利用传输到计算机中的碎部点坐标和属性信息，在计算机屏幕上绘制地物、地貌图形，经人机交互编辑后，绘制出数字地形图。下面针对应用最为广泛的草图法，利用数字化绘图软件 CASS 介绍地形图编绘内业工作的内容和方法。

一、展点

展点就是将野外所测地形点的点号、坐标和高程在计算机屏幕上按照坐标显示出来，其内容包括以下两个方面。

（一）展野外测点点号

将 CASS 坐标数据文件中点的三维坐标展绘在绘图区，并注记点号，以方便用户结合野外绘制的草图连接地物。其创建的点位和点号对象位于 "ZDH"（展点号）图层，图 8-16 即为展野外测点的点号示意图。

（二）展测点高程

将 CASS 坐标数据文件中点的三维坐标展绘在绘图区，并根据用户选定的间距注记点位的高程值。其创建的点位对象位于 "GCD"（高程点）图层。展绘野外测点的高程主要是便于等高线的绘制，如图 8-17 所示，测点正右方显示点的高程值。

二、地物绘制

地物根据类型不同主要分为三类，即点状地物、线状地物和面状地物，大致对应图式符号中的非比例符号、半比例符号和比例符号。对照外业绘制草图，使用软件中地物绘制命令，即可绘制地物符号。

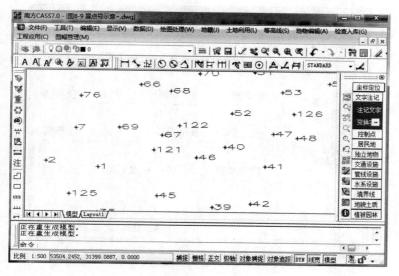

图 8-16　展点号示意图

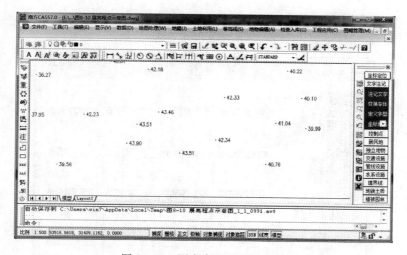

图 8-17　测点高程展绘示意图

（一）点状地物绘制

根据点状地物的类别，选择右侧屏幕菜单中的对应菜单项，图 8-18 为公共设施的对应符号库。根据野外实测定位点的真实位置绘制出点状符号，如图 8-19 和图 8-20 所示。

（二）线状地物绘制

根据草图绘制的线状地物类型，应用 CASS 中线状地物绘制功能，连接点号，在规定的图层，使用规定的颜色和线型绘制出相应的线状符号，图 8-21、图 8-22 分别为公路符号库及绘制的公路。

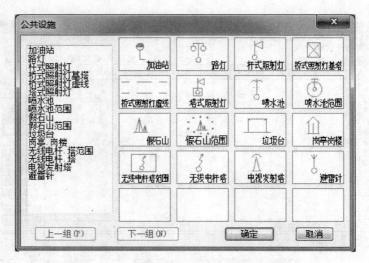

图 8-18　公共设施符号库

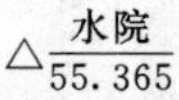

$$\triangle\dfrac{水院}{55.365} \qquad\qquad \Yup\ 54.725$$

图 8-19　三角点符号绘制 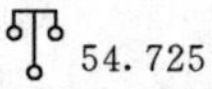　　　　　图 8-20　路灯符号绘制

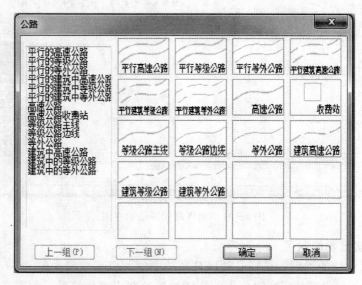

图 8-21　公路符号库

（三）面状地物绘制

面状地物具有外围边界线，根据外业草图和测点，调用相应面状地物符号进行绘制，如图 8-23 所示的果园。

三、等高线绘制

野外测定的地貌特征点一般是离散的数据点，采用离散高程点绘制等高线，首先

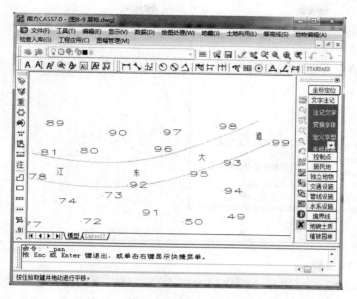

图 8-22　公路绘制

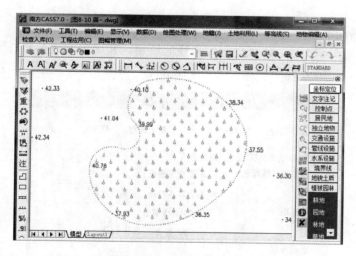

图 8-23　面状地物绘制

根据离散高程点构建数字地面模型（DTM），即不规则三角网（TIN），然后在 TIN 上跟踪等高线通过点，将相邻的高程相同点用折线连接起来，即生成等高线，再利用适当的光滑参数对等高线进行光滑处理，从而形成光滑的等高线。

（一）建立 DTM

　　根据离散高程点建立 DTM 的方法有很多，主要采用最近距离法或最大角度法，任意选择相邻两点，寻找最合理的第 3 点，建立三角形，认为此三角形 3 个顶点构成的斜面即代表了地面地形。再由此三角形的每一边以同样的方法向外发展，构成一个个邻接三角形，建立整个测区所有实测数据的三角网，可代表测区地形的起伏状态，如图 8-24 所示。

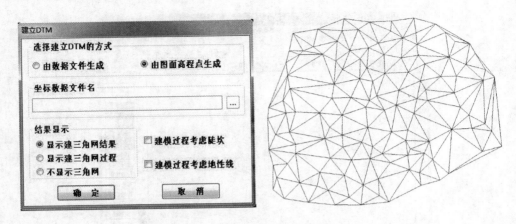

图 8 - 24　测区三角网构网

（二）DTM 编辑

根据坡坎、双线地物和地性线的实测点位，对三角网进行各种修改，包括三角形、过滤三角形、增加三角形、三角形内插点、删三角形顶点、重组三角形、删三角网等操作。

（三）等高线绘制

构建正确的 DTM 后，便可进行等高线的绘制，其中等高线的拟合方式很多，如张力样条拟合、三次 B 样条拟合、Spline 拟合等，如图 8 - 25 所示。

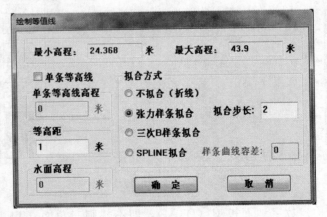

图 8 - 25　绘制等高线界面

（1）选择张力样条拟合。需选择拟合步长，例如选择 2m 步长，拟合的精度较高，但生成的等高线数据量比较大，拟合速度会稍慢，适合山区地形等高线的变化，但测区面积不宜过大，如图 8 - 26 所示。

（2）选择三次 B 样条拟合。曲线光滑度较好，内存量较小，适合于山区地形或测区较大的情况。但等高线的误差较大，一般不经过相邻测点间所计算的高程内插点位置，且曲线弧度越大，偏差值越大，当等高线比较平缓或实测点较密集时，可以较好地控制等高线的偏移程度，三次 B 样条曲线拟合的效果较好，如图 8 - 27 所示。

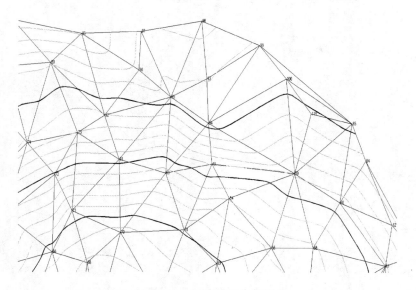

图 8 - 26 张力样条曲线拟合

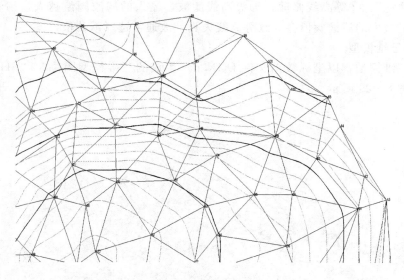

图 8 - 27 三次 B 样条曲线拟合

（3）选择 SPLINE 拟合。SPLINE 拟合能结合张力样条曲线和 B 样条曲线的优点，较好地控制曲线的光滑度，提高曲线通过所计算的高程内插点的正确程度（可通过设置样条曲线的容差来控制）。但由于过于注重通过内插点的误差控制，当等高线的弧度较大时，等高线在非内插点位置的偏移量特别大，出现明显扭曲，如图 8 - 28 所示。

（四）等高线整饰

等高线的整饰工作主要包括：①等高线注记，批量注记等高线时，一般选择"沿

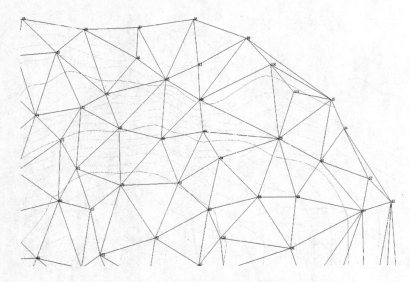

图 8-28　SPLINE 曲线拟合

直线高程注记"；②等高线修剪；③等高线滤波，输入的滤波阀值越大，稀释掉的夹点就越多，过大的滤波阀值会导致等高线失真，故通常选择默认值。

（五）三维模型

绘制三维模型，以坐标数据文件 DGX.dat 生成的三维模型图位于"SHOW"图层上，如图 8-29 所示。

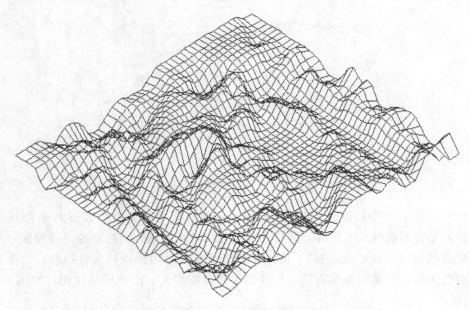

图 8-29　三维模型图

四、地形图的分幅、整饰和输出

地形图经编辑处理、图形的合并检查后，即可进行加注记、图形分幅和绘图输出等工作。

（一）加注记

例如，为某道路加上路名"稷下路"的操作方法如下：单击屏幕菜单的"文字注记"按钮，选择"文字注记信息"，弹出如图 8－30 所示的"文字注信息记"对话框，将信息填写完毕之后单击"确定"。

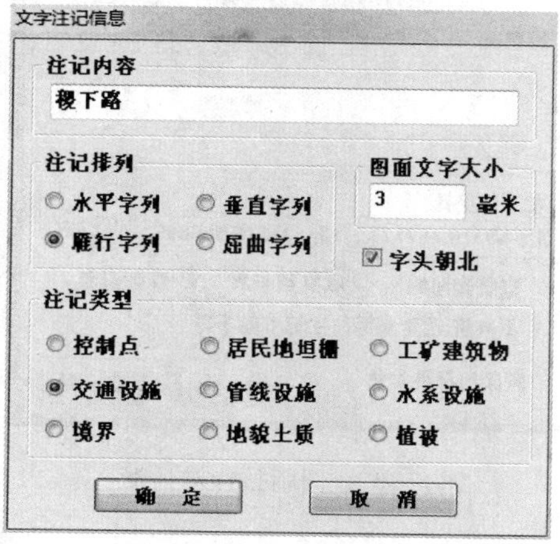

CASS 自动将注记文字水平放置（位于 ZJ 层），根据图式的要求，用户必须按照道路等级在 4.0、3.5、2.75 中选择一个文字高度。如果需要沿道路走向放置文字，则先创建一个字"稷"，然后使用 AutoCAD 的 Copy 命令复制到适当位置，再使用 Rotate 命令旋转文字至适当方向，最后使用 Ddedit 命令或双击文字修改文字内容，如图 8－31 所示。

图 8－30　"文字注记信息"对话框

（二）图形分幅

图框分幅命令位于下拉菜单"绘图处理"下，常用的有标准分幅、批量分幅和任意分幅，最大区别在于每个图幅的尺寸大小，下面以标准分幅为例对分幅步骤加以说明。

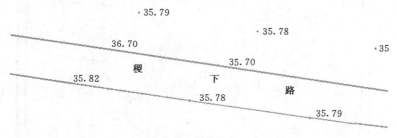

图 8－31　道路注记

首先，需要执行下拉菜单"文件 \ CASS 参数设置"命令，在弹出的"CASS 参数设置"对话框的"图幅设置"选项卡中设置好外图框中的部分注记内容。

执行下拉菜单"绘图处理 \ 标准图幅（50cm×50cm）"命令，出现"图幅整饰"对话框，如图 8－32 所示，在对话框的内容设置中，如果是国家标准整分幅，则勾选"取整到图幅"；如果是任意分幅，则勾选"不取整"复选框，勾选"删除图框外实体"复选框，选择图框左下角位置后，单击"确定"，CASS 自动按照对话框的设置为图形加图框，并以内图框为边界，自动修剪掉内图框外的所有对象，如图 8－33所示。

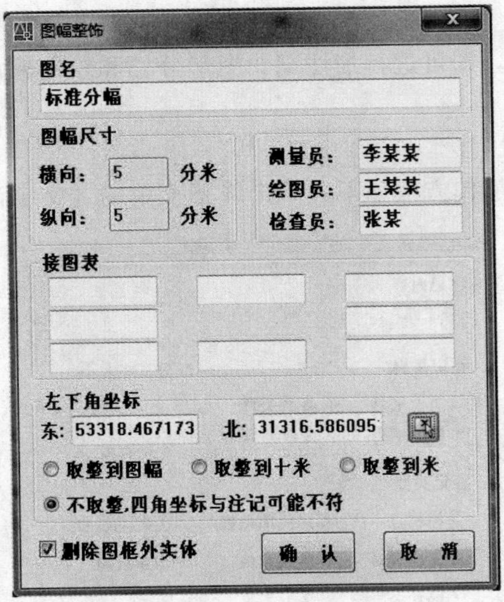

图框的内容包括内外图框线、方格网、接图表、图框间和图框外的各种注记等。各数字测图软件提供图框的自动生成功能，可在设置中输入图幅的名称、测图的时间、方法、坐标系统、作图依据的图式版本、测图单位、相邻图幅的图名、测量员、制图员、审核员等。

（三）图形输出

在完成大比例尺地形图的编辑后，应用数字测图软件的"绘图仪或打印机出图"功能进行绘图。输出时应注意设置绘图的比例尺，不同软件设置方式不尽相同。AutoCAD 的图形像素以输入数据的单位（一般为米）为准，因此，1∶1000 比例尺地形图输出时为 1∶1，1∶500 要放大一倍输出，1∶2000 则是缩小 50%输出。

图 8 - 32　图幅整饰对话框

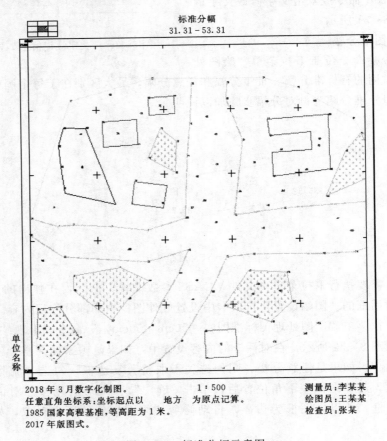

图 8 - 33　标准分幅示意图

本 章 小 结

本章对数字测图的基本流程、全站仪数据采集方法、GNSS-RTK数字化采集方法、南方CASS数字测图软件和绘制与输出地形图的方法作了较详细的阐述。本章的教学目标是使学生掌握野外数字化数据采集的方法以及CASS数字测图软件的使用。

思 考 与 习 题

1. 简述数字测图的作业过程。
2. 简述地形图测绘技术设计书的主要内容。
3. 简述地物测绘时综合取舍原则的指导思想。
4. 地貌测绘时特征点一般选择哪些点？
5. 简述利用全站仪进行数字测图的过程。
6. CASS的主要功能有哪些？

第九章

地形图的应用

地形图是表示地物、地貌的集合，在地形图上可以获取工程建设中的各种有用信息，作为工程建设必不可少的重要依据和基础性资料。尤其是在国民经济建设和国防建设中，进行各项工程建设的规划、设计时，需要利用地形图进行工程建（构）筑物的平面、高程布设和量算工作，使得规划、设计符合实际情况。作为工程设计人员，要具备熟练地阅读地形图，借助地形图解决工程上的一些实际问题的能力。在实际应用中纸质地形图和电子地形图会有所不同。

第一节 地形图应用的基本内容

地形图的应用非常广泛，而不同专业对地形图的应用有所侧重。从地形图上可以获取点位坐标、点与点之间的距离和直线间的夹角；可以确定直线的方位角，进行直线定向；可以确定点位的高程和两点之间的高差；可以在图上绘制集水线和分水线；可以通过地形图计算实体面积和体积，从而确定用地面积、土石方量等；还可以从图上截取断面，绘制断面图等。

一、点位坐标的确定

根据地形图的图廓坐标格网的坐标值，可用内插法确定图上任一点的坐标。如图 9-1 所示，欲从图上求 A 点的坐标，首先要根据 A 点在图上的位置，确定 A 点所在的坐标方格 $abcd$，再通过 A 点作坐标格网的平行线 ef 和 gh，量出 ag 和 ae 的长度，则

$$x_A = x_a + ag \cdot M \quad (9-1)$$
$$y_A = y_a + ae \cdot M \quad (9-2)$$

式中：x_a，y_a 为 A 点所在方格网西南角坐标；M 为地形图比例尺分母

【例题 9-1】 如图 9-1 所示，地形图比例尺为 1:500，其西南角坐标为：$x=24250$m，$y=30500$m，格网间距为 10cm，已知 $ag=7.5$cm，$ae=3.6$cm。试求：A 点的坐标。

解： 根据地形图比例尺和格网间距可以求出 A 点所在格网的西南角坐标，$x_a=24300$m，$y_a=30550$m。则

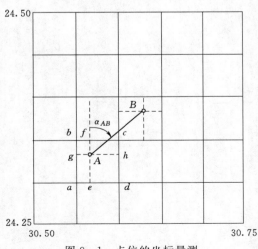

图 9-1 点位的坐标量测

$$x_A = x_a + ag \cdot M = 24300 + 0.075 \times 500 = 24337.5(\text{m})$$
$$y_A = y_a + ae \cdot M = 30550 + 0.036 \times 500 = 30568(\text{m})$$

如果图纸有伸缩，在图纸上量出的方格网边长不等于固定长度 l，则必须进行改正，改正公式如下

$$x_A = x_a + M \frac{ag}{ab} l \qquad (9-3)$$

$$y_A = y_a + M \frac{ae}{ad} l \qquad (9-4)$$

二、点位高程的确定

根据地形图上等高线和高程注记可确定点位的高程。在等高线地形图上，如果所求点恰好位于某一条等高线上，则该点的高程就等于该等高线的高程。如果所求点位位于两条等高线之间时，则可以用内插的方法，按照比例关系求得其高程。如图 9-2 所示，A 点的高程正好位于高程等于 42 的等高线上，因此 A 点的高程为 42m，B 点位于 44m 与 45m 两条等高线之间，则可通过 B 点作一条直线大致垂直于两条等高线，与两条等高线相交于 P 和 Q 点，从图上量得 $PQ=d$，$PB=d_1$，则 F 点的高程为

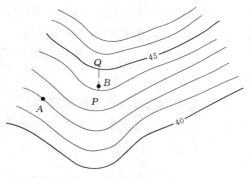

图 9-2　地形图上高程确定

$$H_B = H_P + h \frac{d_1}{d} \qquad (9-5)$$

式中：h 为该幅地形图的等高距。

三、两点之间水平距离的确定

获取地面两点之间的水平距离通常有两种方法。

第一种方法，首先在图上确定两点坐标，根据坐标计算公式计算两点之间的距离。例如 A、B 两点的坐标值分别为 x_A、y_A 和 x_B、y_B，则 A、B 之间的距离为

$$D_{AB} = \sqrt{(x_B - x_A)^2 + (y_B - y_A)^2} \qquad (9-6)$$

第二种方法，当量测距离的精度要求不高时，可直接量取两点的图上距离，乘以比例尺的分母，得到两点的实际水平距离。

四、直线方位角的确定

获取直线方位角的方法通常有两种。

第一种方法为：获取两点坐标，通过坐标反算计算出两点的方位角。如欲求直线 AB 的方位角，可根据获取的 A、B 两点的坐标，用坐标反算公式计算 AB 的方位角，公式如下：

$$\alpha_{AB} = \tan^{-1}\left(\frac{y_B - y_A}{x_B - x_A}\right) \qquad (9-7)$$

注意：应用式（9－7）时，应根据 Δx、Δy 的符号判断直线的方向，最终确定方位角。

第二种方法为：当精度要求不高时，可以通过 A 点作平行于坐标纵轴的直线，然后用量角器直接在图上量取直线 AB 的方位角。

五、直线坡度的确定

欲测定地面上某直线的坡度 i，可先在图上量算出两点之间的距离 d 和高差 h，按照公式计算两点之间的坡度：

$$i=\frac{h}{dM}=\frac{h}{D} \tag{9-8}$$

式中：d 为图上量得的长度，mm；M 为地形图比例尺分母；h 为两端点间的高差，m；D 为直线实地水平距离，m。

坡度有正负号，"＋"表示上坡，"－"表示下坡，常用百分率（％）或千分率（‰）表示。

六、按规定的坡度选定等坡路线

在道路、管道等工程规划中，一般要求按限制坡度选定一条最短路线。如图9－3

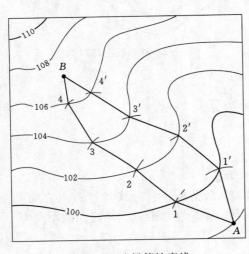

图9－3　选择等坡度线

所示，要从山下 A 点到山上 B 点选定一条路线，已知等高线的基本等高距为2m，比例尺1：2000，设计坡度为5％，具体步骤如下：

（1）根据限制坡度确定线路上两相邻等高线间的最小等高线平距。

$$d=\frac{h}{iM}=\frac{2}{0.05\times2000}=20(\text{mm})$$

（2）以 A 点为圆心，以 d 为半径，用圆规划弧，交 100m 等高线于 1 点，再以 1 点为圆心，同样以 d 为半径划弧，交 102m 等高线于 2 点，以此类推，直到 B 点。连接相邻点，可得同坡度路线 A—1—2—3—4—B。

在选线过程中，有时会遇到两相邻等高线间的最小平距大于 d 的情况，即所作圆弧不能与相邻等高线相交，说明该处的坡度小于指定的坡度，则以最短距离（即垂直距离）定线。

（3）另外，在图上还可以沿另一方向定出第二条线路 A—1′—2′—3′—4′—B，可作为方案的比较。

在实际工作中，还需要综合考虑其他因素，如少占或不占耕地，减少工程费用等，最终确定一条最佳路线。

七、绘制已知方向纵断面图

纵断面图是指沿某一方向描绘地面起伏形态的竖直面图。在各种管线工程中可以根据断面图，量取有关数据进行线路设计。断面图可使用测量仪器直接测定，也可以根据地形图来绘制。如图 9-4 所示，欲绘制直线 AB 的纵断面图，具体步骤如下：

（1）首先在地形图上做直线 AB，找出 AB 与各等高线和地性线的交点 1，2，3，…，i，得到各交点的高程，如图 9-4（a）所示。

（2）在图纸上绘出表示平距的横轴，过 A 点作垂线，作为纵轴，表示高程。平距的比例尺与地形图的比例尺一致；为了明显地表示地面起伏变化情况，高程比例尺往往比平距比例尺放大 10~20 倍。

（3）在地形图上依次量取 A 点到 1，2，3，…，i 的距离，并在横轴上标出，得 1，2，3，…，i 点。

（4）从各点作横轴的垂线，根据各个交点的高程，并对照纵轴标注的高程确定各点在剖面上的位置。

（5）用光滑的曲线连接各点，即得方向线 A—B 的纵断面图，如图 9-4（b）所示。

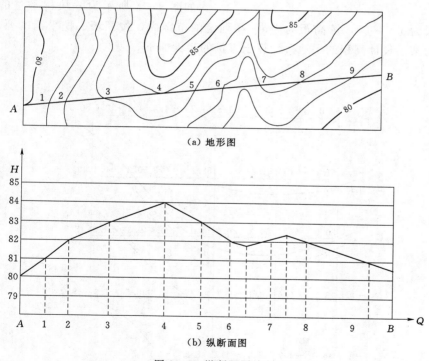

图 9-4　纵断面图绘制

八、确定汇水面积的边界线

汇水面积指的是雨水流向同一山谷时地面的受雨面积。当跨越河流、山谷修筑道路、兴修水库筑坝拦水时，桥梁涵洞孔径的大小、水坝的设计位置与坝高、水库的蓄水量等都要根据这个地区的降水量和汇水面积来确定。

如图 9-5 所示，拟在 m 处建造一个涵洞以排泄水流，涵洞孔径的大小应根据流经该处的水量决定，而水量又与山谷的汇水面积大小有关。从图 9-5 可以看出，由山脊线 ab、bc、cd、de、ef、fg 和道路 ag 所围成的面积，就是汇水面积。

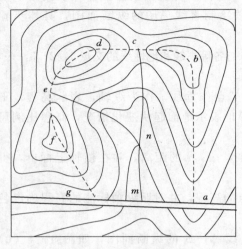

图 9-5 汇水边界线的确定

九、土方量计算

在各种工程建设中，将施工场地的自然地表按要求整理成一定高程的水平地面或一定坡度的倾斜地面的工作，称为场地平整。场地平整常要确定填、挖土石方量。土方量计算的方法主要有方格网法、等高线法、断面法和三维激光扫描等，其中方格网法是最常用的一种。下面以整理成水平面为例介绍该方法。

如图 9-6 所示为一块待平整的场地，其比例尺为 1:1000，等高距为 1m，在划定的范围内，按照填、挖平衡的要求，将其平整为某一设计高程的平地。计算土方量的步骤如下。

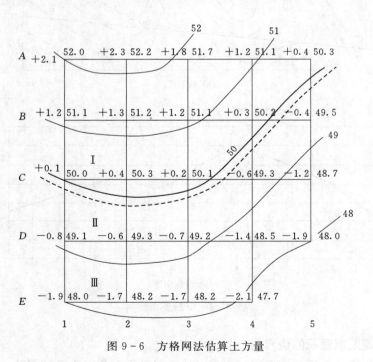

图 9-6 方格网法估算土方量

1. 绘制方格网

方格网大小可根据地形复杂程度、比例尺的大小和土方估算精度要求而定，本例中格网边长为20m。

2. 求各方格角点的高程（目估法内插）

根据等高线内插法确定方格角点的地面高程，并注记在方格角点右上方。

3. 计算设计高程

（1）若由设计单位给出，则无需计算。

（2）若设计单位未给出，则根据场地填、挖方量平衡原则计算设计高程。把每一方格4个顶点的高程加起来除以4，得到每一个方格的平均高程。再把每一个方格的平均高程加起来除以方格数，即得到设计高程：

$$H_{设}=\frac{H_1+H_2+H_3+\cdots+H_n}{n} \tag{9-9}$$

式中：H_i 为每一方格的平均高程；n 为方格总数。

从设计高程的计算中可以看出，角点 A_1、A_5 等的高程在计算中只用过一次，边点 A_2、A_3 等的高程在计算中使用过两次，拐点 D_4 的高程在计算中使用过3次，中点 B_2、B_3 等的高程在计算中使用过4次，为计算方便，可将设计高程的计算公式写成

$$H_{设}=\frac{\sum H_{角}\times1+\sum H_{边}\times2+\sum H_{拐}\times3+\sum H_{中}\times4}{4n} \tag{9-10}$$

式中：n 为方格总数；$\sum H_{角}$、$\sum H_{边}$、$\sum H_{拐}$、$\sum H_{中}$ 分别表示角点、边点、拐点和中点高程的和。

用式（9-10）计算出的设计高程为49.9m，在图9-6中用虚线描出49.9m的等高线，称为填挖分界线或零线。

4. 计算各方格网点的填挖高度

根据设计高程和各方格顶点的地面高程，计算各方格顶点的挖、填高度：

$$h=H_{地}-H_{设}$$

式中：h 为填挖高度，正数为挖，负数为填；$H_{地}$ 为地面高程；$H_{设}$ 为设计高程。

填挖高度计算结果如图9-6所示，标注在格网的左上角。

5. 计算填挖土方量

$$\left.\begin{array}{l}角点土方量=填（挖）方高度\times\dfrac{1}{4}方格面积\\[2mm]边点土方量=填（挖）方高度\times\dfrac{2}{4}方格面积\\[2mm]拐点土方量=填（挖）方高度\times\dfrac{3}{4}方格面积\\[2mm]中点土方量=填（挖）方高度\times\dfrac{4}{4}方格面积\end{array}\right\} \tag{9-11}$$

自测 9-1

本例计算见表9-1。由表可知，挖方总量为2930m³，填方总量为2930m³，两者相等，满足填挖平衡的要求。

表 9 - 1 填 挖 土 方 量 计 算 表

点号	挖深/m	填高/m	所占面积/m²	挖方量/m³	填方量/m³
A1	+2.1		100	210	
A2	+2.3		200	460	
A3	+1.8		200	360	
A4	+1.2		200	240	
A5	+0.4		100	40	
B1	+1.2		200	240	
B2	+1.3		400	520	
B3	+1.2		400	480	
B4	+0.3		400	120	
B5		−0.4	200		80
C1	+0.1		200	20	
C2	+0.4		400	160	
C3	+0.2		400	80	
C4		−0.6	400		240
C5		−1.2	200		240
D1		−0.8	200		160
D2		−0.6	400		240
D3		−0.7	400		280
D4		−1.4	300		420
D5		−1.9	100		190
E1		−1.9	100		190
E2		−1.7	200		340
E3		−1.7	200		340
E4		−2.1	100		210
				Σ=2930	Σ=2930

第二节　数字地形图的应用

　　随着计算机技术和数字化测绘技术的迅速发展，数字地形图已广泛地应用于国民经济建设、国防建设和科学研究的各个方面，与传统的纸质地形图相比，数字地形图的应用具有明显的优越性和更广阔的发展前景。在数字化成图软件环境下，利用数字地形图可以很容易地获取各种地形信息，而且精度高、速度快。本节借助 CASS 数字测图系统软件，从基本几何要素的查询、断面图绘制、面积量算和土石方量计算等方面介绍数字地形图在工程建设中的应用。

课件 9-2

164

一、基本几何要素的查询

CASS 软件"工程应用"菜单具有多种查询与计算功能，可以方便地进行各种基本要素的查询，详见图 9-7。

1. 查询指定点坐标

选取"工程应用"菜单中的"查询指定点坐标"，用鼠标点取所要查询的点，命令区显示要查询点的坐标：$X=××××.×××$米，$Y=××××.×××$米，$H=0.000$米（不是该点的实际高程）。

注意：该坐标是笛卡儿坐标系中的坐标，与测量坐标系的 X 和 Y 的顺序相反。

视频 9-1

图 9-7 工程应用菜单

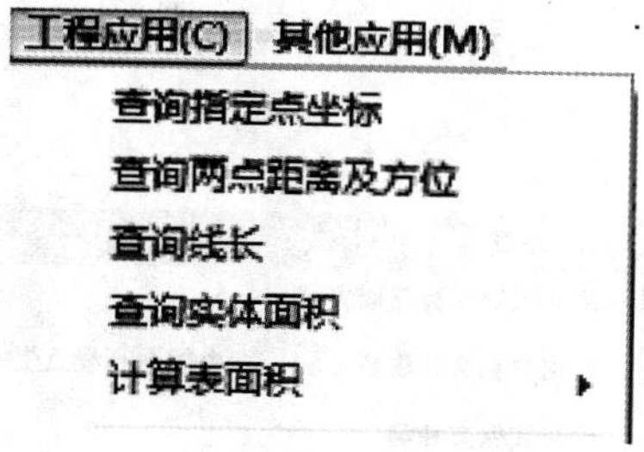

工程应用(C)	其他应用(M)
查询指定点坐标	
查询两点距离及方位	
查询线长	
查询实体面积	
计算表面积	▶

2. 查询两点距离及方位角

选取"工程应用"菜单下的"查询两点距离及方位"。用鼠标分别点取所要查询的两点即可。命令区显示两个指定点之间的实际水平距离和坐标方位角计算结果：两点间距离＝$××××.×××$米，方位角＝$×××$度$××$分$××$秒。

3. 查询线长

选取"工程应用"菜单下的"查询线长"，用鼠标点取图上曲线即可。

4. 查询实体面积

选取"工程应用"菜单下的"查询实体面积"，在命令行出现两个选项：①选取实体边线；②点取实体内部点。如果选择第一个选项，用鼠标点击实体的边线，即可获得实体面积；如果选择第二个选项，用鼠标点击实体的内部，根据提示操作即可获得实体面积。

二、断面图绘制

在道路、管线工程规划中，为进行工程量的概预算和合理地确定线路的坡度，需要利用地形图沿线路方向绘制断面图。在 CASS 中绘制断面图的方法有 4 种：①根据已知坐标；②根据里程文件；③根据等高线；④根据三角网。下面以"由坐标文件生成"为例讲解，其他几种方法的操作步骤基本相似。

（1）先用复合线绘制断面线，选取"工程应用"→"绘断面图"→"根据坐标文件"。

（2）选择断面线。用鼠标点取上一步所绘断面线。

屏幕上弹出"输入高程点数据文件名"的对话框，有两种方式选择高程点数据文件，如图 9-8 所示。输入采样点间距，系统的默认值为 20m。

（3）绘制纵断面图

如图 9-9 所示，输入横向和纵向比例尺，在图上选择断面图绘制点位坐标，输入宽度和起始里程，设置注记字体大小，即可生成纵断面图。

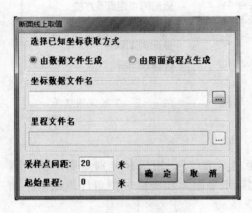

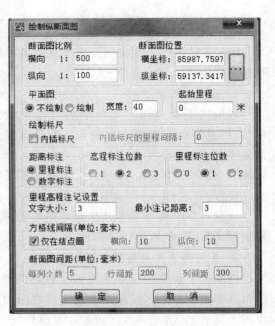

图 9-8　选取坐标文件　　　　　　图 9-9　绘制纵断面图对话框图

三、土方量计算

CASS 软件中土方量计算有 DTM 法、断面法、方格网法和等高线法等方法。

（一）DTM 法土方计算

由 DTM 模型计算土方量是根据实地测定的地面点坐标（X，Y，Z）和设计高程，通过生成三角网来计算每一个三棱锥的填挖方量，最后累计得到指定范围内填方和挖方的土方量，并绘出填挖方分界线。

DTM 法土方量计算共有 3 种方法：第 1 种是根据坐标数据文件计算，第 2 种是根据图上高程点进行计算，第 3 种是根据图上的三角网进行计算。前两种算法包含重新建立三角网的过程，第 3 种方法直接采用图上已有的三角形，不再重建三角网。下面分述 3 种方法的操作过程。

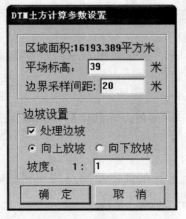

图 9-10　参数设置对话框

1. 根据坐标数据文件计算

（1）用复合线画出所要计算土方的区域，一定要闭合，但是尽量不要拟合。因为拟合过的曲线在进行土方计算时会用折线迭代，影响计算结果的精度。

（2）选取"工程应用"→"DTM 法土方计算"→"根据坐标文件"。

（3）选择边界线。用鼠标点取所画的闭合复合线，弹出土方计算参数设置对话框，如图 9-10 所示。

区域面积：该值为复合线围成的多边形的水平

投影面积。

平场标高：指设计要达到的目标高程。

边界采样间隔：边界插值间隔的设定，默认值为 20m。

边坡设置：选中处理边坡复选框后，则坡度设置功能变为可选，选中放坡的方式（向上或向下指平场高程相对于实际地面高程的高低，平场高程高于地面高程则设置为向下放坡），然后输入坡度值。

（4）设置好计算参数后屏幕上则显示填挖方的提示框，命令行显示：挖方量＝××××立方米，填方量＝××××立方米。同时图上绘出所分析的三角网、填挖方的分界线（白色线条）。

（5）关闭对话框后系统提示：请指定表格左下角位置：〈直接回车不绘表格〉。在图上适当位置单击，CASS 会在该处绘出一个表格，包含平场面积、最大高程、最小高程、平场标高、填方量、挖方量和图形。

2. 根据图上高程点计算

（1）首先要展绘高程点，然后用复合线画出所要计算土方的区域，要求同坐标数据文件法。

（2）选取"工程应用"→"DTM 法土方计算"→"根据图上高程点计算"。

（3）选择边界线，点取所画的闭合复合线。

（4）弹出土方计算参数设置对话框，以下操作与坐标数据文件法相同。

3. 根据图上的三角网计算

（1）对已经生成的三角网进行必要的添加和删除，使结果更接近实际地形。

（2）选取"工程应用"→"DTM 法土方计算"→"依图上三角网计算"。

（3）在提示行输入平场标高（米）：输入平整的目标高程；在图上选取三角网：在图上选取三角形，可以逐个选取也可拉框批量选取。回车后屏幕上显示填挖方的提示框，同时在图上绘出所分析的三角网、填挖方的分界线。

注意：用此方法计算土方量时不要求给定区域边界，因为系统会分析所有被选取的三角形，因此在选择三角形时一定要注意不要漏选或多选，否则计算结果有误，且很难检查出问题所在。

（二）方格网法土方计算

由方格网来计算土方量是根据实地测定的地面点坐标（X，Y，Z）和设计高程，通过生成方格网来计算每一个方格内的填挖方量，最后累计得到指定范围内填方和挖方的土方量，并绘出填挖方分界线。

用方格网法算土方量，设计面可以是平面，也可以是斜面。

1. 设计面是平面

（1）用复合线画出所要计算土方的区域，一定要闭合，但是尽量不要拟合。因为拟合过的曲线在进行土方计算时会用折线迭代，影响计算结果的精度。

（2）选取"工程应用"→"高程点生成数据文件"→有编码高程点（或无编码高程点）。根据提示，生成高程点数据文件。

（3）选取"工程应用"→"方格网法土方计算"。

屏幕上将弹出选择高程坐标文件的对话框，在对话框中选择所需高程数据文件，如图9-11所示。

输入方格宽度：（米）〈20〉。该数值为每个方格的边长，默认值为20米。方格的宽度越小，计算精度越高。但如果给定的值太小，超过了野外采集点的密度将没有实际意义。

2. 设计面是斜面

（1）用复合线画出所要计算土方的区域，一定要闭合，但是尽量不要拟合。因为拟合过的曲线在进行土方计算时会用折线迭代，影响计算结果的精度。

（2）选取"工程应用"→"高程点生成数据文件"→有编码高程点（或无编码高程点）。根据提示，生成高程点数据文件。

（3）选取"工程应用"→"方格网法土方计算"。

屏幕上将弹出选择高程坐标文件的对话框，在对话框中选择所需高程数据文件。

（4）设计面选择斜面，输入相应信息，如图9-12所示。操作步骤如下：

1）输入设计坡度。

2）从屏幕上选取基准点和坡度下降方向上的一个点。

3）输入基准点设计高程。

4）图上绘出所分析的方格网，每个方格顶点的地面高程和计算得到的设计高程、填挖方的分界线（点线），并给出每个方格的填方（$T = \times \times \times$）、挖方（$W = \times \times \times$）、每行的挖方和每列的填方以及总挖方和总填方。

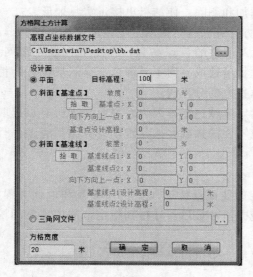 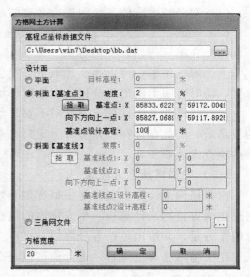

图9-11　方格网法整理成平面参数设置对话框　　图9-12　方格网法整理成斜面参数设置对话框

本 章 小 结

本章主要介绍了地形图的基本应用、地形图在工程建设中的应用以及CASS绘图软件在地形图中的应用。本章的教学目标是使学生掌握地形图上坐标的确定、距离的确定、高程的确定以及坐标方位角的确定；坡度的设计、纵断面图的绘制、汇水面积的确定和土方量的估算等。

重点应掌握的公式：

1. 等高线内插高程计算公式：$H_B = H_P + h\dfrac{d_1}{d}$

2. 填挖均衡设计高程计算公式：

$$H_{设} = \frac{\sum H_{角} \times 1 + \sum H_{边} \times 2 + \sum H_{拐} \times 3 + \sum H_{中} \times 4}{4n}$$

思 考 与 习 题

1. 如图 9-13 所示，地形图比例尺为 1：2000，试完成如下作业：

（1）根据等高线按比例内插法求出 A、B、C 点的高程。

（2）用图解法求 A、B 两点的坐标。

（3）求定 A、B 两点间的水平距离。

（4）求定 AB 连线的坐标方位角。

（5）求定 A 点至 C 点的平均坡度。

（6）绘制出 AB 方向线的断面图。

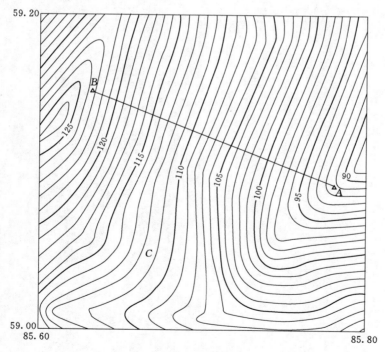

图 9-13　题 1 图

2. 图 9 - 14 为 1 ∶ 1000 比例尺地形图，方格网边长为实地 20m，现要求在图示方格范围内平整为水平场地，试完成以下内容。

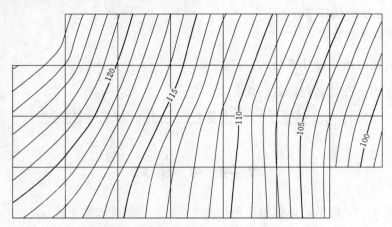

图 9 - 14 题 2 图

（1）根据填挖平衡原则计算该场地设计高程。

（2）在图中绘出挖填分界线。

（3）计算填挖土方量。

3. 在 CASS 数字测图系统中绘制断面图有几种方法？

第十章
施工测量的基本工作

施工测量是在施工阶段进行的各种测量工作，主要是根据控制点或已有建筑物特征点与待测设点之间的角度、距离和高差等几何关系，应用测绘仪器和工具进行测量。因此，测设已知水平距离、测设已知水平角、测设已知点位和测设已知高程是施工测量的基本工作。

第一节 施工测量概述

工程测量学是研究各种工程在勘测设计、施工建设和运营管理阶段所进行的各种测量工作的学科，其中施工建设是整个工程的重点工作，因此施工测量也是工程测量中的主要内容。

课件 10-1

一、施工测量的主要内容

(1) 建立施工控制网。

(2) 依据设计图纸要求进行建（构）筑物的放样。

(3) 检查各部位的平面位置和高程是否符合设计要求。

(4) 对大型、高层或特殊建（构）物施工过程中的变形进行观测。

二、放样

放样是将图纸上设计好的建筑物的平面位置和高程，按设计要求标定在地面上，作为施工依据。放样又称为测设，是施工测量中最重要的工作。在施工过程中需要进行一系列的测设工作，以衔接和指导各工序间的施工。

施工放样的种类主要有距离放样、角度放样、直线放样、点位放样和高程放样等。

三、施工放样的精度

施工放样的精度与建筑物的大小、结构形式、建筑材料等因素有关。例如水利工程施工中要求钢筋混凝土工程的放样精度高于土石方工程，而金属结构物安装放样的精度要求则更高。因此，应根据不同施工对象，选用不同精度的测量仪器和测量方法，做到既保证工程质量又不浪费人力物力。

1. 建筑限差

建筑物竣工后实际位置相对于设计位置的极限偏差。不同工程的建筑限差要求也不同：

(1) 一般工程，总误差允许为 10～30mm。

（2）对高层建筑物，轴线的倾斜度要求高于 $1/1000 \sim 1/2000$。

（3）钢结构，允许误差为 $1 \sim 8mm$。

（4）土石方，施工误差允许达 10cm。

（5）对特殊要求的工程项目，其设计图纸都有明确的限差要求。

2. 放样精度

不同的建筑物放样精度的计算也不尽相同，下面以放样建筑物轴线位置为例，讨论放样精度。

设建筑限差 Δ，则中误差为

$$M = \pm \frac{1}{2}\Delta$$

假设建筑误差只包含测量误差 $m_{测}$ 和施工误差 $m_{施}$，则

$$M^2 = m_{测}^2 + m_{施}^2 \tag{10-1}$$

按照等影响原则：

$$m_{测} = m_{施}$$

则

$$m_{测} = \frac{M}{\sqrt{2}} = \frac{\Delta}{2\sqrt{2}}$$

测量误差包含控制点误差 $m_{控}$ 和放样误差 $m_{放}$：

$$m_{测}^2 = m_{控}^2 + m_{放}^2 \tag{10-2}$$

由于控制点误差与放样误差相比较小，可以忽略不计，按照忽略不计原则：

$$m_{控} = \frac{1}{3}m_{放}$$

$$m_{放} = \frac{3}{\sqrt{10}}m_{测} = \frac{3}{2\sqrt{20}}\Delta = 0.335\Delta \tag{10-3}$$

对于一般工程总误差允许值为 $10 \sim 30mm$，则放样精度应控制在 $3 \sim 10mm$。

第二节　施 工 控 制 网

课件 10-2

在工程建设的各个阶段都要布设测量控制网，但不同阶段控制网的目的也不同。在勘测设计阶段，布设控制网主要为测绘大比例尺地形图服务，其控制点的密度和精度以满足测图为目的。施工控制网是为工程施工建设服务的测量控制网，主要是为工程建筑物的施工放样提供控制，原有测图控制点无论在点位分布上还是在点位精度上大多都不能满足放样的要求。因此，除了小型工程或放样精度要求不高的建筑物可以利用测图控制网进行施工控制，一般较为复杂的大中型工程在施工阶段需重新建立施

工控制网。施工控制网分为平面控制网和高程控制网。

一、施工平面控制网

1. 施工平面控制网布设形式

（1）GPS控制网：适用于地势起伏较大、施工范围大的施工场地。

（2）导线网：适用于地势平坦，但通视比较困难或建筑物分布不规则的施工场地。

（3）建筑基线：适用于地势平坦且简单的小型施工场地。

（4）建筑方格网：适用于建筑物多为矩形且布置比较规则和密集的施工场地。

其中GPS控制网和导线网在第六章已经介绍，在此不再赘述。本节主要介绍建筑基线和建筑方格网。

2. 施工平面控制网的特点

（1）控制的范围小，控制点的密度大。

（2）点位布设和精度有特定的要求。

（3）使用频繁。

（4）受施工干扰。

（5）控制网的坐标系与施工坐标系一致。

（6）投影面的选择不同，一般与工程的平均高程面一致。

（7）分级布网时，次级网可能比首级网的精度高。

3. 建筑基线

建筑基线是建筑场地的施工控制基准线，即在建筑场地布置一条或几条轴线。

（1）建筑基线的布设要求。

1）建筑基线应尽可能靠近拟建的主要建筑物，并与建筑物主要轴线平行，以便使用比较简单的直角坐标法进行建筑物的定位。

2）建筑基线上的基线点应不少于3个，以便相互检核。

3）建筑基线应尽可能与施工场地的建筑红线相联系。

4）基线点位应选在通视良好和不易被破坏的地方，要埋设永久性的混凝土桩，以便长期保存。

（2）建筑基线的布设形式。根据建筑物的分布、施工场地地形等因素，常用的布设形式有"一"字形、"L"形、"十"字形和"T"形，如图10-1所示。

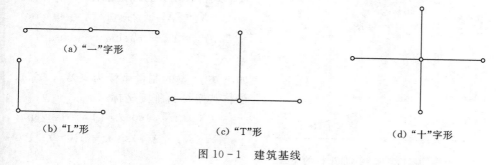

(a)"一"字形   (b)"L"形   (c)"T"形   (d)"十"字形

图10-1 建筑基线

4. 建筑方格网

由正方形或矩形组成的施工平面控制网称为建筑方格网，如图 10-2 所示。建筑方格网适用于按矩形布置的建筑群或大型建筑场地。

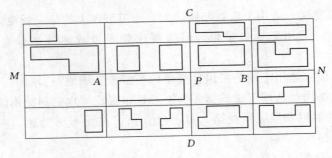

图 10-2 建筑方格网

建筑方格网的布设要求如下：

1）布设建筑方格网时，应根据平面图上各建（构）筑物、道路及各种管线的布置，结合现场的地形条件，先确定主轴线 MPN 和 CPD，再布设方格网。

2）主轴线应接近精度要求较高的建筑物。

3）方格网的纵横轴线应严格垂直，方格网点之间需通视良好。

4）当测区面积较大时，方格网可分两级进行布设。首级采用"十""口"和"田"字形进行布设，然后加密方格网。

5）采用建筑坐标系，坐标轴方向与建筑群主轴线平行或垂直。

5. 施工坐标系和测量坐标系的转换

施工坐标系也称建筑坐标系，其坐标轴与建筑物主轴线平行或垂直，是供工程建筑物施工放样用的一种平面直角坐标系。比如水利枢纽工程采用以坝轴线为坐标轴的施工坐标系，桥梁工程采用以桥轴线为坐标轴的施工坐标系等。而施工坐标系和测量坐标系往往不一致，因此施工测量前常常需要进行两者的转换。

如图 10-3 所示，设 XOY 为测量坐标系，$xO'y$ 为施工坐标系，$X_{O'}$，$Y_{O'}$ 为施工坐标系的原点在测量坐标系中的坐标，α 为施工坐标系的纵轴在测量坐标系中的方位角。设已知 P 点的施工坐标为 (x_P, y_P)，可按下式将其换算为测量坐标 (X_P, Y_P)：

$$\left.\begin{array}{l} X_P = X_{O'} + x_P \cos\alpha - y_P \sin\alpha \\ Y_P = Y_{O'} + x_P \sin\alpha + y_P \cos\alpha \end{array}\right\}$$

$$(10-4)$$

如已知 P 点的测量坐标为 (X_P, Y_P)，则可将其换算为施工坐标 (x_P, y_P)：

$$x_P = (X_P - X_{O'})\cos\alpha + (Y_P - Y_{O'})\sin\alpha$$

$$y_P = -(X_P - X_{O'})\sin\alpha + (Y_P - Y_{O'})\cos\alpha$$

$$(10-5)$$

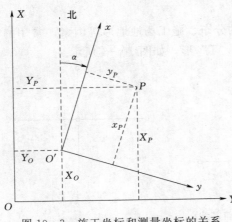

图 10-3 施工坐标和测量坐标的关系

二、施工高程控制网

施工场地的高程控制测量一般采用水准测量方法。高程控制网一般分两级布设，一级水准网与施工场地附近的国家或城市已知水准点进行联测，以便纳入统一的高程系统，称为基本网；另一级是由基本水准点引测的临时性作业水准点，它应尽可能靠近所需放样的建筑物，便于高程放样。

第三节　施工放样的基本工作

一、距离放样

距离放样就是从一个已知点出发，沿给定的方向，量出设计的距离，定出另一端点的位置。目前距离放样常用的仪器是全站仪或测距仪。

课件 10 - 3

1. 一般方法

如图 10 - 4 所示，将全站仪安置在 A 点上，首先在距离测量模式下，进行棱镜常数、温度和大气压的设置，以便对距离进行棱镜常数改正和大气改正；然后选择距离放样功能（不同型号的全站仪菜单会有所不同），通过按键选择放样模式：1：平距，2：高差，3：斜距；输入放样距离，照准目标（棱镜）测量开始，屏幕即显示出测量距离与放样距离之差（测量距离—放样距离＝显示值）。在 AC 方向上移动目标棱镜，直至距离差等于 0m 为止。

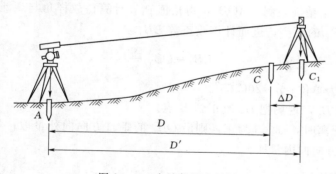

图 10 - 4　全站仪距离放样

2. 精确方法

当放样精度要求较高时，应按照精确方法进行放样，具体过程如下：

（1）先按照一般方法放样距离，定出 C_1 点，如图 10 - 4 所示。

（2）在距离测量模式下测出 AC_1 的距离为 D'。

（3）计算距离改正数 $\Delta D = D - D'$。

（4）根据 ΔD 的符号判断改正的方向，然后用小钢尺量取 ΔD，定出 D 点。

二、水平角放样

放样水平角时，根据地面上已有的一个已知方向，把放样水平角的另一个方向测设到地面上。水平角放样的仪器主要是全站仪或经纬仪。

1. 一般方法

如图 10-5 所示，设在地面上已有一方向线 OA，要在 O 点上，以 OA 为起始方向，向右测设出设计给定的水平角 β。为此，将全站仪安置在 O 点，用盘左瞄准 A 点，置零；松开照准部向右旋转，当度盘读数等于 β 角值时，在视线方向上定出 B_1 点。然后倒转望远镜（盘右），重复上述步骤，再在视线方向上定出另一点 B_2。B_1 与 B_2 往往不重合，取 B_1、B_2 的中点 B，则 $\angle AOB$ 就是要测设的 β 角。

2. 精确方法

（1）如图 10-6 所示，在 O 点安置全站仪，先用上述方法测设出 β 角，在地面上定出 B_1 点。

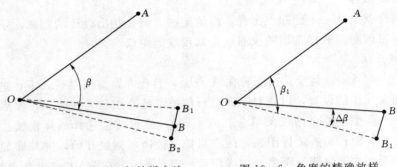

图 10-5　角度的一般放样方法　　　　图 10-6　角度的精确放样

（2）用测回法精确观测 $\angle AOB_1$，得角值 β_1，计算待放样角与观测角之差，$\Delta\beta = \beta - \beta_1$，测出 OB_1 的距离，进而计算改正数 BB_1：

$$BB_1 = OB_1 \frac{\Delta\beta}{\rho} \qquad (10-6$$

式中：$\Delta\beta$ 以秒为单位；$\rho = 206265''$。

（3）根据 BB_1，现场把 B_1 改正到 B 点。

量取改正距离时，如 $\Delta\beta$ 为正，则沿 OB_1 的垂直方向向外量取；如 $\Delta\beta$ 为负，则沿 OB_1 的垂直方向向内量取。

三、直线放样

直线放样的应用非常普遍，道路、管线等线型工程的中桩放样，建筑工程的轴线放样等都涉及直线放样。直线放样分为平面直线放样和铅垂线放样。

（一）平面直线放样

平面直线放样的方法有内插定线和外插定线两种方法。

1. 内插定线

如图 10-7 所示，内插定线是在两个已知点之间放样一系列的点，使它们位于这两点所在的直线上。分为一般方法定线和精确方法定线。

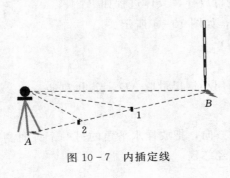

图 10-7　内插定线

（1）一般方法。

如图 10-8 所示，若在 AB 之间定出 P 点，在 A 点架设全站仪，盘左瞄准 B 点定向，固定水平制动螺旋，下俯望远镜，指挥测量员在 P 点附近左右移动测量标志，直到移至望远镜十字丝中心，定出 P_1 点；盘右位置用同样的操作定出 P_2 点，取 P_1P_2 点连线的中点，定出 P 点。

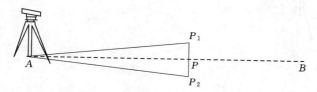

图 10-8　内插定线一般方法

（2）精确方法。

精确方法又分为测小角归化法和测大角归化法。

1）测小角归化法。

如图 10-9 所示，若在 AB 之间定出 P 点，先用一般方法定出 P' 点，然后在 A 点架设全站仪，用测回法测出 $\angle BAP'$（$\Delta\beta$）和 AP' 之间的距离 S_1，按照式（10-7）求出改正数 ε，现场把 P' 改正到 P 点。

$$\varepsilon = \frac{\Delta\beta}{\rho} S_1 \qquad (10-7)$$

2）测大角归化法。

如图 10-10 所示，若在 AB 之间定出 P 点，先用一般方法定出 P' 点，然后在 P' 点架设全站仪，用测回法测出 $\angle AP'B$（γ）以及 $P'A$ 和 $P'B$ 之间的距离 S_1、S_2，按照式（10-8）求出改正数 ε，现场把 P' 改正到 P 点。

$$\varepsilon = \frac{S_1 S_2}{S_1 + S_2} \frac{\Delta\gamma}{\rho} \qquad (10-8)$$

式中：$\Delta\gamma = 180 - \gamma$。

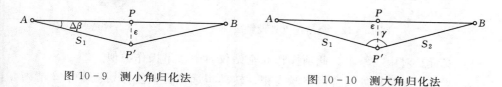

图 10-9　测小角归化法　　　　　图 10-10　测大角归化法

2．外插定线

如图 10-11 所示，外插定线是在两个已知点的延长线上放样一系列的点，使它们位于这两点所在的直线上。分一般方法定线和精确方法定线。具体测设过程参考内插定线。

（二）铅垂线放样

为确保电视塔、烟囱、高层建筑等高耸建筑物的垂直度，要进行铅垂线的放样工作。

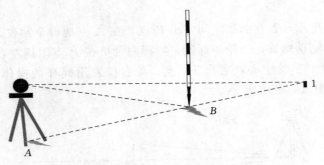

图 10-11　外插定线

1. 全站仪垂直投影法

如图 10-12 所示，在大致垂直的方向上安置全站仪，对中整平后瞄准底部轴线，上仰望远镜，视准轴上下转动形成的两个铅垂面相交获得铅垂线。

2. 激光垂准仪法

如图 10-13 所示，激光垂准仪利用一条与视准轴重合的可见激光，产生一条向上的铅垂线，用于测量相对铅垂线的微小偏差以及进行铅垂线的定位传递，常用作控制轴线向上投测的工具。

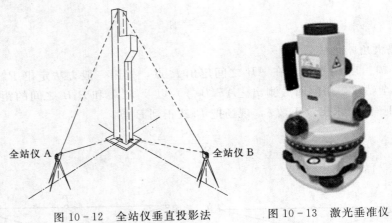

图 10-12　全站仪垂直投影法　　　　图 10-13　激光垂准仪

（1）安置、对中、整平。此项操作和全站仪对中整平操作类似。

（2）照准。在目标处放置网格激光靶。转动望远镜目镜使分划板十字丝清晰，再转动调焦手轮使激光靶在分划板上成像清晰，并尽量消除视差。

（3）向上垂准。打开垂准激光开关，会有一束激光从望远物镜中射出，并聚焦在激光靶上，激光光斑中心处的读数即为观测值。旋转照准部，采用对径读数的方法提高垂准精度。

四、点位放样

测设放样点平面位置的基本方法有：极坐标法、GPS（RTK）法、角度交会法、距离交会法、直角坐标法等几种。其中，角度交会法和距离交会法基本已经淘汰，前最常用的是极坐标法和 GPS（RTK）法。

（一）极坐标法

极坐标法是根据水平角和水平距离测设地面点平面位置的方法。其基本原理如图 10-14 所示，P 点为欲测设的待定点，A、B 为已知点。为将 P 点测设于地面，首先按坐标反算公式计算测设用的水平距离 D_{AP} 和坐标方位角 α_{AB}、α_{AP}：

$$D_{AP} = \sqrt{(x_P - x_A)^2 + (y_P - y_A)^2} \tag{10-9}$$

$$R_{AB} = \arctan\left|\frac{y_B - y_A}{x_B - x_A}\right| \tag{10-10}$$

$$R_{AP} = \arctan\left|\frac{y_P - y_A}{x_P - x_A}\right| \tag{10-11}$$

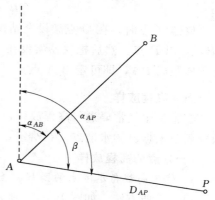

图 10-14 极坐标法放样原理

然后根据坐标增量的符号判断直线的象限，通过象限角计算坐标方向角 α_{AB}、α_{AP}。

测设用的水平角为

$$\beta = \alpha_{AP} - \alpha_{AB} \tag{10-12}$$

测设 P 点时，根据使用的仪器不同，主要有以下两种方式：

（1）将经纬仪安置在 A 点，瞄准 B 点，顺时针方向测设 β 角，得到放样点的方向线，然后在方向线上测设水平距离 D_{AP}，即可放样出 P 点。

（2）用全站仪按极坐标法测设点的平面位置，由于全站仪具有计算功能，因此无需事先计算放样数据，测设步骤如下：

1）将全站仪安置在 A 点，对中、整平。

2）输入测站 A 点坐标，瞄准后视点 B，输入 B 点坐标或方位角进行定向。

3）选择放样菜单，将待放样点 P 点的设计坐标输入全站仪，即可自动计算出测设数据。根据全站仪显示的距离差值和角度差或纵向坐标差值 ΔX 和横向坐标差值 ΔY，移动棱镜，直至差值为 0，即为待定点位置。

全站仪按照极坐标法放样又称为全站仪坐标放样法。

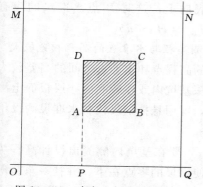

图 10-15 直角坐标法放样点位

（二）GPS（RTK）法

GPS（RTK）能够实时提供任意点在某个坐标系的三维坐标，是目前实时、准确地测设待定点位置最常用的方式。GPS（RTK）前期的设置参照第八章第四节的内容，然后选择放样菜单，输入放样点坐标，根据手簿信息提示进行点位放样。

（三）直角坐标法

当施工控制网为建筑基线或建筑方格网时，采用直角坐标法放样较为方便。

如图 10-15 所示，$OMNQ$ 为建筑方格网，坐

视频 10-1

标已知；$ABCD$ 为待放样建筑物，A 点的坐标已在设计图纸上确定。则用直角坐标法放样 A 点的放样元素为

$$\left.\begin{array}{l} AP = \Delta x = x_A - x_P \\ OP = \Delta y = y_A - y_O \end{array}\right\} \tag{10-13}$$

放样 A 点时，在 O 点架设全站仪，以 Q 点定向，并自 O 点沿 OQ 方向放样距离 OP，定出 P 点。然后把仪器架设在 P 点，以 O 点定向，顺时针放样 $90°$，在此方向上放样距离 PA，即可定出 A 点。

五、高程放样

在施工中经常要进行高程放样，如场地平整、基坑开挖、线路坡度放样等。高程放样就是根据已知水准点，在给定点位上标出设计高程位置。

（一）点的高程放样

1. 待测高程与水准点的高程相差不大

（1）一般方法。如图 10-16 所示，A 为已知水准点，高程为 H_A，B 为待测设高程点，其设计高程为 H_B。将水准仪安置在 A 和 B 之间，后视 A 点水准尺的读数 a，则水准仪的视线高程为 $H_{视线} = (H_A + a)$，B 点的前视读数 b 应满足 $b = H_{视线} - H_B = (H_A + a) - H_B$。在 B 点竖立水准尺，上下移动尺子，当前视尺的读数为 b 时，尺子底部即为 B 点设计高程 H_B 的位置。

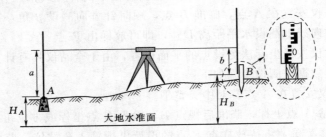

图 10-16　点的高程测设

（2）倒尺法。如图 10-17 所示，当待放样的高程 H_B 高于仪器视线高时，比如放样隧道顶板标高，则采用"倒尺法"放样，把尺底向上，这时 B 点水准尺的应有读数 $b = H_B - (H_A + a)$。

2. 待测高程与水准点的高程相差较大

测设的高程点和水准点之间的高差较大时，如在深基坑内或在较高的楼层板面上测设高程点，可用悬挂钢尺代替水准尺测设给定的高程。

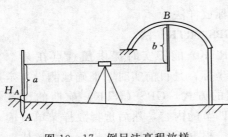

图 10-17　倒尺法高程放样

如图 10-18 所示，已知水准点 A 的高程为 H_A，要在基坑内侧测出设计高程为 H_B 的 B 点位置。用吊杆悬挂一根检验过的钢尺，使钢尺的零点在下，并挂一重量等于钢尺鉴定时拉力的铅锤，以防钢尺摆动。在地面上安置水准仪，测得后视 A 点水

准尺读数为 a_1，前视钢尺读数为 b_1。在基坑内安置水准仪，后视钢尺读数 a_2，则 B 点水准尺应读前视读数 $b_2 = (H_A + a_1) - (b_1 - a_2) - H_B$，当前视水准尺读数为 b_2 时，沿尺子底面在基坑侧壁钉一水平木桩，木桩顶面即为 B 点的高程。

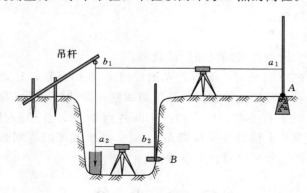

图 10-18 深基坑内的高程测设

（二）坡度线放样

在平整场地、铺设管道及道路施工等工程中，经常需要坡度线的放样。坡度线放样就是根据已知水准点的高程、设计坡度和坡度端点的设计高程，将坡度线上各点的设计高程标定在地面上。根据坡度的大小，可以采用水准仪和全站仪进行放样。

视频 10-2

如图 10-19 所示，A、B 为坡度线上的两个端点，其水平距离为 D，已知 A 点的设计高程为 H_A，要沿 AB 方向测设一条坡度为 i 的坡度线。

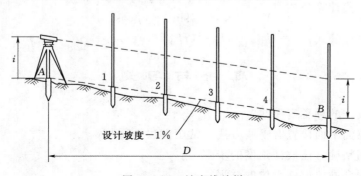

图 10-19 坡度线放样

1. 水准仪法放样

当设计坡度不大时一般采用水准仪法放样。

（1）首先根据 A 点的高程、坡度 i 及 A、B 两点间的水平距离计算出 B 点的设计高程 H_B：

$$H_B = H_A + iD \qquad (10-14)$$

式中：坡度上升时 i 为正，反之为负。

（2）按前述测设已知高程的方法，测设 B 点的高程。

（3）将水准仪安置在 A 点，使基座上一个脚螺旋位于 AB 方向上，另外两个脚螺旋的连线与 AB 方向垂直，量取仪器高 i_A，再转动 AB 方向上的脚螺旋和微倾螺旋，使十字

丝中丝对准 B 点水准尺上等于仪器高 i 的读数。此时，仪器的视线与设计坡度线平行。

（4）在 AB 方向的中间各点 1、2、3…的木桩侧面立尺，上、下移动水准尺，直至尺上读数等于仪器高 i_A 时，沿水准尺的零刻画线在木桩上画一红线，则各桩红线的连线就是设计坡度线。

2. 全站仪法放样

当设计坡度较大时一般采用全站仪法放样。

当使用全站仪进行测设时，不需要先测设出 B 点的高程，只要将其竖盘显示单位切换为坡度单位，并将望远镜视线的坡度值调整到设计坡度值 i 即可，此时，仪器的视线与设计坡度线平行。在 AB 方向的中间各点 1、2、3…的木桩侧面立尺，上、下移动水准尺，直至尺上读数等于仪器高 i_A 时，沿水准尺的零刻画线在木桩上画一红线，则各桩红线的连线就是设计坡度线。

自测 10－1

本 章 小 结

本章主要介绍了施工控制网的布设以及角度放样、距离放样、点位放样和高程放样的基本工作。本章的教学目标是使学生能够根据工程施工的精度求取放样的精度，掌握利用全站仪或水准仪等仪器设备进行各种放样种类的放样工作。

重点应掌握的公式：

1. 放样精度计算公式：$m_{放}=0.335\Delta$

2. 坐标转换计算公式：
$$\left.\begin{array}{l}X_P=X_{O'}+x_P\cos\alpha-y_P\sin\alpha\\Y_P=Y_{O'}+x_P\sin\alpha+y_P\cos\alpha\end{array}\right\}$$

3. 高程放样公式：$b=H_{视线}-H_B=(H_A+a)-H_B$。

思 考 与 习 题

1. 施工放样的种类有哪些？

2. 放样点的平面位置有哪些方法？常用方法是哪些？

3. 简述用精确方法放样角度的步骤。

4. 简述用全站仪放样点位的过程。

5. 某工程建筑限差为 20mm，其放样精度要求为多少？

6. 已知控制点 A（200，300）、B（300，400）、待定点 P（250.00，380.00），试以 A 点为测站，计算用极坐标法测设 P 点的测设数据，并简述其测设方法。

7. 已知某水准点 A 的高程为 36.628m，现要测设高程为 37.854m 的 B 点，若仪器安置在 A、B 两点之间时，A 尺上的读数为 1.624m，则 B 尺上的读数应为多少？应如何测设？

8. 要在 AB 方向上测设一条坡度 $i=-3\%$ 的坡度线，已知 A 点的高程为 23.165m，A、B 两点之间的水平距离为 50m，则 B 点的高程应为多少？简述用水准仪测设该坡度的过程。

第十一章

建筑工程测量

建筑工程测量主要指建筑工程在勘测设计、施工和运营管理阶段所进行的各种测量工作。具体内容包括：施工测量准备工作、平面控制测量、高程控制测量、建筑物定位放线、基础施工测量、基坑监测、结构施工测量、施工变形测量和竣工测量等。

第一节 建筑工程控制测量

建筑工程控制测量包括平面控制测量和高程控制测量。

一、平面控制测量

平面控制网的布设应遵循先整体、后局部，高精度控制低精度的原则。平面控制测量包括场区平面控制网和建筑物施工平面控制网的测量。对于大中型的施工项目、群体建筑，应先建立场区控制网，再建立建筑物施工平面控制网；对于小规模施工项目、单体建筑，可直接布设建筑物施工平面控制网。

课件 11-1

（一）场区平面控制网

场区平面控制网可根据场区地形条件与建筑物总体布置情况，布设成建筑控制方格网、GNSS网、导线网、边角网等。场地面积大于 $1km^2$ 的场区或重要建筑区，应按一级网的技术要求布设场区平面控制网；场地面积小于等于 $1km^2$ 的场区或一般建筑区，宜按二级网的技术要求布设场区平面控制网。

1. 建筑方格网测设

对于按照矩形布置的建筑群或大型建筑场地，宜布设成建筑方格网，如图 11-1 所示。建立过程如下：

（1）主轴线测设。

1）如图 11-2 所示，根据周围已知控制点和主轴线上 3 个点 A、O、B 的设计坐标进行放样，定出 3 个点的概略位置 A_1、O_1、B_1。

视频 11-1

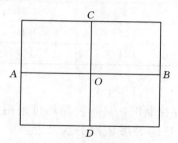

图 11-1 建筑方格网布设

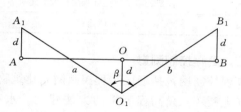

图 11-2 建筑方格网轴线调整

2）在 O_1 点设站，测出 $\beta=\angle A_1O_1B_1$，如果观测值 β 角与 $180°$ 互差大于 $10''$，则应进行调整。

3）根据 3 个主点之间的距离 a、b 和 β 角，计算出改正数 d，然后将 A_1、O_1、B_1 三点沿与基线垂直的方向移动 d，从而得到点 A、O、B（注意点 O_1 移动的方向与 A_1、B_1 相反），d 的计算公式为

$$d=\frac{ab}{a+b}\left(90°-\frac{\beta}{2}\right)\frac{1}{\rho} \tag{11-1}$$

4）调整 3 个点 A、O、B 之间的距离。用光电测距等方式测量 OA、OB 之间的距离，若检查结果与设计长度之差大于限差，则以 O 点为准，按设计长度调整点 A 和点 B。

5）在 O 点设站，以点 A 或点 B 定向，采用极坐标法放样 C 点和 D 点，定出另一主轴线 COD。

（2）方格网点测设。主轴线测设后，分别在主点 A、B 和 C、D 安置全站仪，后视主点 O，向左右测设 $90°$ 水平角，即可交会出"田"字形方格网点。最后作检核工作，测量相邻两点间的距离，看是否与设计值相等，测量其角度是否为 $90°$，误差均应在允许范围内，并埋设永久性标志。

2. 建筑控制方格网的精度

建筑控制方格网的精度要求见表 11-1。

表 11-1　　　　　　　　　　建筑控制方格网的主要技术要求

等级	边长/m	测角中误差/(")	边长相对中误差
一级	100~300	±5	1/30000
二级	100~300	±8	1/20000

（二）建筑物施工平面控制网

建筑物施工平面控制网宜布设成矩形，特殊时也可布设成"十"字形主轴线或平行于建筑物外廓的多边形。建筑物施工平面控制网分建筑物外部控制网和内部控制网，其中地下施工阶段在建筑物外侧布设点位，主体施工阶段在建筑物内部设置控制点，建立控制网。建筑物施工平面控制网的主要技术要求见表 11-2。

表 11-2　　　　　　　　　建筑物施工平面控制网的主要技术要求

等级	适用范围	测角中误差/(")	边长相对中误差
一级	钢结构、超高层、连续程度高的建筑	±8	1/24000
二级	框架、高层、连续程度一般的建筑	±12	1/15000
三级	一般建筑	±24	1/8000

二、高程控制测量

高程控制网包括场区高程控制网和建筑物高程控制网，高程控制网可采用水准测量和光电测距三角高程测量的方法建立。水准测量的等级依次分为二、三、四、五等，可根据场区的实际需要布设，若有特殊需要可另行设计。光电测距三角高程测量

可用于四、五等高程控制测量。

　　高程控制点应选在土质坚实、稳定，便于施测、使用并易于长期保存的地方，若遇基坑时，距基坑边缘不应小于基坑深度的两倍，点位不少于 3 个。高程控制点的标志与标石的埋设应符合要求的规定，也可利用固定地物或平面控制点标志设置。

第二节　工业与民用建筑施工放样的基本要求

一、建筑物施工放样的主要技术要求

建筑物施工放样的主要技术要求应符合表 11 - 3 的规定。

表 11 - 3　　　　　　　　　　　　建筑物施工放样的主要技术要求

项　目	内　　容		允许偏差/mm
基础桩位放样	单排桩或群桩的边桩		±10
	群桩		±20
各施工层上放样	外廓主轴线长度 L/m	$H \leqslant 30$	±5
		$30 < H \leqslant 60$	±10
		$60 < H \leqslant 90$	±15
		$90 < H \leqslant 120$	±20
		$120 < H \leqslant 150$	±25
		$150 < H$	±30
	细部轴线		±2
	承重墙、梁、柱边线		±3
	非承重墙边线		±3
	门窗洞口线		±3
轴线竖向投测	每层		3
	总高 H/m	$H \leqslant 30$	5
		$30 < H \leqslant 60$	10
		$60 < H \leqslant 90$	15
		$90 < H \leqslant 120$	20
		$120 < H \leqslant 150$	25
		$150 < H$	30
标高竖向传递	每层		±3
	总高 H/m	$H \leqslant 30$	±5
		$30 < H \leqslant 60$	±10
		$60 < H \leqslant 90$	±15
		$90 < H \leqslant 120$	±20
		$120 < H \leqslant 150$	±25
		$150 < H$	±30

二、柱子、桁架或梁的安装测量技术要求

柱子、桁架或梁的安装测量技术要求应符合表 11 - 4 的规定。

表 11 - 4　　　　　　　　　柱子、桁架或梁的安装测量技术要求

测　量　项　目	允许偏差/mm
钢柱垫板标高	±2
钢柱±0 标高检查	±2
混凝土柱（预制）钢柱±0 标高检查	±3
混凝土柱、钢柱垂直度检查	±3
桁架和实腹梁、桁架和钢架的支承结点间相邻高差的偏差	±5
梁间距	±3
梁面垫板标高	±2

注　当柱高大于 10m 或一般民用建筑的混凝土柱、钢柱垂直度，可适当放宽。

三、构件预装测量的技术要求

构件预装测量的技术要求应符合表 11 - 5 的规定。

表 11 - 5　　　　　　　　　构件预装测量的技术要求

测量项目	允许偏差/mm	测量项目	允许偏差/mm
平台面抄平	±1	预装过程中的抄平工作	±2
纵横中心线的正交度	$±0.8\sqrt{l}$		

注　l 为自交叉点起算的横向中心线长度，mm，不足 5m 时，以 5m 计。

四、附属建筑物安装测量的技术要求

附属建筑物安装测量的技术要求应符合表 11 - 6 的规定。

表 11 - 6　　　　　　　　　附属建筑物安装测量的技术要求

测量项目	允许偏差/mm	测量项目	允许偏差/mm
栈桥和斜桥中心线的投点	±2	管道构件中心线的定位	±5
轨面的标高	±2	管道标高的测量	±5
轨道跨距的丈量	±2	管道垂直度的测量	$H/1000$

自测 11 - 1

注　H 为管道垂直部分的长度，mm。

第三节　民用建筑施工测量

课件 11 - 2

民用建筑按照用途分为居住、办公、酒店、商业、体育、交通、人防、广播电影电视等建筑；按照层数和高度分为低层、多层、中高层、高层和超高层建筑。建筑物的用途和高度不同，施工测量的精度和方法也有所不同，但是总的测量过程基本相同。

一、施工测量的准备工作

(一) 熟悉设计图纸

设计图纸是施工测量的主要依据，因此放样前应熟悉建筑物的设计图纸，了解要施工的建筑物与邻近建筑物的位置关系、建筑物尺寸和施工要求，并仔细核对各设计图纸的有关尺寸。

1. 总平面图

从总平面图上可以查取或计算设计建筑物、原有建筑物、测量控制点之间的平面尺寸和高差，作为测设建筑物位置的依据。

2. 建筑平面图

从建筑平面图上可以查取建筑物的总尺寸、建筑内部各定位轴线之间的关系尺寸等，是施工放样的基本资料。

3. 基础平面图

从基础平面图上可以查取建筑物基础边线与定位轴线的平面尺寸，这是基础轴线和边线测设的必要数据，如图 11-3 所示。

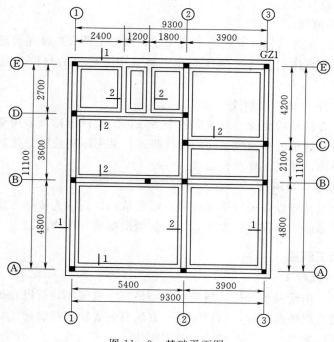

图 11-3 基础平面图

4. 基础详图

从基础详图上可以查取基础立面尺寸和设计标高，是基础高程测设的依据。

5. 建筑物的立面图和剖面图

从建筑物的立面图和剖面图上可以查出基础、地坪、门窗、楼板、层架和屋面等的设计高程，是高程测设的主要依据。

（二）施工测量数据准备

（1）根据施工图计算施工放样数据。

（2）根据放样数据绘制施工放样简图。

（3）施工测量放样数据和简图均应进行对算、互检。

二、建筑物的定位与放线

（一）建筑物定位

建筑物定位是指根据设计条件，利用平面控制点、建筑红线桩点或与原有建筑物的关系，将拟建建筑物四廓的主轴线桩（简称角桩）测设到地面上。建筑物定位的方法选择应符合下列规定：

（1）建筑物轴线平行于定位依据，且为矩形时，宜选用直角坐标法。

（2）建筑物轴线不平行于定位依据，或为任意形状时，宜选用极坐标法。

（3）建筑物距定位依据较远，可选用角度（方向）交会法。

（4）建筑物距定位依据不超过所用钢尺长度，且场地量距条件较好时，可选用距离交会法。

（5）使用全站仪定位时，宜选用坐标放样法。

（二）建筑物放线

按照设计图纸上建（构）筑物的平面尺寸，根据主轴线桩将建筑施工用线放样到实地的测量工作。具体包括各个轴线的交点桩（中心桩）的测设和基槽开挖边线的测设。

1. 交点桩（中心桩）的测设

交点桩（中心桩）的测设一般根据各个交点桩的设计坐标，采用全站仪坐标法进行放样，也可以根据角桩和轴线之间的设计距离，采用距离放样。然后检查房屋各轴线之间的实际距离，其误差要符合要求。

2. 基槽开挖边线的测设

基槽开挖边线的测设以场区平面控制点或建筑物控制网为依据，或以与开挖线尺寸关系较清晰的轴线为依据进行放样，用白灰撒出基槽开挖边线。

三、基槽施工测量

1. 轴线控制桩测设

施工过程中，由于基槽开挖，角桩和中心桩都会被破坏，所以在施工前应将主轴线引测到基槽边线以外的位置，引测轴线的方法有设置轴线控制桩法和龙门板法。但由于机械化施工的发展，龙门板法已经基本淘汰。

轴线控制桩适用于大型民用建筑，将全站仪架设在角桩上，瞄准另一角桩，沿视线延长线方向基槽外 2~8m 打入木桩，用小钉在木桩顶准确标记出主轴线位置，并用混凝土包裹木桩，如图 11-4 所示。

2. 基槽开挖测量

（1）条形基础放线，以轴线控制桩为准，测设基槽边线，两灰线外侧为槽宽，允许误差为−10~20mm。

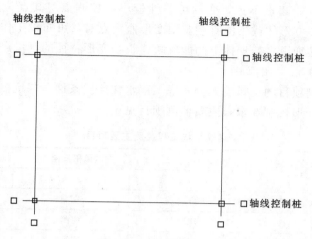

图 11-4　轴线控制桩

（2）杯形基础放线，以轴线控制桩为准测设柱中心桩，再根据柱中心桩及其轴线方向定出柱基开挖边线。

（3）大开挖施工时应根据轴线控制桩分别测设出基槽上、下口位置桩，并撒出开挖边界线，上口桩允许误差为－20～50mm，下口桩允许误差为－10～20mm。

（4）开挖条形基础与杯形基础时，应在槽壁上每隔 3m 距离测设距槽底设计标高500mm 或 1000mm 的水平桩，允许误差为±5mm；如图 11-5 所示。

（5）整体开挖基础，当挖土接近槽底时，应及时测设坡脚与槽底上口标高，并拉通标高控制线，控制槽底标高。

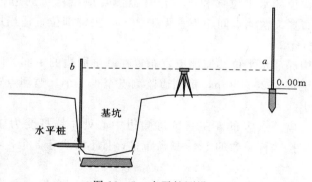

图 11-5　水平桩测设

四、基坑监测

开挖深度大于等于 5m 或开挖深度小于 5m、但现场地质情况和周围环境较复杂的基坑工程均应实施基坑工程监测。

1. 基坑监测基准点、工作基点和监测点

基准点：为工程进行变形监测而布设的稳定可靠的点。基准点应在施工场地影响范围外设置，不应少于 3 个。

工作基点：离监测点不远，变动可能性较小的控制点。其点位应稳固，便于监测。当基准点远离变形体或不便直接观测变形监测点时，可布设工作基点。

监测点：直接埋设在变形体上的能反映建筑物变形特征的测量点，又称观测点。

2. 建筑基坑工程监测项目

基坑工程监测项目的选择应充分考虑工程水文地质条件、基坑侧壁安全等级、支护结构的特点及变形控制要求，主要监测项目见表 11-7。

表 11-7　　　　　　　　　　建筑基坑工程监测主要项目

监 测 项 目	基坑侧壁安全等级		
	一级	二级	三级
支护结构顶部水平位移	应测	应测	应测
支护结构顶部垂直位移	应测	应测	应测
支护结构深部水平位移	应测	宜测	可测
锚杆拉力	应测	应测	—
支撑轴力	应测	应测	—
支撑立柱垂直位移	应测	宜测	—
地下水位	应测	应测	应测
基坑周边建（构）筑物垂直位移	应测	应测	可测
基坑周边地表垂直位移	应测	应测	可测
基坑周边地下管线垂直位移	应测	应测	可测

3. 监测点布设

（1）支护结构顶部水平位移和垂直位移监测点应沿基坑周边布置，基坑周边中部、阳角处也应布置。监测点间距不宜大于 20m，关键部位宜适当加密，且每侧基坑边监测点不少于 3 个。

（2）支护结构深部水平位移监测点宜布置在基坑周边的中部、阳角处及有代表性的部位，水平间距宜为 20～50m，每侧边监测点至少 1 个。监测点布置深度不宜小于围护墙（桩）入土深度。

（3）锚杆拉力监测点应布置在基坑每侧边中心处、锚杆受力较大、形态较复杂处，每层监测点应按锚杆总数的 1%～3% 布置，且不应少于 3 个，各层监测点竖向位置宜保持一致。

（4）支撑立柱垂直位移监测点宜布置在基坑中部、多根支撑交汇处、施工栈桥下、地质条件复杂等位置的立柱上，监测点不宜少于立柱总数的 5%。

（5）基坑周边监测范围宜达到基坑边缘以外 1～3 倍基坑深度，承重墙可沿墙的长度每隔 15～20m 或每隔 2～3 根柱基上设置一个观测点。

（6）基坑周边地表垂直位移监测点宜按剖面垂直于基坑边布置，并宜设置在每侧边中部或其他有代表性的部位。每条剖面线上的监测点宜由内向外、先密后疏布置，且不宜少于 5 个。

（7）监测点宜布置在管线的节点、转角点和变形曲率较大的部位，监测点平面间距宜为 15～25m。

4. 基坑监测方法

（1）特定方向的水平位移监测可采用视准线法、小角法、投点法等；任意方向的水平位移监测可采用极坐标法、GNSS 测量法、前方交会法和后方交会法等。

（2）垂直位移监测可采用几何水准、静力水准等方法；主要监测点应与水准基准点或工作基点组成闭合、附合路线或结点网。

（3）锚杆和土钉的内力监测可采用测力计、钢筋应力计或应变计进行监测。

（4）地下水水位监测宜采用水位计进行量测，也可采用测绳量测。

五、基础施工测量

1. 基础放线

首先应校核各轴线控制桩，合格后，根据轴线控制桩，用全站仪等方式投测建筑物的四大角、四周轮廓轴线和主轴线。闭合校测合格后，用墨线弹出细部轴线与施工线，且每次控制线的放线必须独立实测两次。

2. 基础施工检查测量

基础施工结束后，应检查基础面的标高是否符合设计要求。可用水准仪测出基础面上若干点的高程和设计高程比较，一般允许误差为 ±10mm。在施工完成后的基础面上恢复轴线，检查基础面四个角点上的角度是否为 90°。此外还要检查各轴线点间距，合格后才能进行墙体施工。

六、结构施工测量

±0.000 以上结构施工测量的主要内容包括主轴线内控基准点的设置、施工层的平面与标高控制、建筑物主轴线的竖向投测、施工层标高的竖向传递、大型预制构件的安装测量等。

1. 主轴线内控基准点的设置

多层建筑可以采用外控法或内控法投测轴线，而高层建筑必须采用内控法投测轴线，因此结构施工测量首先要设置主轴线内控基准点。

（1）在 ±0.000 平面施测前，用全站仪对原有轴线控制桩进行一次检测，确保轴线控制桩的正确性。

（2）将控制主轴线投测到底板平面上，在底板上做好轴线基准点，弹出十字交叉线，并对边、角进行检测，直至满足规范要求。每个单体建筑至少设置 4 个内控基准点，如图 11-6 所示。

2. 建筑物主轴线的竖向投测

在高层建筑施工中，需要把底层的建筑物主轴线基准点沿铅垂线方向逐层向上测设，以保证建筑物不同层的控制网一致，据此可以测设该层面上建筑物的细部。

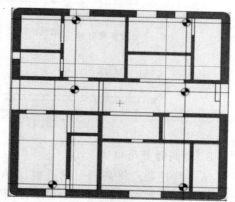

图 11-6　内控基准点

（1）外控法轴线竖向投测。当建筑物的高度不太高（一般 10 层以下），建筑场地比较开阔时，可以选择外控法轴线竖向投测。如图 11 - 7 所示，在基础工程结束后，将全站仪安置在轴线控制桩 A_1、A_1'、B_1、B_1' 上，将轴线方向重新投到基础的外立面上，得到 a_1、a_1'、b_1、b_1'，作为向上逐层传递轴线的依据。当建筑物第一层施工结束后，在 A_1、A_1'、B_1、B_1' 控制桩上安置全站仪，分别以 a_1、a_1'、b_1、b_1' 定向，采用正倒镜投点法在第二层定出 a_2、a_2'、b_2、b_2'，作为第二层细部放样的依据。依次类推，逐层投测轴线。

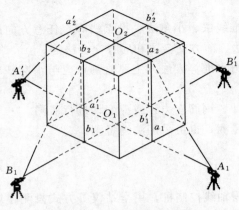

图 11 - 7　外控法轴线投测

（2）内控法轴线竖向投测。结构施工测量采用内控法进行轴线竖向投测时，应在首层或最底层底板上预埋钢板，画"十"字线钻孔，作为基准点，并在各层楼板对应位置预留 200mm×200mm 孔洞，以便竖向传递轴线。

如图 11 - 8 所示，将激光铅直仪分别架设在首层标示的主控制轴线点上，将主控制轴线点逐一垂直引测至其他楼层，以便进行目标层的测量轴线控制。控制点接收完成后，在底板上弹上十字中心线，用油漆涂上测量对中三角标志，方便日后对中。弹好中心线后，架设全站仪与棱镜进行控制点闭合检查，主要检查角度与边长关系，如误差较大，需重新投测；误差较小，则进行平差处理。

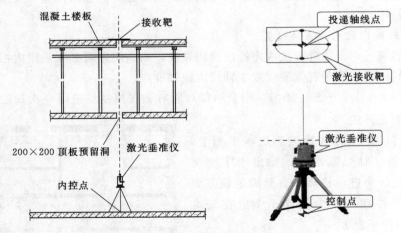

图 11 - 8　内控法轴线投测

3. 标高的竖向传递

从高程控制点将高程引测到首层墙壁便于向上竖直立尺处，建立"+1m"标高基准控制线，校核合格后作为起始标高线，弹出墨线，并用红油漆标明高程数据。

（1）悬挂钢卷尺法。如图 11 - 9 所示，从上层悬挂经过检测的钢尺，在底层架设水准仪，在"+1m"标高基准控制线立尺，分别读数 a_1、b_1；在第二层架设水准仪，假如在钢尺上的读数为 a_2，层高为 l_1，则第二层"+1m"标高基准控制线的立尺读数为

$$b_2 = b_1 + (a_2 - a_1) - l_1 \qquad (11-2)$$

水下移动水准尺，使其读数为 b_2，沿水准尺底部在墙上画线，即可得到该层的"+1m"标高线。同理可以测设出其他楼层的"+1m"标高线。

（2）全站仪天顶测距法。在平台垂直测量孔上，架设全站仪，上下转动望远镜，使视线水平（竖直角为0°），利用壁上已知点高程，测出仪器视高；然后转动望远镜至竖直，测量至接受点棱镜（镜面向下）的垂距。并在棱镜底面上立水准尺，用水准仪引标高于筒壁上，设置标高标志。竖向高程测量方法如图11-10所示

$$b_2 = H_1 + a + s + c + b_1 - H_2 \qquad (11-3)$$

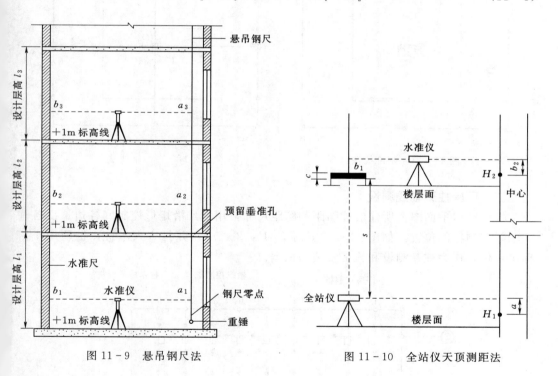

图11-9　悬吊钢尺法　　　　图11-10　全站仪天顶测距法

第四节　工业建筑施工测量

　　与一般民用建筑不同，工业建筑中以厂房为主体，分单层厂房和多层厂房。一般工业厂房多采用预制构件，在现场装配。施工测量的工作主要包括：厂房矩形控制网测设、厂房柱列轴线放样、柱基础施工测量和厂房构件与设备的安装测量等。因此，先根据厂区施工控制网（一般是建筑方格网），建立专用的厂房控制网，再进行厂房的施工测量。

课件11-3

一、厂房控制网的建立

一般厂房为矩形，建立的厂房控制网又称为矩形控制网。厂房控制网是厂房柱列轴线及内部独立设备测设的依据。厂房控制网的建立方法有基准线法和轴线法。

基准线法建立矩形控制网适合于中小型厂房。如图 11-11 所示，先根据厂区控制网定出矩形网的一条边 AB，再在基线的两端测设直角，设置矩形的两条短边，得到 CD。

轴线法建立矩形控制网适合于大型厂房。如图 11-12 所示，先根据厂区控制网测设厂房控制网的主轴线 AB、CD，再根据主轴线测设矩形四边。

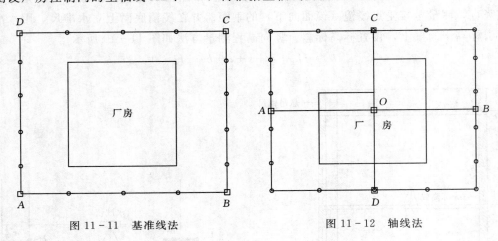

图 11-11　基准线法　　　　　　　图 11-12　轴线法

二、厂房柱列轴线测设

根据厂房平面图上所注的柱间距和跨距尺寸，用钢尺沿矩形控制网各边量出各柱列轴线控制桩的位置，如图 11-13 所示的 $1'$，$2'$，…，并打入大木桩，桩顶用小钉标出点位，作为柱基测设和施工安装的依据。

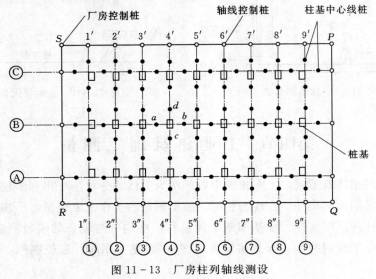

图 11-13　厂房柱列轴线测设

三、柱基础施工测量

1．柱基定位与放线

在两条相互垂直的柱列轴线控制桩上安置全站仪，沿轴线方向交会出桩基的位置（即柱列轴线的交点）。在桩基的四周轴线上打入 4 个定位小木桩 a，b，c，d，如图 11-13 所示，其桩位应在开挖边线以外，比基础深度大于 1.5 倍的地方，作为修坑和立模的依据。

2．柱基基坑高程的测设

当基坑快要挖到设计标高时，在基坑四壁离坑底设计标高 0.5m 处设置水平桩，作为检查坑底高程和控制垫层高度的依据。水平桩测设方法与民用建筑基坑施工测量相同。

3．杯型基础立模测量

完成垫层施工后，根据基坑边的 4 个柱基定位桩，将柱基定位线投射到垫层上，用墨斗弹出墨线 PQ、MN，允许误差±3mm，然后用角尺定出角点 1、2、3、4，作为柱基立模板和布置基础钢筋的依据，如图 11-14 所示。立模板时，将模板底线对准垫层上的定位线，并用垂球检查模板是否竖直，用水准仪将杯口和杯底的设计标高引测到模板的内壁上。施工时注意使杯内底部标高低于其设计标高 2～5cm，作为抄平调整的余量。

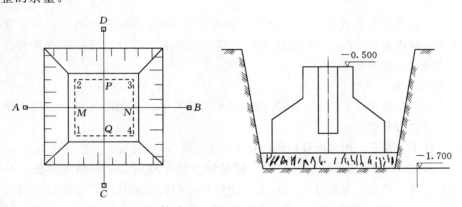

图 11-14　杯型基础立模测量

四、厂房构件安装测量

工业厂房预制构件包括柱、吊车梁、吊车轨道、屋架、天窗和屋面板等。

（一）柱子的安装测量

1．柱子安装的精度要求

（1）柱子中心线应与相应的柱列轴线一致，偏差应不超过±5mm。

（2）牛腿顶面的高度和柱顶面的标高与设计高程应一致，误差应不超过±3mm。

（3）柱子全高竖向允许偏差应不超过±3mm。

2．柱子吊装前的准备工作

（1）如图 11-15 所示，使用全站仪，根据柱列轴线控制桩，将柱列轴线投测到杯口顶面上，用红漆画出"▼"标志，作为安装柱子时确定轴线的依据。使用水准仪，在杯口内壁，测设一条一般为－0.600m的标高线（一般杯口顶面的标高为－0.500m），并画出"▼"标志，作为杯底找平的依据。

（2）柱身弹线。如图11-16所示，在每根柱子的3个侧面测设出柱中心线，并在每条中心线的上端和下端（近杯口处）画出"▼"标志，根据柱面的设计标高，从柱面向下用钢尺量出－0.600m的标高线，并画出"▼"标志。

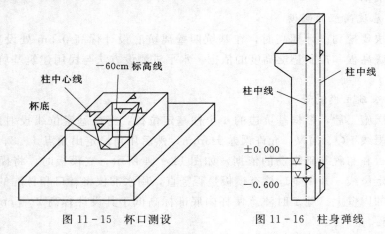

图 11-15　杯口测设　　　　　　　图 11-16　柱身弹线

（3）柱长检查与杯底找平。先用钢尺量出－0.600m的标高线到柱底的长度，然后在柱基杯口内量出－0.600m的标高线到杯底的高度，进行比较，确定杯底找平的厚度，并用水泥砂浆找平。

3. 安装测量

（1）预制牛腿插入杯口后，使其侧面柱中心线与杯口基础轴线重合，用木楔初步固定，然后进行竖直校正。

（2）柱子立稳后，用水准仪检测柱身上的±0.000m标高线，其容许误差±3mm。

（3）如图11-17所示，在柱基纵、横轴线上约距柱高的1.5倍距离处，分别安置两台全站仪，照准柱底的中心线标志，缓慢抬高望远镜到柱顶，观察柱子偏离十字丝竖丝的方向，用钢丝绳拉直柱子或敲打楔子，直至从两台全站仪中观测到的柱子中心线都与十字丝竖丝重合。

（4）在杯口与柱子的缝隙中浇入混凝土，以固定柱子的位置。

（二）吊车梁的安装测量

吊车梁安装测量主要是为了保证吊车梁中线位置和吊车梁的标高满足设计要求。

（1）根据柱子上的±0.000m标高线，用钢尺沿柱面向上量出吊车梁顶面设计标高线，作为调整吊车梁面标高的依据。

（2）在吊车梁的顶面和两端面上，画出梁的中心线，作为安装定位的依据。

（3）如图11-18所示，利用厂房中心线A_1A_1，根据设计轨道间距d，在地面上测设出吊车梁中心线AA'和BB'。在吊车梁中心线的一个端点A（或B）安装全站仪，瞄准另一个端点A'（或B'），固定照准部，抬高望远镜，即可将吊车梁中心线

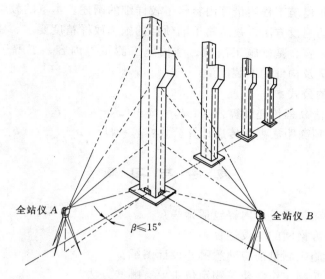

图 11-17　柱子垂直度检查

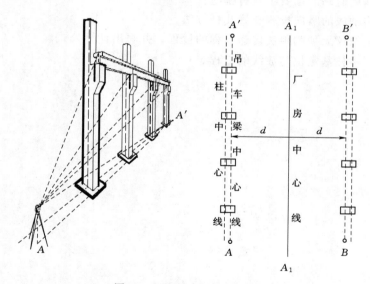

图 11-18　吊车梁安装测设

投测到每根柱子的牛腿面上,画出梁中心线。

　　(4) 安装时,使吊车梁两端中心线与牛腿面上梁中心线重合,根据柱面上定出的吊车梁顶面设计标高线对吊车梁面进行调整,然后将水准仪架设在吊车梁上,每隔3m 测一高程点,与设计标高进行对比,误差不得超过±3mm。

自测 11-2

本　章　小　结

　　本章主要对建筑工程测量中平面和高程控制网布设、施工放样精度要求、民用建筑工程测量和工业建筑工程测量等内容作了较详细的阐述。本章的教学目标是使学生掌握建筑方格网的测设方法、建筑物不同项目的施工放样精度要求、建筑物的定位与放线、基坑监测内容、基础施工测量、结构施工测量等内容；了解厂房控制网的建立、柱子施工测量及构件的安装测量。

应重点掌握的公式：

1. 悬挂钢尺法高程传递计算公式：$b_2 = b_1 + (a_2 - a_1) - l_1$。

2. 全站仪天顶测距法高程传递计算公式：$b_2 = H_1 + a + s + c + b_1 - H_2$。

思 考 与 习 题

1. 建筑工程测量的具体内容包括哪些？

2. 简述建筑方格网的测设过程。

3. 建筑工程施工测量前应熟悉哪些设计图纸？

4. 什么是建筑物定位？建筑物定位主要有哪些方法？

5. 建筑基坑监测的主要项目有哪些？

6. 建筑物轴线的竖向投测有哪几种方法？

7. 简述全站仪天顶测距法传递高程的过程，并写出计算公式。

8. 简述厂房柱基定位与放线的过程。

第十二章

线路工程测量

铁路、公路、石油与燃气管线、渠道、管道、城市综合管网、输电线及索道等线性工程在勘测设计、施工安装与运营管理等阶段进行的测量工作称为线路工程测量。线路工程测量中，道路测量工作基本上能够涵盖线路测量的全部内容，因此本章主要以道路工程测量为例介绍相关的测量理论与方法。

第一节　线路工程测量概述

一、线路工程测量的任务

线路工程测量的任务包括两个方面：一是为选择和设计线路中心线所进行的各种测绘工作；二是把设计的线路中心线标定在地面上的测设工作。

二、线路工程测量的内容

线路工程测量按照工程施工顺序分为 4 个阶段，具体内容见表 12 - 1。

课件 12 - 1

表 12 - 1　　　　　　　　　　线路工程测量的内容

阶段	规划设计阶段	勘测设计阶段		施工阶段	竣工运营阶段
		初测	定测		
工作内容	图上选线 实地勘察 方案比较与论证	平面控制测量 高程控制测量 地形图测量	中线测量 纵横断面测量 纵横断面图绘制	中线恢复 边线测设 边坡测设 竖曲线测设	竣工测量 竣工图编绘 变形监测

1. 规划设计阶段

规划设计阶段是线路工程的最初阶段，一般包括图上选线、实地勘察、方案比较与论证等内容。

（1）图上选线。根据建设单位提出的线路建设方案，综合考虑线路经过地区的地质、水文、居民点、原有交通网络和经济建设等情况，选用合适比例尺的地形图，在图上选取多种线路走向。

（2）实地勘察。针对图上选取的多种线路方案，进行野外实地勘察、调查，进一步掌握线路沿途的实际情况。由于地形图的现势性问题，实际地形条件与地形图会有差异，通过实地勘察收集沿途的地质、水文、控制点和变化的地形等数据，作为图上选线的重要补充资料。

（3）方案比较与论证。根据图上选线和实地勘察的资料，结合建设单位的意见，进行方案论证，最终选定规划线路的基本方案。

2. 勘测设计阶段

线路勘测一般分为初测和定测两个阶段。

(1) 初测。初测阶段主要工作内容是：平面控制测量、高程控制测量和线路带状地形图测绘，为初步设计提供依据。

1) 平面控制测量。在规划线路沿线，根据已知控制点情况布设平面控制网。目前，平面控制测量主要采用 GPS 测量或导线测量。

2) 高程控制测量。高程控制测量常用的方法是水准测量，一般采用三、四等水准测量的方法进行施测。该阶段的水准测量也称基平测量。

3) 带状地形图测绘。根据布设的平面和高程控制点，沿规划线路中线走向，按照地形图测绘的基本要求测绘大比例尺带状地形图。根据设计要求，带状地形图的比例尺一般为 1 ：500～1 ：2000。带状宽度按照设计要求确定，一般为 100～300m。

(2) 定测。沿初步设计选定的线路进行中线测量，纵、横断面测量与绘制，为道路纵坡设计、工程量计算等工作提供详细的测量资料。

1) 中线测量：测设直线段和曲线段的控制桩和标志桩。

2) 纵、横断面测量：详细测量线路中线上和垂直于线路中线方向上的地面起伏情况。

3. 施工阶段

在施工过程中，需要恢复道路中线，测设线路边线、边坡和竖曲线。

4. 竣工运营阶段

施工结束后，还应进行竣工验收测量，编制竣工图，为工程竣工后的使用、养护提供必要的材料。在运营阶段还应进行必要的变形监测，确保工程的安全性。

第二节　线路中线测量

课件 12 - 2

一、线路平面组成

道路的线形分平面和纵面两类，主要指空间的道路中心线分别投影到水平和竖直平面上的形状。平面线形反映道路在平面上的方向变化，由直线、圆曲线、缓和曲线3 种基本线形组合而成，如图 12 - 1 所示。在路线改变方向的转折处，插入一条与两

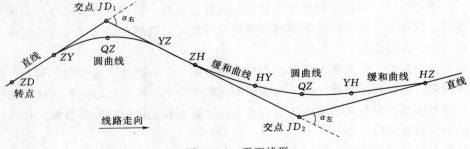

图 12 - 1　平面线形

直线相切的圆曲线，来改变线路方向；高等级公路和铁路的设计车速较高，为了实现直线与圆曲线的平顺连接，还需要在直线与圆曲线之间插入一段曲率半径由无穷大逐渐变化到圆曲线半径的过渡曲线，称为缓和曲线。纵面线形一般为直线、圆曲线和抛物线三类线形的组合，反映出道路的起伏变化，又称竖曲线。

二、线路测量符号

如图 12-1 所示，平面线形由直线和曲线组成，其中 JD，ZD，ZY，QZ，YZ，ZH，HY，YH，HZ 等为线路测量符号。

JTG TC10—2007《公路勘测细则》规定，公路测量符号宜采用汉语拼音，有特殊需求时采用英文字母。常用符号及含义见表 12-2。

表 12-2　　　　　　　　　常 用 公 路 测 量 符 号

名　　称	汉语拼音或我国习惯符号	英文符号	备注
交点	JD	IP	交点
转点	ZD	TMP	转点
线路起点	SP	SP	
线路终点	EP	EP	
圆曲线起点	ZY	BC	直圆点
圆曲线中点	QZ	MC	曲中点
圆曲线终点	YZ	EC	圆直点
第一缓和曲线起点	ZH	TS	直缓点
第一缓和曲线终点	HY	SC	缓圆点
第二缓和曲线起点	YH	CS	圆缓点
第二缓和曲线终点	HZ	ST	缓直点
变坡点	SJD	PVI	竖交点
竖曲线起点	SZY	BVC	竖直圆点
竖曲线终点	SYZ	EVC	竖圆直点
左偏角	$\alpha_{左}$	α_L	
右偏角	$\alpha_{右}$	α_R	

三、交点转角

在路线转折的交点 JD 处，为了设计线路的平面曲线，需要知道交点的转角。转角是线路由一个方向偏转至另一个方向时，偏转后的方向与原方向的水平夹角，又称偏角。如图 12-2 所示，当偏转后的方向位于原方向右侧时，为右转角（右偏角），用 $\alpha_{右}$ 表示；当偏转后的方向位于原方向左侧时，为左转角（左偏角），用 $\alpha_{左}$ 表示。

在普遍使用全站仪和 GPS 接收机以前，线路中线放样主要使用经纬仪和钢尺（测距仪），放样方法主要有偏角法和切线支距法，需要把交点 JD 测设到实地，作为放样线路主点的测站点和细部放样的定向点。

目前，铁路、高速公路、地形地质条件比较复杂的二、三、四级公路，一般采用

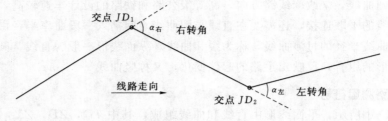

图 12-2　线路转角

"图纸定线"法设计路线中线。设计单位通常使用 AutoCAD 软件设计中线位置及线路控制桩坐标，利用测量控制点、使用全站仪或 GPS 接收机完成线路中线放样，因此，交点 JD 不一定要测设到实地。

四、里程桩的设置

在地面上标定线路的位置，是将一系列的木桩标定在线路的中心线上，这些桩称为中线桩，简称中桩。中线桩除了标出中线位置外，还应标出各个桩的名称、编号及里程等，故又称里程桩。里程是指中线桩沿线路至线路起点的距离，沿线路中线计量，以 km 为单位。如某桩距路线起点的距离为 3460m，其桩号为 K3＋460。

里程桩分为整桩和加桩两种。整桩是由路线起点开始，每隔整数距离设置一桩，一般在直线上每 50m 或 20m 设置一中线桩，在曲线上每 20m 或 10m 设置一中线桩。里程为整百米的称百米桩，里程为整公里的称公里桩。

加桩分为地形加桩、地物加桩、曲线加桩和关系加桩。

地形加桩是指沿中线地形坡度变化处设置的桩。

地物加桩是指沿中线上的建筑物和构筑物（如桥梁、涵洞等）设置的桩。

曲线加桩是指曲线上设置的主点桩，如圆曲线起点（ZY）、圆曲线中点（QZ）、圆曲线终点（YZ）等。

关系加桩是指线路上的转点（ZD）桩和交点（JD）桩。

五、线路中线测设

线路中线测设就是利用全站仪或 GPS 接收机等仪器，按照一定的中桩间距测设中线各桩点位。

采用"图纸定线"法设计线路中线，设计单位通常会给出线路控制桩和中桩坐标，表 12-3 为某公路设计图纸给出的平曲线 20m 间距的逐桩坐标表。

表 12-3　平曲线 20m 间距逐桩坐标表

序号	桩号	x/m	y/m
1	K5＋000	49087.968	83502.015
2	K5＋020	49088.283	83522.013
3	K5＋040	49089.373	83541.981
4	K5＋060	49091.460	83561.870
5	K5＋080	49094.538	83581.629

续表

序号	桩号	x/m	y/m
6	K5+100	49098.600	83601.210
7	K5+120	49103.635	83620.564
8	K5+140	49109.632	83639.642
9	K5+160	49116.574	83658.396
10	K5+180	49124.445	83676.780
11	K5+200	49133.225	83694.747
12	K5+220	49142.892	83712.253

线路中线测设过程中应严格按照规范要求进行操作，中桩平面位置精度应符合表 12-4 的规定。

表 12-4　　　　　　　　中桩测设平面位置精度要求

公路等级	中桩位置中误差/cm		桩位检测之差/cm	
	平原、微丘	重丘、山岭	平原、微丘	重丘、山岭
高速公路，一、二级公路	≤±5	≤±10	≤10	≤20
三级及以下公路	≤±10	≤±15	≤20	≤30

第三节　曲　线　测　设

课件 12-3

当路线由一个方向转向另一个方向时，通常用曲线来连接。道路平面曲线的形式有多种，如圆曲线、带有缓和曲线的圆曲线、回头曲线等。其中常用的主要有两种类型：一种是圆曲线，主要用于行车速度不高的道路上；另一种是带有缓和曲线的圆曲线，高速公路、铁路干线上均用此种曲线。

路线设计单位给出的设计图纸一般包括以下数据：路线转角、圆曲线半径、缓和曲线长、JD 桩号、JD 坐标、主点桩号、主点坐标、20m 中桩间距的逐桩坐标等。

施工测量人员的计算工作主要是验算设计数据的正确性与根据放样的需要进行的相关计算。

一、圆曲线

圆曲线是具有一定半径的圆弧，是最常用的一种平面曲线。

（一）圆曲线主点

如图 12-3 所示，圆曲线的主点指直圆点（ZY）、曲中点（QZ）、圆直点（YZ）。

（二）圆曲线要素及其计算

在图 12-3 中：R 为圆曲线半径，由设计人员给定；α 为路线转角，由设计人员给定或者实测；T 为切线长；L 为曲线长；E 为外矢距；D 为切曲差；T、L、E、D 称为圆曲线要素。

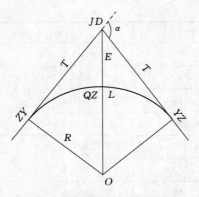

图 12-3　圆曲线主点及曲线要素

根据图 12-3 中的三角函数关系，可以得到曲线要素的计算公式

$$\left. \begin{aligned} T &= R\tan\frac{\alpha}{2} \\ L &= R\,\frac{\alpha\pi}{180^\circ} \\ E &= R\left(\sec\frac{\alpha}{2}-1\right) \\ D &= 2T-L \end{aligned} \right\} \quad (12-1)$$

（三）圆曲线主点里程计算

交点 JD 的里程由设计单位给出，主点里程可按式（12-2）或式（12-3）来计算。

$$\left. \begin{aligned} ZY\,里程 &= JD\,里程-T \\ YZ\,里程 &= ZY\,里程+L \\ QZ\,里程 &= YZ\,里程-(L/2) \\ JD\,里程 &= QZ\,里程+(D/2)（检核） \end{aligned} \right\} \quad (12-2)$$

$$\left. \begin{aligned} ZY\,里程 &= JD\,里程-T \\ QZ\,里程 &= ZY\,里程+(L/2) \\ YZ\,里程 &= QZ\,里程+(L/2) \\ YZ\,里程 &= JD\,里程+T-D（检核） \end{aligned} \right\} \quad (12-3)$$

【例题 12-1】 已知圆曲线 JD 里程是 K2+572.50，曲线半径 $R=500\text{m}$，右偏角 $\alpha=40°30'$

（1）计算曲线元素。

（2）计算主点 ZY 点、QZ 点、YZ 点的里程并检核。

解：（1）把数据代入式（12-1），得出曲线要素：

$$T=184.46\text{m},\ L=353.43\text{m},\ E=32.94\text{m},\ D=15.49\text{m}$$

（2）计算主点 ZY 点、QZ 点、YZ 点的里程并检核：

JD	K2+572.50
$-T$	184.46
ZY	K2+388.04
$+L$	353.43
YZ	K2+741.47
$-(L/2)$	176.72
QZ	K2+564.75
$+D/2$	7.75
JD	K2+572.50（计算正确）

（四）圆曲线主点坐标计算

设路线的 JD 坐标为 (X_{JD},Y_{JD})，根据路线相邻交点坐标反算出 ZY 点到 JD

点的坐标方位角为 α_{ZY}，YZ 点到 JD 点的坐标方位角为 α_{YZ}，则圆曲线主点 ZY 点和 YZ 点的坐标为

$$\left.\begin{array}{l} X_{ZY} = X_{JD} - T\cos\alpha_{ZY} \\ Y_{ZY} = Y_{JD} - T\sin\alpha_{ZY} \\ X_{YZ} = X_{JD} - T\cos\alpha_{YZ} \\ Y_{YZ} = Y_{JD} - T\sin\alpha_{YZ} \end{array}\right\} \qquad (12-4)$$

根据坐标方位角 α_{ZY} 和路线转角 α 可以推算出 JD 点到 QZ 点的坐标方位角为 $\alpha_{QZ} = \alpha_{ZY} + 90 + \dfrac{\alpha}{2}$，则 QZ 点的坐标为

$$\left.\begin{array}{l} X_{QZ} = X_{JD} + E\cos\alpha_{QZ} \\ Y_{QZ} = Y_{JD} + E\sin\alpha_{QZ} \end{array}\right\} \qquad (12-5)$$

式（12-5）是在右转角情况下推导出来的，左转角情况下读者可自行推导。

（五）圆曲线中线点坐标计算

1. 曲线桩距

曲线桩距 l_0 与曲线设计半径有关，JTG TC10—2007《公路勘测细则》要求如下：

$$R \geqslant 60\text{m}，l_0 = 20\text{m}$$
$$30\text{m} < R < 60\text{m}，l_0 = 10\text{m}$$
$$R \leqslant 30\text{m}，l_0 = 5\text{m}$$

按照桩距 l_0 在曲线上设置中桩，通常有以下两种方法：

（1）整桩号法。将圆曲线上靠近 ZY 点的第一个桩号凑整为 l_0 倍数的整桩号，然后再按桩距 l_0 连续向曲线终点 YZ 点设置中线桩。这样设置的中桩均为整桩号。

（2）整桩距法。从曲线起点 ZY 和终点 YZ 开始，分别以桩距 l_0 连续向曲线中点 QZ 设置中线桩。这样设置的中桩，桩距均为 l_0，桩号没有规律，不便于实际操作，因此中线测量中一般采用整桩号法。

2. 曲线中线点坐标计算

曲线中线点坐标计算可以采用假定坐标转换法和偏角弦长法，第二种方法可以参考相关文献，在此不再赘述。

如图 12-4 所示，以 ZY 点为原点，以 ZY 点到 JD 方向为 x' 轴，以过 ZY 点且指向圆心方向为 y' 轴，建立假定坐标系 $x'o'y'$。

对于 ZY—QZ 曲线段上任意一点 i，若要计算其在 $x'o'y'$ 坐标系中的坐标，设其里程为 K_i，则 ZY 点到 i 点的弧长为

$$l_i = K_i - K_{ZY} \qquad (12-6)$$

其对应的圆心角为 ϕ_i。由圆曲线性质可以得到假定坐标计算公式：

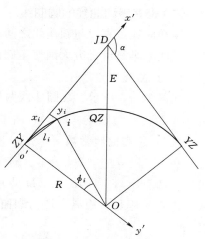

图 12-4　圆曲线假定坐标系

$$\left.\begin{array}{l} x_i = R\sin\phi_i \\ y_i = R(1-\cos\phi_i) \\ \phi_i = \dfrac{l_i 180°}{\pi R} \end{array}\right\} \qquad (12-7)$$

$YZ—QZ$ 曲线段上任意一点的假定坐标计算公式同式（12-7），但需要注意其弧长计算公式为

$$l_i = K_{YZ} - K_i \qquad (12-8)$$

根据路线主点 ZY 坐标（X_{ZY}，Y_{ZY}），ZY 点到 JD 点的坐标方位角 α_{ZY}，利用坐标转换公式，则 $ZY—QZ$ 曲线段上任意一点 i 在 $x'o'y'$ 坐标系中的坐标（x_i，y_i），转换为路线坐标为（X_i，Y_i）

$$\left.\begin{array}{l} X_i = X_{ZY} + x_i\cos\alpha_{ZY} - y_i\sin\alpha_{ZY} \\ Y_i = Y_{ZY} + x_i\sin\alpha_{ZY} + y_i\cos\alpha_{ZY} \end{array}\right\} \qquad (12-9)$$

同样，根据 YZ 坐标（X_{YZ}，Y_{YZ}），YZ 点到 JD 点的坐标方位角为 α_{YZ}，利用坐标转换公式，可以把 $YZ—QZ$ 曲线段上任意一点 j 在假定坐标系中的坐标（x_j，y_j），转换为路线坐标为（X_j，Y_j）

$$\left.\begin{array}{l} X_j = X_{YZ} + x_j\cos\alpha_{YZ} + y_j\sin\alpha_{YZ} \\ Y_j = Y_{YZ} + x_j\sin\alpha_{YZ} - y_j\cos\alpha_{YZ} \end{array}\right\} \qquad (12-10)$$

注意，式（12-9）和式（12-10）均在路线转角 α 为右转角的情况下推导而来。当路线转角 α 为左转角时，只需要用"$-y_i$ 或 $-y_j$"代替"y_i 或 y_j"即可。

（六）圆曲线测设

圆曲线测设包括曲线主点测设和曲线详细测设，过去主要使用偏角法和切线支距法放样；随着全站仪和 GPS RTK 的普及，这两种方法已经很少使用。目前实际工作中主要是根据测量控制点，使用全站仪和 GPS RTK 接收机，输入线路中桩坐标，利用放样功能模块，直接在实地放样。详情参见第十章。

二、带有缓和曲线的圆曲线

缓和曲线是直线与圆曲线之间或半径相差较大的两个转向相同的圆曲线之间介入的一段曲率半径由无穷大渐变至圆曲线半径的线型，起缓和及过渡作用。

（一）曲线主点

如图 12-5 所示，在圆曲线两端加设等长的缓和曲线 l_0 后，曲线主点有 5 个：直缓点（ZH）、缓圆点（HY）、曲中点（QZ）、圆缓点（YH）、缓直点（HZ）。

（二）缓和曲线常数

在图 12-5 中，β_0、m、p 称为缓和曲线常数；β_0 为缓和曲线切线角；m 为切线增量（切垂距），自圆心向 ZH 点或 HZ 点的切线作垂线 OC 和 OD，则 m 为 ZH 点或 HZ 点到垂足的距离；P 为圆曲线内移量，P 为垂线长 OC 或 OD 与圆曲线半径 R 之差。

缓和曲线常数 β_0、m、p 由下式求得

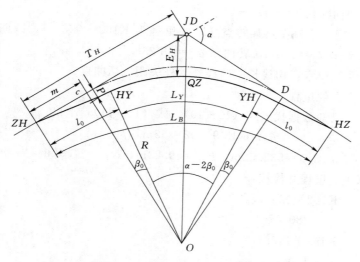

图 12-5 带有缓和曲线的圆曲线

$$\left.\begin{aligned} m &= \frac{l_0}{2} - \frac{l_0^3}{240R^2} \\ P &= \frac{l_0^2}{24R} \\ \beta_0 &= \frac{l_0}{2R}\frac{180°}{\pi} \end{aligned}\right\} \quad (12-11)$$

（三）曲线要素的计算

同圆曲线一样，带有缓和曲线的圆曲线的曲线要素也是 4 个：切线长 T_H、曲线长 L_H、外矢距 E_H 和切曲差 D_H。

根据图 12-5 中的三角函数关系可以得到曲线要素的计算公式如下：

$$\left.\begin{aligned} T_H &= m + (R+P)\tan\frac{\alpha}{2} \\ L_H &= \frac{R\pi}{180°}(\alpha - 2\beta_0) + 2l_0 \\ E_H &= (R+P)\sec\frac{\alpha}{2} - R \\ D_H &= 2T_H - L_H \end{aligned}\right\} \quad (12-12)$$

（四）曲线主点里程的计算

交点 JD 的里程由设计单位给出，曲线主点里程可按式（12-13）计算：

$$\left.\begin{aligned} ZH\ 里程 &= JD\ 里程 - T_H \\ HY\ 里程 &= ZH\ 里程 + l_0 \\ QZ\ 里程 &= HY\ 里程 + (L_Y/2) \\ YH\ 里程 &= QZ\ 里程 + (L_Y/2) \\ HZ\ 里程 &= YH\ 里程 + l_0 \\ HZ\ 里程 &= JD\ 里程 + T_H - D_H (检核) \end{aligned}\right\} \quad (12-13)$$

自测 12-1

式中：曲线中圆曲线长 $L_Y = L_H - 2l_0$。

【例题 12-2】 已知线路某转点 JD 的里程为 K162+028.77，圆曲线半径 $R=500\text{m}$，缓和曲线长 $l_0 = 110\text{m}$，转向角 $\alpha_右 = 48°23'$。

(1) 计算曲线要素：切线长、曲线长、外矢距、切曲差。

(2) 计算主点的里程。

解： (1) 把已知数据代入式 (12-10)、式 (12-11)，求出：

$$\beta_0 = 6°18'9'', \quad m = 55\text{m}, \quad p = 1\text{m}$$

$$T_H = 280.07\text{m}, \quad L_H = 532.22\text{m}, \quad E_H = 49.23\text{m}, \quad D_H = 27.92\text{m}, \quad L_Y = 312.22\text{m}$$

(2) 计算主点里程并检核：

JD	K162+028.77
$-T_H$	280.07
ZH	K161+748.7
$+l_0$	110
HY	K161+858.7
$+(L_Y/2)$	156.11
QZ	K162+14.81
$+(L_Y/2)$	156.11
YH	K162+170.92
$+l_0$	110
HZ	K162+280.92
JD	$+T_H - D_H = 280.92 = HZ$ （计算正确）

带有缓和曲线的圆曲线中桩坐标计算与单一圆曲线计算方法类似，其主点和曲线详细放样方法与圆曲线完全相同，在此不再赘述。

第四节 纵横断面测绘

课件 12-4

线路纵断面测量又称线路中平测量，它的任务是测定中线上各里程桩（简称中桩）的地面高程并绘制纵断面图，供线路纵坡设计之用。横断面测量是测定线路中桩两侧一定范围的地面起伏形状并绘制横断面图，供路基断面设计、路基土石方量计算或路基边坡放样使用。

一、纵断面测绘

(一) 纵断面测量外业

线路中桩放样完成以后，根据基平测量布设的高程控制点，一般采用水准测量的方法进行纵断面测量。作业过程中一般是以两相邻水准点为一测段，从一个水准点开始，逐个测定中桩处的地面高程，直至附合到下一个水准点上。由于两个水准点间一般距离较长，其间的中桩观测需要多次设站才能完成，因此观测时还需要置一定数值的转点。转点起着传递高程的作用，为了削弱高程传递的误差，测站上应先观测转点，后观测中桩点。

如图 12-6 所示，BM_1 为已知高程水准点，$0+000$，$0+100$，…为中桩，TP_1、TP_2 为转点。其观测、记录与计算步骤如下：

（1）在已知水准点 BM_1 和中桩之间架设仪器，在线路前进方向上稳固的地方选择一转点 TP_1。读取 BM_1 点上水准尺的读数，作为后视读数；读取转点 TP_1 上水准尺的读数，作为前视读数。后视和前视读数均读至 mm。

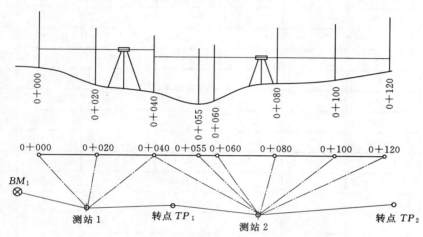

视频 12-1

图 12-6　线路纵断面测量

（2）依次读取各中线桩的水准尺读数，由于这些读数是独立的，不传递高程，故称为"中视"读数，读至 cm。观测中桩时，应将水准尺立于紧靠中桩的地面上。

（3）将仪器搬至测站 2，后视转点 TP_1，重复上述方法，直至闭合于 BM_2。记录、计算见表 12-5。

（4）计算中桩高程。计算公式为

$$视线高程＝后视点高程＋后视读数 \tag{12-14}$$

$$测点高程＝视线高程－中视读数 \tag{12-15}$$

$$转点高程＝视线高程－前视读数 \tag{12-16}$$

按上述公式得到各中桩高程，记于表 12-5 中。

（5）成果校核。从已知水准点 BM_1 开始，经过数站观测后，附合到另一已知水准点 BM_2，以检核中平测量成果是否符合要求。测段结束后，应先计算中平测量测得的该测段两端水准点高差，并将其与基平所测高差进行比较，二者之差称为测段高差闭合差。

测段高差闭合差应满足以下要求（以公路为例）：高速公路、一级公路不得大于 $\pm 30\sqrt{L}$；二级及二级以下公路不得大于 $\pm 50\sqrt{L}$；L 为测段长度，以 km 为单位。

（二）纵断面图绘制

按照线路中线里程和中桩高程，绘制出沿线路中线地面起伏变化的图，称为纵断面图。

表 12 - 5　　　　　　　　　　　　纵断面水准测量记录表

测站	测点	水准尺读数/m			视线高程/m	高程/m	备注
		后视	中视	前视			
1	BM_1	1.562			52.105	50.543	已知高程点
	0+000		1.47			50.64	
	0+020		1.75			50.36	
	0+040		1.85			50.26	
	TP_1			1.286		50.819	
2	TP_1	1.745			52.564	50.819	
	0+055		2.44			50.12	
	0+060		2.38			50.18	
	0+080		1.98			50.58	
	0+100		1.94			50.62	
	0+120		1.82			50.74	
	TP_2			1.886		50.678	
…	…	…	…	…	…	…	
9	TP_8	1.485			54.109	52.624	
	BM_2			1.847		52.262	已知高程点

水准点高程：BM_1：50.543m，BM_2：52.243m

高差闭合差 $f_h = 52.262 - 52.243 = 19$mm。

容许闭合差 $f_限 = \pm 50\sqrt{1.3} = \pm 57$mm。符合要求。

　　线路纵断面图中，其横向表示里程，纵向表示高程，纵向比例尺一般比横向比例尺大 10 倍或 20 倍，以突出地面的起伏变化。纵断面图还包括线路的平面位置、设计坡度、填挖高度等资料，因此，它是施工设计的重要技术文件之一，如图 12 - 7 所示。

　　(1) 设计坡度。从左至右向上斜的直线表示上坡，下斜的表示下坡，水平的表示平坡。斜线或水平线上面的数字表示坡度的百分数，下面的数字表示坡长。

　　(2) 设计高程。根据设计坡度和相应的平距推算出的里程桩的设计高程。

　　(3) 地面高程。按照中平测量成果填写的相应里程桩的地面高程。

　　(4) 填挖高度。根据中桩的设计高程和地面高程计算的高差。

　　(5) 桩号。按里程标注的整桩和加桩。

　　(6) 直线与曲线。示意线路平面形状时，中央实线代表直线段；曲线段向下凸者为左转，向上凸者为右转。

二、横断面测量

　　横断面测量就是测定线路中线上各里程桩处垂直于中线方向上两侧一定距离之内的地面特征点的高程。

　　首先要确定横断面的方向，然后在此方向上测定地面坡度变化点的距离和高差。

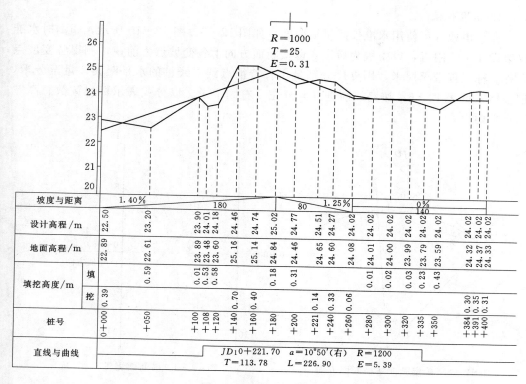

图 12-7　线路纵断面图

横断面测量的宽度，应根据线路工程宽度、填挖高度、边坡大小、地形情况以及有关工程的特殊要求而定，一般要求中线两侧各测 10～50m。横断面测绘的密度，除各中桩应施测外，在大、中桥头、隧道洞口，挡土墙等重点工程地段，可根据需要加密。

（一）横断面方向的测定

（1）当精度要求不高时可以采用目估方法或"＋"字方向架确定横断面方向

（2）当精度要求较高时应采用全站仪标定

1）直线部分。在拟测量断面的中桩上架设全站仪，以直线上另一个中桩（距离尽量远）定向，按照角度放样的方法放样直角，定出垂直于中线的方向。

2）圆曲线部分。如图 12-8 所示，在里程桩 i 处架设全站仪，以直圆点定向，放样角度 $90°+\delta_i$（左转角是 $90°-\delta_i$），定出垂直于中线的方向。其中：$l_i = i$ 点里程 $-ZY$ 点里程

$$\phi_i = \frac{l_i}{R} \times \frac{180°}{\pi} \qquad (12-17)$$

$$\delta_i = \frac{\phi_i}{2} \qquad (12-18)$$

（二）横断面外业测量

横断面测量方法视仪器设备和地形条件而定，一般可采用水准仪法、全站仪法和 GPS RTK 法进行横断面测量。

1. 水准仪法

在平坦地区可使用水准仪测量横断面。如图 12-9、图 12-10 所示，施测时水准仪架设在中线附近，以中桩为后视，以横断面方向上各变坡点为前视，测得各变坡点高程。标尺读数至厘米，用皮尺分别量出各特征点到中线桩的水平距离，量至分米，记录格式见表 12-6，按路线前进方向分左、右侧记录。以分式表示标尺读数、高差和水平距离。

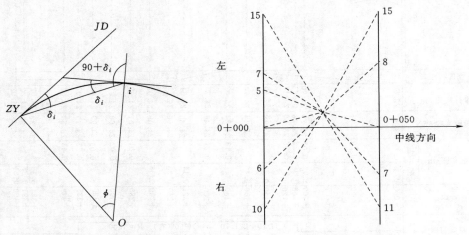

图 12-8　确定圆曲线横断面方向　　　　　图 12-9　横断面测量

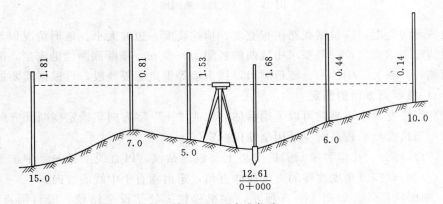

图 12-10　水准仪法

表 12-6　　　　　　　　　　　　横 断 面 记 录 表

$\dfrac{\text{前视读数（高差）}}{\text{距离}}$ 左边			$\dfrac{\text{后视读数}}{\text{中心桩号（高程）}}$	$\dfrac{\text{前视读数（高差）}}{\text{距离}}$ 右边	
1.81（−0.13）	0.81（0.87）	1.53（0.15）	1.68	0.44（1.24）	0.14（1.54）
15.0	7.0	5.0	0+000（12.61）	6.0	10.0

2. 全站仪法

在中线桩上安置全站仪，直接测定横断面方向，量出仪器高，用三角高程法测出各特征点与中线桩之间的平距和高差，此法适用于任何地形。

3. GPS RTK 法

通过架设基站或利用 CORS 站等方式，设置 GPS 移动站并利用控制点进行校正，测出各特征点与中线桩的坐标和高程。

（三）横断面图绘制

目前一般利用计算机软件绘制纵横断面图，为便于设计路基断面和计算面积，其纵横比例尺应一致，一般为 1：100～1：300。绘图时，首先在适当位置定出中心桩点，以水平距离为横坐标，以高程为纵坐标，定出地面特征点，依次连接各点即成横断面的地面线，如图 12-11 所示。

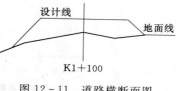

图 12-11　道路横断面图

第五节　道 路 施 工 测 量

课件 12-5

道路施工测量主要包括恢复路线中线、路基边桩的测设和竖曲线的测设等工作。

一、道路中线的恢复

1. 施工测量前的准备工作

在恢复路线前，测量人员需熟悉设计图纸，了解施工对测量精度的要求。从道路勘测、设计到开始施工之间的这段时间，往往有一部分道路中线桩会丢失或被破坏，因此，施工前应到实地找出各平面控制点、高程控制点、交点桩、转点桩、主要的里程桩，了解各类桩的移动、丢失情况，拟定解决办法。

2. 恢复中桩

根据控制点，对原定路线上丢失和移动的桩位进行复核，及时补充，并根据施工需要进行曲线测设，将有关涵洞、挡土墙等构筑物的位置在实地标定出来。对部分改线地段则应重新测设定线，测绘相应的纵横断面图。

3. 测设施工控制桩

由于中线上所定的各桩点在施工中会被挖掉或掩埋，为了保证在施工过程中及时、可靠地确定中线桩的桩点，在离中桩一定距离外、不受施工干扰、易于保存的地方设立施工控制桩，以便在施工时能快速恢复中线桩的点位。其主要方法如下：

（1）平行线法。如图 12-12 所示，在路基以外测设两排平行于中线的施工控制桩，控制桩的间距一般取 10～20m。此法适用于地势平坦、直线段较长的地段。

（2）延长线法。延长线法是在道路转折处的中线延长线上以及曲线中点（QZ）至交点（JD）的延长线上打下施工控制桩，如图 12-13 所示。延长线法多用在地势起伏较大、直线段较短的山区公路，主要是为了控制 JD 的位置，故应量出控制桩到 JD 的距离。

二、路基边桩的测设

测设路基边桩就是根据设计图纸，将每一个横断面的路基两侧的边坡线与地面的

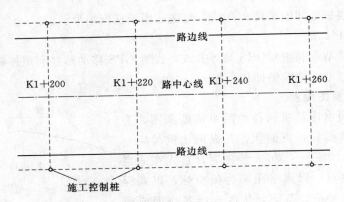

图 12-12 平行线法

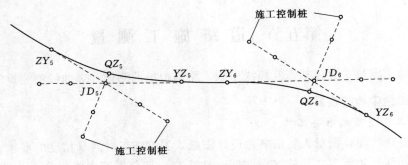

图 12-13 延长线法

交点用木桩标定在实地上，作为路基施工的依据。边桩的位置由两侧边桩至中桩的平距来确定。路基有两种：一种是高出地面的路基，称为路堤；另一种是低于地面的路基，称为路堑。常用的测设方法如下。

1. 图解法

图解法即直接在路基设计的横断面图上，按比例量取中桩至边桩的距离，然后在实地用钢尺沿横断面方向将边桩丈量并标定出来。在填挖方不大时，采用此方法较简单。

2. 解析法

根据路基填挖高度、边坡率、路基宽度及横断面地形情况，先计算出路基中心桩至边桩的距离，然后在实地沿横断面方向按距离将边桩放样出来。具体测设按以下两种情况进行：

（1）平坦地段路基边桩测设。图 12-14 为填土路堤，坡脚至中桩的距离为

$$D = \frac{B}{2} + mh \qquad (12-19)$$

图 12-15 为挖方路堑，坡顶桩至中桩的距离为

$$D = \frac{B}{2} + s + mh \qquad (12-20)$$

式中：B 为路基设计宽度；m 为路基边坡坡度的分母；h 为填土高度或挖土高度；s

为路堑边沟顶宽。

以上是断面位于直线段时求算 D 值的方法。若断面位于曲线上且有加宽时，再用上述方法求出 D 值后，还应在曲线内侧的 D 值中加上加宽值。

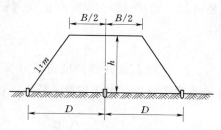
图 12-14　平坦地段路堤边桩测设

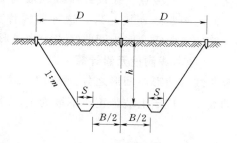
图 12-15　平坦地段路堑边桩测设

（2）倾斜地段路基边桩测设。在倾斜地段，边桩至中桩的平距随着地面坡度的变化而变化。如图 12-16 所示，路堤坡脚桩至中桩的距离 $D_{上}$、$D_{下}$ 分别为

$$\left. \begin{array}{l} D_{上}=\dfrac{B}{2}+m(h_{中}-h_{上}) \\[3mm] D_{下}=\dfrac{B}{2}+m(h_{中}+h_{下}) \end{array} \right\} \tag{12-21}$$

如图 12-17 所示，路堑坡顶至中桩的距离 $D_{上}$、$D_{下}$ 下分别为

$$\left. \begin{array}{l} D_{上}=\dfrac{B}{2}+S+m(h_{中}+h_{上}) \\[3mm] D_{下}=\dfrac{B}{2}+S+m(h_{中}-h_{下}) \end{array} \right\} \tag{12-22}$$

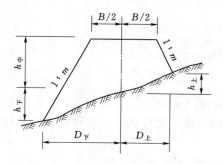
图 12-16　倾斜地段路堤边桩测设

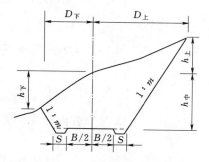
图 12-17　倾斜地段路堑边桩测设

其中 B，S 和 m 已知，$h_{中}$ 为中桩处的填挖高度，可以计算出来，$h_{上}$ 和 $h_{下}$ 为斜坡上下边桩与中桩的高差，在边桩未定出之前为未知数。因此在实际工作中采用逐渐趋近法测设边桩。下面以斜坡下边桩为例介绍其测设原理。先根据地面实际情况，并参考路基横断面，估计下边桩的大概位置。然后测出该估计位置与中桩之间的距离 D' 和高差 h，并以此作为 $h_{下}$，代入式（12-20）计算出 $D_{下}$，如果 $\Delta D=D'-D_{下}=0$，则该位置就是边桩位置，否则根据 ΔD 的符号，向外（$\Delta D<0$）或向内（$\Delta D>0$）移动，重复上述步骤，直至 $\Delta D<0.1m$，则认为立尺点就是边桩位置。

三、竖曲线测设

在公路或铁路修建中，除水平段外，一些路段不可避免地有坡度，两个相邻坡度段的交点称为变坡点。在设计路线纵坡的变更处，考虑行车的视距要求和行车平稳，在竖直面内用曲线连接起来，这种曲线称为竖曲线，如图 12-18 所示。我国铁路、公路设置的竖曲线一般为圆曲线或抛物线形。

（一）竖曲线测设元素计算

竖曲线有凸形与凹形之分。图 12-19 中 i_1、i_2 分别为设计路面坡道线（又称坡道）的坡度，规定上坡为正，下坡为负。α 为竖曲线转折角，由于坡度 i 较小，所以

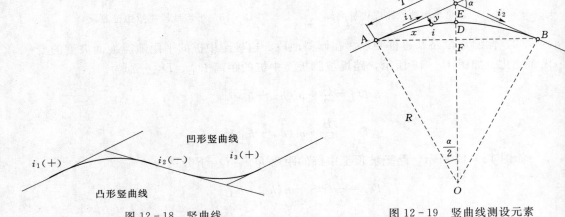

图 12-18　竖曲线

图 12-19　竖曲线测设元素

$$\alpha = |\arctan i_1 - \arctan i_2| \approx |i_1 - i_2| \qquad (12-23)$$

竖曲线切线长：

$$T = R \tan \frac{\alpha}{2} \approx \frac{1}{2} R\alpha \approx \frac{1}{2} R |i_1 - i_2| \qquad (12-24)$$

竖曲线长度：

$$L = R\alpha \approx R |i_1 - i_2| \qquad (12-25)$$

由于 α 很小，可认为 Y 方向与半径方向一致，也可认为它是切线上与曲线上的高程差。则

$$(R+y)^2 = R^2 + x^2$$

故 $$2Ry = x^2 - y^2$$

y^2 与 x^2 相比非常小，可略去不计。故有

$$2Ry = x^2$$

$$y = \frac{x^2}{2R}$$

当 $x = T$ 时，$y = E$

故竖曲线外距

$$E = \frac{T^2}{2R} \qquad (12-26)$$

（二）竖曲线的测设方法

如图 12-19 所示，竖曲线的测设实质上是高程放样，即求出竖曲线上每个桩点的设计高程，然后进行高程放样。

实际工作过程中，变坡点的设计高程和里程桩号一般由设计单位给出。根据切线长 T 求出曲线起点和终点的里程：

$$\left.\begin{array}{l}起点里程＝变坡点里程－T \\ 终点里程＝起点里程＋L\end{array}\right\} \qquad (12-27)$$

以变坡度点把竖曲线分为左侧和右侧，从两侧根据坡度 i 分别计算竖曲线上任一点的切线高程和改正值：

$$\left.\begin{array}{l}切线高程＝变坡点高程\pm(T-x)i \\ 改正数\ y＝\dfrac{x^2}{2R}\end{array}\right\} \qquad (12-28)$$

根据任一点的切线高程和改正数，计算竖曲线上点的设计高程：

$$\left.\begin{array}{l}某桩号在凸形竖曲线的设计高程＝该桩号在切线上的设计高程－y \\ 某桩号在凹形竖曲线的设计高程＝该桩号在切线上的设计高程＋y\end{array}\right\} (12-29)$$

【例题 12-3】 某山区公路为凹形竖曲线，变坡点的桩号为 K2＋360，高程为 128.30m，设 $i_1＝-2\%$，$i_2＝+2\%$，欲设置 $R＝3000$m 的竖曲线，求各测设元素，起点、终点的桩号，曲线上每 10m 间距里程桩的设计高程和高程改正数。

解：（1）计算竖曲线测设元素。

$$T＝\frac{1}{2}R\,|\,i_1-i_2\,|＝60\text{m}$$

$$L＝R\,|\,i_1-i_2\,|＝120\text{m}$$

$$E＝\frac{T^2}{2R}＝0.6\text{m}$$

（2）计算竖曲线起、终点桩号。

$$起点桩号＝K2＋360－60＝K2＋300$$

$$终点桩号＝K2＋300＋120＝K2＋420$$

（3）计算各桩竖曲线设计高程。

由于是凹曲线，利用式（12-28）中的第二个公式计算。计算结果见表 12-7。

表 12-7 　　　　　　　　　**竖曲线各桩设计高程计算表** 　　　　　　　　　单位：m

桩号	x_i	y_i	切线高程	竖曲线设计高程	备注
K2＋300	0	0	129.5	129.5	起点
K2＋310	10	0.02	129.3	129.28	
K2＋320	20	0.07	129.1	129.17	
K2＋330	30	0.15	128.9	129.05	$i_1＝-2\%$
K2＋340	40	0.27	128.7	128.97	
K2＋350	50	0.42	128.5	128.92	

续表

桩号	x_i	y_i	切线高程	竖曲线设计高程	备注
K2+360	60	0.6	128.3	128.9	变坡点
K2+370	50	0.42	128.5	128.92	
K2+380	40	0.27	128.7	128.97	
K2+390	30	0.15	128.9	129.05	$i_2=+2\%$
K2+400	20	0.07	129.1	129.17	
K2+410	10	0.02	129.3	129.28	
K2+420	0	0	129.5	129.5	终点

自测 12-2

本 章 小 结

本章主要介绍了线路中线测设和纵横断面测量的方法，圆曲线及缓和曲线的测设方法以及道路施工测量的内容。本章的教学目标是使学生掌握线路里程桩的设置；圆曲线及缓和曲线要素及计算、放样坐标计算方法；中线放样方法、线路纵横断面测量过程、记录和计算方法、断面图的绘制；线路边桩放样及竖曲线计算与放样方法。

重点应掌握的公式：

1. 圆曲线计算公式：

$$T=R\tan\frac{\alpha}{2},L=R\frac{\alpha\pi}{180°},E=R\left(\sec\frac{\alpha}{2}-1\right),D=2T-L$$

2. 缓和曲线计算公式：

$$T_H=m+(R+P)\tan\frac{\alpha}{2},L_H=\frac{R\pi}{180°}(\alpha-2\beta_0)+2l_0,E_H=(R+P)\sec\frac{\alpha}{2}-R,$$
$$D_H=2T_H-L_H$$

思 考 与 习 题

1. 线路工程测量的任务是什么？

2. 线路初测和定测的主要内容是什么？

3. 什么是线路转角？什么是左转角和右转角？

4. 简述线路纵断面测量的基本过程。

5. 哪些地方应设置里程桩？

6. 已知某线路曲线段设计为圆曲线，曲线交点的里程桩号为 K2+573.35，线路为右转角 $\alpha_右=32°28'30''$，圆曲线半径 $R=500m$，试计算该圆曲线的测设要素和主点的里程。

7. 某公路交点 JD_2 的坐标：$x_{JD_2}=58813.844m$；$y_{JD_2}=85651.880m$；JD_3 的坐标：$x_{JD_3}=59301.356m$，$y_{JD_3}=86422.905m$；JD_4 的坐标：$x_{JD_4}=58924.275m$，

$y_{JD_4}=87762.450\text{m}$。$JD_3$ 的里程桩号为 K5+590.246，圆曲线半径 $R=1000\text{m}$。求圆曲线主点的坐标。

8. 已知线路某交点 JD 的里程为 DK165+245.68，圆曲线半径 $R=500\text{m}$，缓和曲线 $l_0=110\text{m}$，$\alpha_右=46°22'36''$，试计算缓和曲线常数和综合要素并推算各主点的里程。

9. 某铁路段为凸形竖曲线，其相邻坡段的坡度分别为 $i_1=4‰$，$i_2=-6‰$，变坡点的桩号为 K217+240，高程为 418.69m，欲设置 $R=10000\text{m}$ 的竖曲线，求各测设元素、起点、终点的桩号和高程，曲线上每 10m 间距里程桩的设计高程和标高改正数。

第十三章
地下工程测量

地下工程是指为了开发利用地下空间资源，深入到地面以下建造的各类工程。相比地面工程，地下工程施工难度更大，过程更复杂，因此对测量的要求也很高。本章将以隧道工程、矿山工程为例，介绍地下工程的控制测量、竖井联系测量、地下工程施工测量和贯通测量等内容。

第一节 地下工程测量概述

地下工程有多种，其性质、用途以及结构形式各不相同，但是总体可以分为三大类：

（1）地下通道工程：地下通道工程是一种穿越山岭、河流、海洋和城市的地下交通通道。按照工程用途可分为公路隧道、铁路隧道、城市地铁、水工隧洞等。

（2）地下建（构）筑物：包括人防工程、地下停车场、地下商场和地下厂房等。

（3）地下采矿工程：为开采各种矿产而建设的地下采矿工程，如煤矿、铁矿等。

地下工程的施工方法分为明挖法和暗挖法。埋置较浅的工程，施工时先从地面挖基坑或堑壕，修筑衬砌之后再回填，称为明挖法。当埋深超过一定限度后，明挖法不再适用，而要改用暗挖法。暗挖法又分为盾构法和矿山法。

例如一般的地下室和地下道路可以直接挖开地面（明挖），进行施工。在山区隧道施工中，为了加快工程进度，一般都由隧道两端洞口进行对向开挖，如图 13-1 （a）所示：长隧道施工中，往往在两洞口间增加竖井，如图 13-1 （b）所示，以增加开挖工作面。

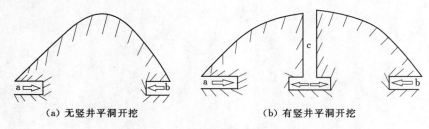

（a）无竖井平洞开挖　　　　　　　（b）有竖井平洞开挖

图 13-1　平洞施工测量示意图

在地下工程勘测设计、施工建设和运营管理阶段所进行的各种测量工作称为地下工程测量。主要包括地面控制测量、地下控制测量、联系测量、施工测量、贯通测量、竣工测量和变形监测等。

地下工程测量基本流程是先在地面建立测量控制网，通过地下工程的洞口或竖井从地面传递到地下，建立地下控制网，据此开挖各种形式的地下建筑物、构筑物和通道。地下工程施工对测量工作的精度要求，要视工程的性质、隧道或巷道长度和施工方法而定。

与地面工程测量相比，地下工程测量具有以下特点：

(1) 测量条件差。地下工程测量空间狭窄，环境黑暗、滴水、烟尘，机械干扰大。

(2) 地下控制测量形式单一。地下工程的隧道或巷道采用独立掘进方式，随着工程进展，施工面变窄，只能前后通视，洞内控制测量只适合布设导线。一般先布设低等级的短边导线，随着工程长度的增加，再布设长边导线进行检查和控制。

(3) 控制点一般在顶板、墙上或两边地面。

第二节 地下工程控制测量

地下工程的地面与地下控制测量包括平面控制和高程控制两部分，一般都是分开进行的。本节以隧道工程和矿山工程为例予以说明。

一、隧道工程

(一) 地面控制测量

隧道工程地面控制测量在隧道开挖前完成，应根据隧道的长度、形状、线路、通过地区的地形情况和施工方法等沿隧道两洞口的连线方式布设，各个洞口（包括辅助坑道口）均应布设一定数量且相互通视的控制点。

首先收集资料，包括隧道所在地区 1：500～1：2000 地形图、线路平面图、线路纵横断面图、竖井（斜井或水平坑道）口与隧道的相互关系位置图、已有的测量控制点资料、隧道施工技术设计、各洞口的机械设备和房屋布置总平面图以及隧道地区气象、水文、地质以及交通等方面的资料。分析所收集的资料，进行实地踏勘，现场选点，确定布网方案。对于隧道进出口、竖井（斜井或水平坑道）口，每个洞口附近至少要布设 3 个平面控制点和 3 个水准点，洞口设点应便于施工中线的放样，便于联测洞外控制点及向洞内测设导线，向洞内传算方位的定向边长度不宜小于 300m。投点的高程要适当，埋设需稳固可靠，便于长期保存和使用。洞口水准点应布设在洞口附近土质坚实、通视良好、施测方便、便于保存且高程适宜之处，两个水准点间的高度差，以安置一次水准仪即可联测为宜。

1. 地面平面控制测量

当线路平面控制网精度满足隧道控制测量要求时，可在线路控制网基础上扩展、加密，建立隧道施工控制网。当线路平面控制网精度不能满足隧道控制测量要求时，应建立隧道独立平面控制网，为了施工放样、估算与测量贯通误差更方便，使独立坐标系坐标轴与隧道轴线一致，或与贯通面垂直，投影高程面选取隧道的平均高程面。但为了把隧道和线路的设计坐标系联系起来，需要与线路控制点联测，根据线路测量的控制点进行定位和定向，并且计算出线路坐标系下的坐标。

隧道地面平面控制的方法主要有 3 种：导线法、边角网法和 GNSS 网法。其技术要求见表 13 - 1。

表 13 - 1 隧道地面平面控制测量技术要求

测量方法	测量等级	隧道长度/km	洞外定向边长度/m
GNSS 测量 导线测量 三角形网测量	一等（GNSS）	8～20	≥400
	二等	4～8	≥350
	三等	2～4	≥300
	四等	<2	≥250

注 TB 10101—2018《铁路工程测量规范》。

（1）导线法。在较短的沿山隧道，地形条件较适合，且受仪器设备限制的情况下，可考虑采用导线测量法。用导线法建立隧道洞外平面控制时，导线点应沿两端洞口的连线布设，导线应组成多边形闭合环，一个控制网中导线环的个数应不少于 4 个；每个环的边数为 4～6

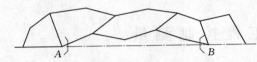

图 13 - 2 隧道地面导线布设示意图

条，应尽可能将两端洞口控制点纳入导线网中，如图 13 - 2 所示。相邻边长的比不应小于 1∶3，并尽量采用长边，以减小测角误差对导线横向误差的影响。导线的内业计算一般采用严密平差法，等级较低的导线也可采用近似平差计算。

（2）边角网法。在 GPS 定位技术应用之前，基本是采用地面边角测量技术建立隧道地面平面控制网。图 13 - 3 是一个典型的隧道地面边角网图，隧道两洞口点 A、D，曲线隧道两切线上的点 ZD_1、ZD_3、ZD_4 和直圆点 ZY 都是网点，可精确地确定曲线的转角和曲线元素。

随着 GPS 技术的广泛应用，隧道工程的洞外平面控制测量与地面边角测量技术相比，有无与伦比的优点，因此，基本不再考虑地面边角网的布设方案。

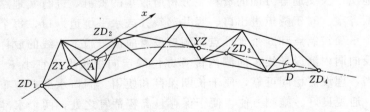

图 13 - 3 隧道地面边角网示意图

（3）GNSS 网法。隧道 GNSS 网选点除满足 GNSS 布设的一般要求外，还应满足以下要求：应在隧道各开挖洞口附近布设不少于 4 个点的洞口点群（含洞口投点），洞口点群宜布设成大地四边形或三角形网。对于直线隧道，应在进出口的定测中线上布设两个控制点，另外再布设两个定向点，要求洞口点与定向点通视；对于曲线隧道，控制网应包括曲线的主要控制点（曲线起点、终点）和每条切线上布设的两点。洞口点应便于地面测量方法检测、加密或恢复。隧道 GNSS 平面控制网宜采用网联式布设，整个 GNSS 网由若干个独立异步环构成，每个点至少有 3 条独立基线通过，至少独立设站观测两个时段。

2. 地面高程控制测量

地面高程控制测量的任务是在各洞口附近设立 3 个以上水准基点，作为向洞内传递高程的依据。一般在平坦地区用等级水准测量，在丘陵及山区可考虑采用光电测距三角高程测量。

水准路线应以线路定测水准点的高程作为起始高程，一般布设为附合水准路线，或敷设两条相互独立的水准线路。对于大型隧道工程，水准测量等级应根据两洞口间水准线路长度确定，表 13-2 为铁路隧道测量技术要求。

表 13-2　　　　　　　　　　铁路隧道高程控制测量技术要求

铁路类型	轨道结构	列车设计速度 V/(km/h)	隧道洞外洞内水准路线总长度/km			
			<6	6~17	17~39	39~150
客货共线铁路、重载铁路	有砟	120<V≤200	二等			
		V≤120	三等		精密	二等
	无砟	120<V≤200	三等		精密	二等
		V≤120	四等	三等	精密	二等

注　TB 10101—2018《铁路工程测量规范》。

（二）洞内控制测量

洞内平面控制只能采用导线，如短边导线、长边导线、交叉导线和导线网，特长隧道可加测陀螺方位角。其控制网测量技术要求见表 13-3。

表 13-3　　　　　　　　　　隧道洞内平面控制测量技术要求

测量方法	测量等级	隧道长度/km	洞外定向边长度/m
导线测量	二等	8~20	≥400
	隧道二等	5~8	≥350
	三等	2~5	≥300
	四等	1.5~2	≥200
	一级	<1.5	≥200

注　TB 10101—2018《铁路工程测量规范》。

洞内导线应以洞口投点为起始点，沿隧道中线或隧道两侧布设成直伸导线或多环导线。对于特长隧道，洞内导线可布设为由大地四边形构成的全导线网和由重叠四边形构成的交叉双导线网两种形式（图 13-4）。大地四边形的两条短边可用钢尺量取，不需作方向观测。大地四边形全导线网的观测量较大，靠近洞壁的侧边易受旁折光影响，所以适宜采用交叉双导线网。为增加检核，应每隔一条侧边闭合一次。

与地面导线测量相比，洞内导线的主要特点是：不能一次布设，应随着隧道的开挖分级布设，并随渐向前延伸。洞内导线的分级布设通常分施工导线、基本导线和主要导线。施工导线的边长为 25~50m，基本导线边长为 50~100m，主要导线的边长为 150~180m。当隧道开始掘进时，首先布设施工导线，给出坑道的中线，指示掘进

223

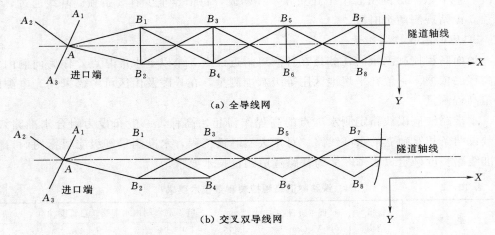

(a) 全导线网

(b) 交叉双导线网

图 13-4 隧道洞内导线网示意图

方向；当掘进 300～500m 时，布设基本导线，检查已敷设的施工导线是否正确，高等级导线的起点、部分中间点和终点应与低等级导线点重合；隧道继续向前掘进时，应以高等级导线为基准，向前敷设低等级导线和放样中线。隧道单向掘进每隔约 5k应采用不低于 5″级的陀螺仪加测定向边，当陀螺边方位角与洞内导线边坐标方位角差大于 15″时，应进行分析检查。

洞内高程控制测量的目的是由洞口高程控制点向洞内传递高程，即测定洞内各高程控制点的高程，作为洞内施工高程放样的依据。洞内应每隔 200～500m 设立一高程控制点。高程控制点可选在导线点上，也可根据情况埋设在隧道的顶板、底板或边墙上。洞内三等及以上的高程控制测量应采用水准测量，四等及以下可采用水准测量或光电测距三角高程测量。当采用水准测量时，应进行往返观测；采用光电测距三角高程测量时，应进行对向观测。洞内水准测量时，除采用常规的方法，有时为避免施工干扰，还采用"倒尺法"传递高程，如图 13-5 所示。应用倒尺法传递高程时，规定倒尺的读数为负值，高差的计算与常规水准测量方法相同。

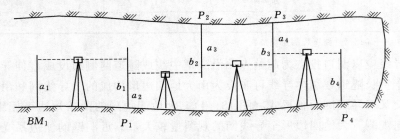

图 13-5 倒尺法传递高程示意图

二、矿山工程

矿区基本控制网是为满足矿区生产和建设对空间位置的精确需要而设立的平面高程控制网，为整个矿区建立统一的平面坐标系统和高程系统。可采用国家等级控网或单独布设，根据不同类型的矿山要求其技术精度也不尽相同，下面以煤矿为例进行说明。

（一）地面控制测量

矿区地面平面控制测量可以采用三角网、边角网、导线网和 GNSS 网等网型，近井地面控制测量多采用导线控制测量。矿区首级平面控制网一般在国家一、二等平面控制网基础上布设，实际工作中应根据矿区走向的长度确定相应的等级，见表 13-4。

表 13-4　　　　　　　　　　矿区平面控制测量等级与走向长度关系

矿区走向（长度）/km	首级控制	加密控制
26~100	三等	四等、一级（小三角、小测边或导线）
5~25	四等	一级（小三角、小测边或导线）
<5	一、二级（小三角、小测边或导线）	—

矿区高程控制测量首级控制网，常采用水准测量方法建立，一般布设为环形网，加密网多布设为附合路线和节点网，在山区和丘陵地带，施测困难时，可布设为支水准路线。

矿区地面高程首级控制网的布设等级视矿区长度而定，见表 13-5。矿区首级水准网一般选国家二等或三等水准点为首级控制点。为保证水准点间相对高程的精度，首级水准网一般布设成自由网，以便与国家高程系统保持一致。

表 13-5　　　　　　　　　　矿区高程控制测量等级与走向长度关系

矿区走向（长度）/km	首级控制	加密控制
>25	三等	四等、等外
5~25	四等	等外
<5	等外	

（二）井下控制测量

由于受井下巷道条件的限制，井下平面控制均以导线的形式沿巷道布设。井下导线测量的主要目的是建立井下空间的坐标系统，通过导线测量得出各控制点坐标，作为测绘和标定井下巷道、硐室、回采工作面等的基础，也能满足一般贯通测量的要求，为井下生产提供可靠数据。

1. 井下平面控制导线的等级

井下导线的等级和井下导线的布设，按照"高级控制低级"的原则进行。我国《煤矿测量规程》规定，井下平面控制分为基本控制（表 13-6）和采区控制（表 13-7）两类，这两类又都应敷设成闭（附）合导线或复测支导线。基本控制导线按照测角精度分为 ±7″ 和 ±15″ 两级，一般从井底车场的起始边开始，沿矿井主要巷道（井底车场，水平大巷，集中上、下山等）敷设，通常每隔 1.5~2.0km 应加测陀螺定向边，以提供检核和方位平差条件。

采区控制导线按测角精度分为 ±15″ 和 ±30″ 两级，沿采区上、下山、中间运输巷道以及其他次要巷道敷设。

表 13 - 6　　　　　　　　基本控制导线的主要技术指标

井田一翼长度 /km	测角中误差 /(″)	一般边长 /m	导线全长相对闭合差	
			闭（附）合导线	复测只导线
≥5	±7	60～200	1/8000	1/6000
<5	±15	40～140	1/6000	1/4000

表 13 - 7　　　　　　　　采区控制导线的主要技术指标

采区一翼长度 /km	测角中误差 /(″)	一般边长 /m	导线全长相对闭合差	
			闭（附）合导线	复测只导线
≥1	±15	30～90	1/4000	1/3000
<1	±30	—	1/3000	1/2000

注　30″导线可作为小矿井的基本控制导线。

2. 井下导线的布设

　　布设井下导线往往不是一次全面布网，而是随井下巷道掘进逐步敷设。随着巷道掘进，先敷设低等级的导线，以控制巷道中线的标定、及时测绘矿图，当巷道掘进到 300～500m 时，再布设高等级的基本控制导线，直至形成闭（附）合导线和导线网；为检查前期的低等级采区控制导线是否正确，基本控制导线的首、末导线边（点）一般应选在低等级控制导线边（点）上。随着巷道的掘进，以基本控制导线的控制边（点）为起算数据，向前敷设低等级控制导线和给中线，如图 13 - 6 所示。

自测 13 - 1

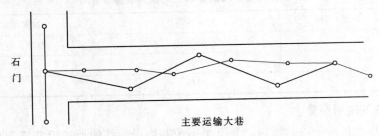

图 13 - 6　井下导线的布设

3. 井下导线点的设置

　　井下导线点按使用时间可分为：临时点，保存 1～3 年；永久点，保存 3 年以上。为了易于保存、便于全站仪对中，导线点一般都设在巷道顶板上。永久点每隔 300～500m 设置一组，每组为 3 个点。

4. 井下高程测量

　　在水平巷道，应用水准测量方法，在其他巷道根据具体情况可采用水准测量或三角高程测量方法。

　　井下高程点可以布设在巷道顶、底板或两帮的稳定岩石上。也可用永久导线点作为高程点。高程点一般每隔 300～500m 设置一组，每组至少由 3 个高程点组成，两高程点间以 30～80m 为宜。井下每组水准点间高差采用往返测量的方法确定，往返测量的高差之差不应大于 $\pm 50mm\sqrt{R}$（R 为水准点间的长度，以 km 为单位），如果条件允许，可布设为闭合水准路线，其闭合差不应大于 $\pm 50\text{mm}\sqrt{L}$（L 为水准点间的长度，以 km 为单位）。

第三节 竖井联系测量

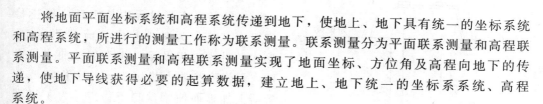

课件 13-2

将地面平面坐标系统和高程系统传递到地下，使地上、地下具有统一的坐标系统和高程系统，所进行的测量工作称为联系测量。联系测量分为平面联系测量和高程联系测量。平面联系测量和高程联系测量实现了地面坐标、方位角及高程向地下的传递，使地下导线获得必要的起算数据，建立地上、地下统一的坐标系统、高程系统。

在竖井联系测量工作中，方位角传递（定向）误差对地下工程测量的影响比较大，因此竖井平面联系测量又称为竖井定向测量。根据使用仪器和工具的不同，竖井定向测量分为几何定向和陀螺仪定向两种。

随着陀螺仪技术的快速发展，其在导航和测量工作中已被广泛应用。在竖井联系测量中，陀螺仪定向是一种经济、快速、影响小的现代化定向方法。具体作业方法请参考其他相关教材。

一、几何定向

几何定向是通过在竖井中悬挂铅垂线，根据其与地上、地下控制点间的几何关系，将地面控制点的坐标和方位角传递至井下平面控制点。几何定向方法包括"一井定向""两井定向"等。

（一）一井定向

在一个井筒内悬挂两根垂球线，由地面向地下传递平面坐标和方向的测量工作称为"一井定向"。

一井定向的方法通常有三角形连接法、四边形连接法、瞄直法等。三角形连接法是我国目前各矿山最常用的几何定向法。

三角形连接法就是在井筒中同时悬挂两根垂球线，然后在井上和井下各选择一连接点，同时与两垂线进行联系，分别组成三角形。如图 13-7 所示。由于同一垂线上各点的水平投影相同，即坐标 X，Y 相同，因此，井上 O_1O_2 的方位角、两垂线间距离与井下 $O_1'O_2'$ 的方位角和距离相等。这样，井上与井下两个三角形 ΔAO_1O_2、$\Delta A'O_1'O_2'$ 通过一个投影后的公共边 O_1O_2（$O_1'O_2'$）组成连接三角形，由此，可根据地面平面直角坐标系统，求出井下导线起始点 A' 的坐标和起始边 $A'B'$ 的坐标方位角。

（1）一井定向的外业工作。一井定向的外业工作内容包括投点、测角和

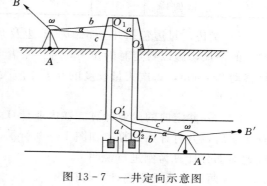

图 13-7 一井定向示意图

量边。

1）投点。在竖井井筒内悬挂两根下坠重砣的长钢丝，使之自由悬挂到定向水平，供测角和量边使用。投点时两钢丝之间的距离尽可能大，尽量用小直径的高强度钢丝，重砣的重量应是钢丝极限抗拉强度的 $60\%\sim70\%$。施测过程中长钢丝应保持稳定铅直状态，为减少井内气流的侧压力、滴水的冲击力以及钢丝本身的扭曲力等影响，需将重砣放入稳定液，并在稳定液的容器上加盖而使钢丝趋于稳定。为了得到静止位置，通常采用稳定投点法或摆动投点法投点，下面以稳定投点法为例进行说明（见图 13-8）。

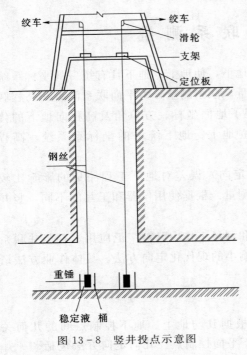

图 13-8 竖井投点示意图

采用稳定法投点，当钢丝的摆幅大于 0.4mm 时，则应考虑采用专门的标尺观察和记录摆幅，连续读取 13 个以上的奇数，取左、右读数的平均值，作为钢丝呈铅直状态通过标尺的位置。同法进行两次，当较差不大于 1mm 时，取其平均值作为最后结果。然后固定钢丝，进行测角和量边。

2）测角。如图 13-7 所示，投点工作符合要求后，应立即同时在井上、井下采用方向法测量水平角 α、ω 和 α'、ω'（表 13-8），照准部位应高于钢丝与重砣连接处 0.5m 以上。当边长 AB 小于 20m 时，全站仪需在 A 点进行 3 次对中，每次对中仪器照准部位置变动 120°。在设计连接三角形时应保证 α 和 α' 小于 2°，b/a 和 b'/a' 的值不大于 1.5。

表 13-8　　　　　　　　　　　一井定向测角技术要求

仪器级别	水平角观测方法	测回数	测角中误差	限　差		
				半测回归零差	各测回互差	重新对中测回间互差
DJ_2	全圆方向法	3	6″	12″	12″	60″

3）量边。量边包括井上 a、b、c 边及井下 a'、b'、c' 边。边长丈量应采用经过检定的钢尺，施以检定时的拉力，并记录温度。每边丈量 6 次，每次丈量后，应将钢尺移动 2~3cm，每次丈量长度的互差不应大于 2mm。满足要求后，取其平均值作为最后结果。

（2）一井定向的内业计算。在内业计算之前，应对外业测量记录进行检查。经检查无误后，方可开始计算。如图 13-9 所示，地面部分和井下部分计算过程一样，现以地面部分计算为例进行说明。

1）两锤球线间距离计算与检核。

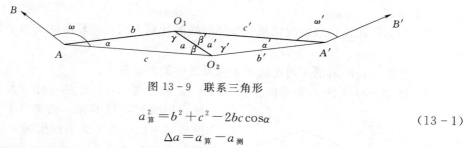

图 13-9 联系三角形

$$a_{\text{算}}^2 = b^2 + c^2 - 2bc\cos\alpha \tag{13-1}$$

$$\Delta a = a_{\text{算}} - a_{\text{测}}$$

当地面连接三角形中互差 $\Delta a < 2\text{mm}$、井下连接三角形中互差 $\Delta a < 4\text{mm}$ 时，可在丈量的边长中加入改正数，消除其差值。

2）连接三角形中 β 和 γ 的计算与改正。

根据正弦定理，β、γ 计算公式如下

$$\sin\beta = \frac{b}{a}\sin\alpha \tag{13-2}$$

$$\sin\gamma = \frac{c}{a}\sin\alpha \tag{13-3}$$

连接三角形的内角和 $\alpha + \beta + \gamma = 180°$，若有微小残差时，则将其反号平均分配给 β、γ。

3）地下导线坐标及方位角计算。按照地面部分的计算方法计算井下部分相关数据。然后由地面控制点 A 起，以 AB 方向为已知方向，按支导线形式选择"小角"路线，推算井下导线的坐标和方位角。

$$\alpha_{A'B'} = \alpha_{AB} + \omega + \beta - \beta' + \omega' \pm n \times 180° \tag{13-4}$$

一井定向应独立进行两次，比较其计算结果，井下导线起始方位角的较差不应超过 $2'$。当定向条件困难时，在满足采矿工程需要的前提下，其较差可放宽到 $3'$。

（二）两井定向

在竖井附近有能够利用的通风井或其他竖井时，联系测量即可以采用两井定向的方法。两井定向是在两个井筒内各放一根钢丝，并悬挂重锤，通过地面和井下导线将它们连接起来，从而把地面系统中的平面坐标和方位传递到井下。

两井定向的外业测量与一井定向类似，也包括投点、地面和井下连接测量，只是两井定向时每个井筒中只悬挂一根钢丝，投点工作更为方便，且缩短了占用井筒的时间。同时，两井定向与一井定向相比，两根钢丝间的距离大大增加，投向误差显著减少。因此，在条件允许时，应优先使用两井定向。两井定向的井上、井下连接测量如图 13-10 所示。

两井定向时，两根钢丝间不能直接通视，而是通过导线连接，因此在连接测量时必须测出井上、井下导线各边的边长及其连接水平角；同时，在内业计算时需要采用假定坐标系，

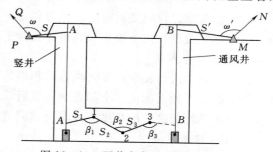

图 13-10 两井定向联系测量示意图

计算方法如下：

（1）根据地面连接测量的成果，按照导线的计算方法，计算出地面 A、B 两钢丝的坐标 (x_A, y_A)、(x_B, y_B)。

（2）计算 A、B 两钢丝的连线在地面系统中的方位角 α_{AB}。

（3）以井下导线 A 点为坐标原点 $(0, 0)$，起始边 A_1 为 x 轴，建立假定坐标系

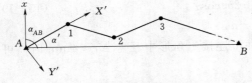

图 13-11　两井定向内业计算图

案例分析 13-1

统，如图 13-11 所示。计算井下导线点在此假定坐标系统中的平面坐标，设 B 点的假定坐标为 (x_B', y_B')。

（4）计算 A、B 连线在假定坐标系中的方位角 α_{AB}'。

（5）计算井下起始边在地面坐标系中的方位角 α_{A1}：

$$\alpha_{A1} = \alpha_{AB} - \alpha_{AB}' \tag{13-5}$$

（6）根据 A 点的坐标 (x_A, y_A) 和计算出的 A_1 边的方位角 α_{A1}，计算井下导线各点在地面平面直角坐标系统中的坐标和方位角。

两井定向必须独立进行两次，两次求得的起始边方位角互差不得超过 $1'$，若满足此条件，则取两次结果的平均值作为最终定向结果。

二、竖井高程联系测量

高程联系测量又称导入高程，其目的是建立地上、地下统一的高程系统。导入高程的方法随开拓方法的不同分为：①通过平硐导入高程；②通过斜井导入高程；③通过竖井导入高程。

通过平硐或斜井导入高程时，根据实际情况可以采用水准测量或三角高程测量。

竖井高程传递是根据井口地面水准点 A 的高程，测定井下水准点 B 的高程，如图 13-12 所示。根据所使用的仪器不同分为长钢尺导入法、长钢丝导入法和测距仪导入法。

1. 长钢尺导入法

如图 13-12 所示，在水准点 A 和 B 点上立水准尺，竖井中悬挂钢卷尺（零点在下），井上、井下各安置一台水准仪，地面水准仪在水准尺和钢尺上的读数分别为 a 和 p，井下水准仪在水准尺和钢尺上的读数分别为 b 和 q，则 B 点的高程为

$$H_B = H_A + a - (p - q) - b \tag{13-6}$$

钢尺在观测过程中受到温度、拉力和自重等影响，因此在计算结果中还应加入尺长改正、温度改正、拉力改正和自重伸长改正。

2. 长钢丝导入法

长钢丝导入法与长钢尺导入法基本相似，只是用长钢丝代替长钢尺，当水准仪瞄准长钢丝时需要做上标记，全部观测完成后，通过在地面建立的比长台，用钢尺往返分段测量出两标记之间的长度。计算公式同式（13-6）。

3. 测距仪传递法

如图 13-13 所示，在井口地面固定测距仪，在井下投点处安置反光镜，镜面朝

上，测出距离 D，在水准点 A 和 B 点上立水准尺，井上、井下各安置一台水准仪，地面水准仪在水准尺上的读数为 a，量出水平视线至测距仪中心的距离 m；井下水准仪在水准尺上的读数为 b，量出水平视线至反光镜中心的距离 n，则 B 点的高程为

$$H_B = H_A + a + m - D - n - b \qquad (13-7)$$

测距仪在观测过程中受到温度、气压等影响，因此还应在计算结果中加入温度改正、气压改正和测距仪常数改正。

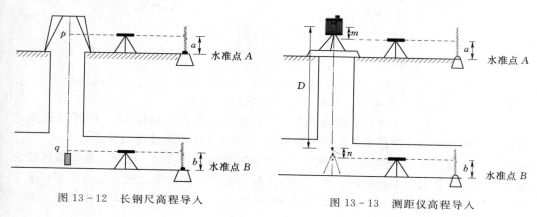

图 13-12　长钢尺高程导入　　　　图 13-13　测距仪高程导入

第四节　地下工程施工测量

地下工程施工测量的任务是按照隧道或巷道工程设计的规定和要求，在现场实地标定掘进位置、方向和坡度等，并在掘进过程中及时检查和校正。通常将这项工作称为中腰线标定。本节以矿山工程为例进行说明。

课件 13-3

一、中线标定

主要巷道的中线标定应采用全站仪；在采区次要巷道中，可采用罗盘仪等精度较低的仪器。中线点应成组设置，每组不得少于 3 个点，相邻两点间的距离一般不应小于 2m。在巷道掘进过程中，中线点应随掘随给，最前面的一组中线点距掘进头的距离小于 30～40m。

标定巷道中线的步骤大致如下：

（1）检查设计图纸。主要检查的内容包括：巷道的几何关系是否符合实际情况、标注的角度和距离是否与设计图一致等。

（2）确定标定中线时所需的几何要素。

（3）标定巷道的开切点和方向。

（4）随着巷道的掘进及时延伸中线。

（5）在巷道掘进过程中，随时检查和校正中线的方向。

1. 巷道开切时的标定方法

巷道开切时的标定工作主要包括标定开切点的位置和初步给出巷道的掘进方向两项内容。如图 13-14（a）所示，欲从已掘巷道中的 A 点沿虚线开掘一条新巷道，标

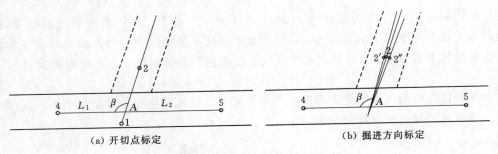

（a）开切点标定   （b）掘进方向标定

图 13－14 中线标定示意图

定的方法如下：

（1）从设计图上量取 A 点至已知中线点 4、5 的距离 L_1、L_2，需检验 L_1+L_2 是否与 4、5 两点间的距离相符，同时量取巷道的转向角 β。

（2）在 4 点安置全站仪，瞄准点 5，并沿此方向由点 4 量取 L_1，即可得到点 A 的位置，将其标定于顶板上，然后再量取点 A 至点 5 的距离进行检核。

（3）在点 A 安置全站仪，后视点 4，用正镜位置给出角 β。此时，望远镜所指方向即为新开掘巷道的中线方向，在此方向上标出点 $2'$，倒转望远镜，标出点 $2''$，取 $2'$ 和 $2''$ 的中点，即得到 2 点，点 $A2$ 方向即为中线方向。一般应标定 3 个中线点。如图 13－14（b）所示。

2. 巷道中线的标定

巷道开切后最初标定的中线点很容易遭到破坏，当掘进到 4～8m 时应检查或重新标定中线。一组中线点可指示直线巷道掘进 30～40m。在由一组中线点到下一组中线点的巷道掘进过程中，可采用中线法、串线法或激光指向仪法来指示巷道的掘进方向。

（1）中线法。如图 13－15 所示，P_4、P_5 为导线点，A、D 为巷道中线点，根据导线点的实测坐标和中线点的设计坐标，可以采用全站仪坐标法或极坐标法放样出巷道中线点 A 和 D 的位置。随着开挖面的掘进，需要将中线点向前延伸，埋设新的中线点，其标定方法同前。

（2）串线法。如图 13－16 所示，串线法是在中线点 1、2、3 上分别悬挂垂球，一个人站在中线点 1 后，沿中线方向瞄视，指挥另一个人在掘进头移动矿灯或手电筒，使其正好位于这组中线点的延长线上。此时，矿灯或手电筒的位置就是巷道中线的位置。此法标定中线精度较低，因此适用于直线段不超过 30m，曲线段不超过 20m 的巷道。

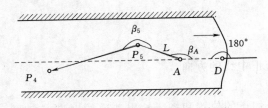

图 13－15 中线法标定中线示意图

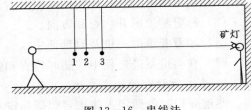

图 13－16 串线法

（3）激光指向仪法。在直线巷道的建设施工中，一般采用激光指向仪进行指向与导向。激光指向仪是利用激光器产生的光源进行指向的仪器。激光具有方向性、单色性好和亮度高等优点，因此成为理想的光学仪器源。运用激光指向仪指示巷道的掘进方向，具有占用巷道时间段、效率高、中线和腰线一次给定等许多优点，目前已广为各类矿山所应用。

激光指向仪可安放在巷道中央的工字钢上，或安放在用 4 根锚杆固定的框架上，或巷道中央的石垛上，也可安放在两帮的悬臂架上。激光指向仪安置的位置距掘进头应不小于 70m。若利用它来同时指示巷道中线和腰线时，必须使光束在水平面内位于巷道的中线方向上，在倾斜面内位于巷道的腰线方向上。必须根据经纬仪和水准仪标定的中线点、腰线点来安置。所用中线点、腰线点一般不应少于 3 个，且各相邻点间的距离宜大于 30m。

曲线巷道掘进时，巷道中线点随导线测量测设，一般采用全站仪坐标法或极坐标法测设。

二、腰线标定

在隧道施工中，为了控制施工的标高和隧道横断面的放样，在隧道岩壁上，每隔一定距离（5～10m）测设出比洞底设计地坪高出 1m 的标高线，称为腰线。腰线的高程由引测入洞内的施工水准点进行测设。由于隧道的纵断面有一定的设计坡度，因此，腰线的高程根据实际坡度随中线的里程的变化而变化，与隧道底设计地坪高程线平行。

腰线可用水准仪、全站仪进行标定，次要巷道的腰线可用悬挂半圆仪等标定。急倾斜巷道的腰线的标定应尽量用全站仪，距离短时，也可用悬挂半圆仪。

1. 水准仪标定平巷腰线

平巷并非绝对水平的巷道，一般情况下，坡度小于 8°的巷道均视为水平巷道。在主要水平巷道中，通常用水准仪来标定腰线，其标定过程如下：

（1）如图 13-17 所示，将水准仪安置在 A、B 之间的适当位置，后视 A 处巷道帮壁，画一水平记号 A′，并量取 A′A 的铅垂距离 a。

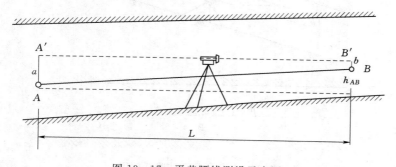

图 13-17 平巷腰线测设示意图

（2）前视 B 处巷道，在帮壁画一水平记号 B′。这时，A′B′为水平线，量出 A′B′ 的水平距离 L。按下式计算 A、B 两点间的高差：$\Delta h = iL$

（3）从 B' 点铅直向下（或向上）量出 $b=a-\Delta h$ 值，得到新设腰线点 B。A 和 B 的连线即为腰线，用油漆或灰浆画出。

2. **全站仪标定腰线**

视频 13－1

用全站仪标定腰线有多种方法，在此仅介绍伪倾角法。

首先，应当了解什么是伪倾角，空间一个倾斜面的真倾角是指它与水平面之间的二面角，若在与其交线斜交的竖直面内的投影与水平线间的夹角则称为伪倾角。如图 13－18 所示，δ 为倾斜面的真倾角，δ' 为伪倾角。不难看出，真倾角永远大于伪倾角。

图 13－18　伪倾角原理

由于设计巷道时仅给出了真倾角，而腰线是标定在巷道两帮上的，全站仪只能安置在巷道中部，因此，只能根据真倾角与伪倾角间的关系，按伪倾角间来标定腰线。

由图 13－18 可知：

$$\tan\delta=\frac{AA'}{OA'},\tan\delta'=\frac{BB'}{OB'},AA'=BB',OA'=OB'\cos\beta$$

所以　　　　　　　　　　　$$\tan\delta'=\cos\beta\tan\delta \qquad (13-8)$$

有了上述关系式，就可以根据真倾角 δ 和两个竖直面间所夹角的水平角 β 计算出伪倾角 δ'，从而标定腰线的位置，如图 13－19 所示，具体步骤如下：

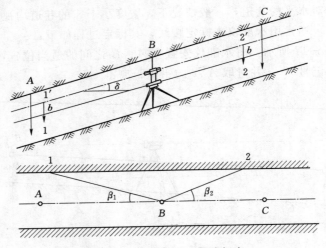

图 13－19　伪倾角法腰线标定

（1）在 B 点下安置仪器，测出 B 至中线点 A 及已知腰线点 1 之间的水平夹角 β_1。

（2）根据水平角 β_1 和真倾角 δ，按式（13－8）计算得伪倾角 δ_1'。

（3）瞄准 1 点，固定水平度盘，上下移动望远镜，使竖盘读数为 δ_1'，在巷道帮上作记号 $1'$，用小钢卷尺量出 $1'$ 到腰线点 1 的铅垂距离 b。

（4）转动照准部，瞄准中线点 C，然后松开照准部，瞄准巷道帮上拟设腰线点处，测出 β_2 角。

（5）根据水平角 β_2 和真倾角 δ，计算出伪倾角 δ_2'。

（6）望远镜照准拟设腰线处，并使竖盘读数为 δ_2'，在巷道帮上作记号 $2'$，用小钢卷尺从 $2'$ 向下量出距离 b，即得到新标定的腰线点 2。

本 章 小 结

自测 13 - 2

本章对地下工程的控制测量、联系测量、地下工程施工测量的中腰线标定等内容作了较详细的阐述。本章的教学目标是使学生掌握地面、地下控制测量的布设方法和精度等级；掌握一井定向和两井定向的基本原理、观测过程与计算方法；掌握地下工程施工测量中的中腰线标定方法与过程。

重点应掌握的公式：

1. 一井定向方位角计算公式：$\alpha_{A'B'} = \alpha_{AB} + \omega + \beta - \beta' + \omega' \pm n \times 180°$
2. 长钢尺导入高程计算公式：$H_B = H_A + a - (p - q) - b$
3. 伪倾角计算公式：$\tan\delta' = \cos\beta\tan\delta$

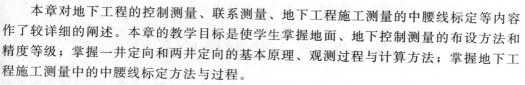

思 考 与 习 题

1. 隧道地面控制测量主要采用哪几种方法？精度要求是什么？
2. 井下高程测量有什么要求？
3. 什么是联系测量？分为哪几类？
4. 画图说明一井定向的外业观测与内业计算过程。
5. 画图说明两井定向的外业观测与内业计算过程。
6. 通过竖井导入高程有几种方法？分别写出其计算公式。
7. 简述用水准仪标定巷道腰线的步骤。
8. 简述伪倾角法标定巷道腰线的步骤。

第十四章
水利工程测量

水利工程包括大坝、堤、溢洪道、水闸、渠道、渡槽等工程。水利工程测量是指水利工程在规划设计、施工建设和运行管理各阶段所进行的测量工作。具体内容包括施工控制测量、水工建筑物施工放样、水工建筑物开挖与填筑工程测量、金属结构与机电设备安装测量、地下工程测量、疏浚及渠堤施工测量、竣工测量和变形观测等。

第一节 施工控制网的布设

课件 14-1

水利水电工程是由许多建（构）筑物组成的，结构复杂。各建筑物在平面位置及高程等都有一定的联系。建筑物是分期施工，在勘测设计阶段布设的控制点无论点的密度、精度及点位的分布都不能满足施工放样的要求，因此，施工前应建立施工控制网作为施工测设的依据。

一、平面控制测量

1. 平面控制网布网原则

（1）水利工程多建设在山区，地形起伏大，所以应先在施工总平面图上选择通视良好和便于保存的控制网点，并在现场标定。

（2）水利工程如大坝，其多数建筑位于水坝的下游，随着施工的进展，坝身逐渐升高，上、下游间的通视将受阻，因此，控制点的分布应以坝下游为重点，适当照顾上游。

（3）为便于施工测设、使基本网点长久保存，施工控制网常采用分级布设，即在施工控制基本网下加密二级施工控制网（或称定线网），无论采用何种梯级布网，其最末级平面控制点相对于同级起始点或邻近高一级控制点的点位中误差不应大于±10mm。

（4）平面控制网的起始点宜选在坝轴线或主要建筑物附近，以使最弱点相对远离坝轴线或放样精度要求较高的区域。

（5）对于直线型建筑物（如大坝），应在其主轴线或平行线的两端布点，尽可能把大坝轴线纳入平面控制网内。

（6）施工放样需要控制点间的实际距离，所以控制网边长通常投影到建筑物平均高程面上，有时也投影到放样精度要求高的高程面上，如水轮机安装高程面上。

2. 平面控制网等级

根据水利工程的特点，平面控制网宜布设为 GNSS 网、三角网和导线网，其精度等级分为二等、三等、四等和五等 4 个等级。SL 52—2015《水利水电工程施工测量规范》（以下简称规范）中按工程规划和不同结构给出了各等级控制网的适用范围，见表 14-1。

表 14-1　　　　　　　　　各等级首级平面控制网适用范围

工程规模	混凝土建筑物	土石建筑物
大型水利水电工程	二等	二等、三等
中型水利水电工程	三等	三等、四等
小型水利水电工程	四等、五等	五等

3. 典型水利工程平面控制网布设方案

图 14-1 为某大型水利枢纽工程施工控制网的基本网形，该水利工程为一混凝土大坝，坝顶长度 360m。平面控制网是由 13 个控制点组成的边角网，与已知两个 D 级 GPS 控制点进行联测，获得大坝左右肩附近的控制点 QⅢ05、QⅢ06 连线的方位角。全网共观测边数 32 条，三角形 20 个，整体平差后最弱边边长相对中误差为 1/178000，最弱点平面中误差为 2.5mm，满足规范要求。

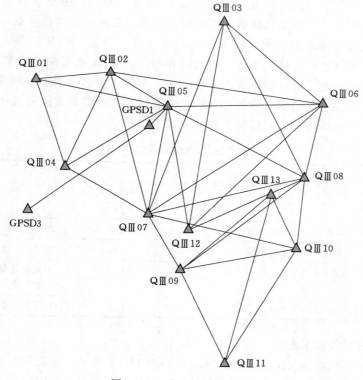

图 14-1　大坝施工控制网

二、高程控制测量

高程控制网依次划分为二等、三等、四等、五等。各等级控制网的适用范围见表 14-2。布设高程控制网时，首级网应布设成环形网，加密网宜布设成附合线路或结点网。高程控制网测量可采用水准测量、光电测距三角高程测量或 GPS 拟合高程测量等方法。对于高程控制的精度要求，规范规定：最末级高程控制点相对于首级高程控制点的高程中误差，混凝土建筑物应不大于±10mm，土石建筑物应不大于±20mm。

表 14-2　　　　　　　　各等级首级高程控制网适用范围

工程规模	混凝土建筑物	土石建筑物
大型水利水电工程	二等或三等	三等
中型水利水电工程	三等	四等
小型水利水电工程	四等	五等

第二节　水利工程施工测量

课件 14-2

一、施工测设数据准备与测设精度

测设前应详细查阅设计图纸，掌握施工控制成果资料。根据设计要求与现场条件，选择测设方法，计算测设数据，绘制测设草图，编制施工放样方案。

平面位置的测设方法主要有极坐标法、交会法、GPS-RTK 法等。高程放样方法主要有水准测量法、光电测距三角高程法和 GPS-RTK 高程测量法等。

不同的工程，施工测量的精度要求也不同。有的建筑物轮廓点的测设精度是相对于邻近基本控制点的，但机电设备与金属结构安装工程的安装点的测设精度是相对于安装轴线或相对水平度的。具体精度指标见表 14-3。

表 14-3　　　　　　　　水利工程施工放样精度要求一览表

序号	项　目	精度指标			说　明
		内容	平面位置中误差 /mm	高程中误差 /mm	
1	混凝土建筑物	轮廓点测设	±（20～30）	±（20～30）	相对于邻近基本控制点
2	土石料建筑物	轮廓点测设	±（30～50）	±30	相对于邻近基本控制点
3	机电设备与金属结构安装	安装点	±（1～10）	±（0.2～10）	相对于建筑物安装轴线和相对水平度
4	土石方开挖	轮廓点测设	±（50～200）	±（100～200）	相对于邻近基本控制点

二、土石坝的施工测量

土石坝是一种较为普遍的坝型，其结构如图 14-2 所示。土石坝的施工测量主要包括布设平面和高程基本控制网，控制整个工程的施工放样；确定坝轴线和布设控制坝体细部放样的定线控制网；清基开挖线的放样；坝体细部放样等。

（一）坝轴线的确定

对于中小型土石坝的坝轴线，一般是由工程设计人员和勘测人员组成选线小组，深入现场进行实地踏勘，根据当地的地形、地质和建筑材料等条件，经过方案比较直接在现场选定。

对于大型土石坝以及与混凝土坝衔接的土质副坝，一般经过现场踏勘、图上规划等多次调查研究和方案比较，确定建坝位置，并在坝址地形图上结合枢纽的整体布置，将坝轴线标于地形图上。根据预先建立的施工控制网，用极坐标法、交会法等点位放样方法将 M_1 和 M_2 测设到地面上，如图 14-3 所示。坝轴线在现场标定后，应用永久性标志标明。为了防止施工时端点被破坏，应将坝轴线的端点延长到两面山坡上，如图 14-3 中的 M_1'，M_2'。

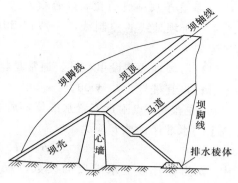

图 14-2　土石坝结构示意图

（二）坝身控制线的测设

坝身控制一般要布设与坝轴线平行和垂直的一些控制线。这项工作需在清理基础前进行。

1. 平行于坝轴线的控制线测设

平行于坝轴线的控制线可布设在坝顶上、上下游线、上下游坡面变化处、下游马道中线，也可按一定间隔布设（如 10m、20m、30m 等），以便控制坝体的填筑和进行收方。

测设平行于坝轴线的控制线时，分别在坝轴线的端点 M_1 和 M_2 安置全站仪，用测设 $90°$ 的方法各作一条垂直于坝轴线的横向基准线（图 14-3），然后沿此基准线量取各平行控制线到坝轴线的距离，得到各平行线的位置，用方向桩在实地标定。

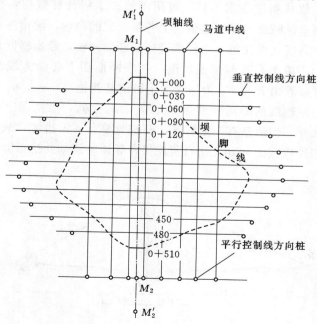

图 14-3　土坝坝身控制线示意图

2. 垂直于坝轴线的控制线的测设

垂直于坝轴线的控制线，一般以 50m、30m 或 20m 的间距，根据里程来测设，其步骤如下：

（1）沿坝轴线测设里程桩。通常是将坝轴线上与坝顶设计高程一致的地面点，作为零号桩，其桩号为 0+000。

1）先在 M_1 点附近安置水准仪，后视已知水准点上的水准尺，设读数为 a，则零号桩上的水准尺读数 b 应为

$$b = H_{已知} + a - H_{坝顶} \qquad (14-1)$$

式中：b 为零号桩上水准尺的读数；$H_{已知}$ 为已知水准点的高程；$H_{坝顶}$ 为坝顶设计高程。

2）在 M_1 点安置全站仪，瞄准另一端点 M_2，得坝轴线方向，持水准尺在坝轴线方向（全站仪控制）移动，当水准仪读数为 b 时，立尺点即为零号桩。

3）由零号桩起，由全站仪定线，沿坝轴线方向按选定的间距（图 14-3 中为 30m）丈量距离，按顺序钉下 0+030、060、090、…里程桩，直至另一端坝顶与地面的交点为止。

（2）测设垂直于坝轴线的控制线。将全站仪安置在里程桩上，瞄准 M_1 或 M_2，转 90°即定出垂直于坝轴线的一系列平行线，并在上下游施工范围以外用方向桩标定在实地上，作为测量横断面和放样的依据，这些桩也称横断面方向桩。

（三）清基开挖线的放样

为使坝体与岩基更好地结合，坝体填筑前，必须对基础进行清理。为此，应放出清基开挖线，即坝体与原地面的交线。

清基开挖线的放样精度要求不高，可用图解法求得放样数据，在现场放样。为此，先沿坝轴线测量纵断面，即测定轴线上各里程桩的高程，绘出纵断面图，求出各里程桩的中心填土高度，再在每一里程桩进行横断面测量，绘出横断面图，最后根据里程桩的高程、中心填土高度与坝面坡度，在横断面图上套绘大坝的设计断面（图14-4）。从图中可以看出 R_1、R_2 为坝壳上下游清基开挖点，n_1、n_2 为心墙上下游清基开挖点，它们与坝轴线的距离分别为 d_1、d_2、d_3、d_4，可从图上量得，利用这些数据即可在实地放样。但清基有一定深度，开挖时要有一定边坡，故放样时 d_1 和 d_2 应根据深度适当向外放宽 1~2m，用石灰连接各断面的清基开挖点即得到大坝的清基开挖线。

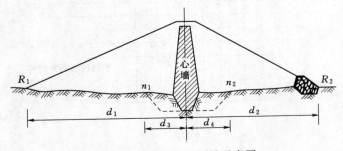

图 14-4　土坝清基测设示意图

（四）坡脚线的放样

清基以后应放出坡脚线，以便填筑坝体。坝底与清基后地面的交线即为坡脚线，下面介绍两种放样方法。

1. 套绘断面法

用图解法获得放样数据。首先恢复轴线上的所有里程桩，然后进行纵、横断面测量，绘出清基后的横断面图，套绘土石坝设计断面，获得该断面上、下游坡脚点的放样数据。在实地将这些点标定出来，分别连接上下游坡脚点，即得到上下游坡脚线，如图 14-3 中的虚线所示。

2. 平行线法

平行线法是通过不同高程坝坡面与地面的交点获得坡脚线。如图 14-5 所示的虚线为坝坡面上的直线（平行于坝轴线），假如每条直线离坝轴线的距离为 d，根据坝顶高程 $H_{坝顶}$ 和坝坡面的坡度 i，即可求出某一直线的设计高程 $H = H_{坝顶} - di$，而后在平行控制线方向上用高程放样的方法，定出坡脚点。

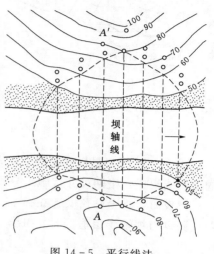

图 14-5　平行线法

如图 14-5 所示，AA' 为坝身平行控制线，距坝顶边线 20m，若坝顶高程为 60m，边坡为 0.5，则 AA' 控制线与坝坡面相交的高程为

$$H = 60 - 20 \times 0.5 = 50\text{m}$$

放样时在 A 点安置全站仪，瞄准定出 A' 控制线方向，用水准仪在全站仪视线内放样高程为 70m 的地面点，即所求的坡脚点。连接各坡脚点即得坡脚线。

三、混凝土坝的施工测量

混凝土坝的结构和建筑材料相对土坝来说较为复杂，其放样精度比土石坝要求高。图 14-6（a）是混凝土重力坝的示意图。其施工放样工作包括：坝轴线的测设、坝体控制测量、清基开挖线的放样和坝体立模放样等。

（一）坝轴线的测设

混凝土重力坝的轴线是坝体和其他附属建筑物放样的依据，因此坝轴线的测设非常重要。一般由设计人员先在图纸上设计出坝轴线的位置，然后取出轴线端点坐标，根据预先建立的施工控制网用极坐标法、交会法等点位放样方法，将 A 和 B 测设到地面上，如图 14-6（b）所示。现场标定坝轴线，埋设永久性标志。为了防止施工时端点被破坏，应将坝轴线的端点延长到两面山坡上。

（二）坝体控制测量

混凝土坝采取分层施工，在每一层分跨分仓（或分段分块）进行浇筑，每一层、每一块都要进行放样。为此，需要建立坝体放样的控制网——定线网，有矩形网和三角网两种。实际工作中一般以坝轴线为基准，根据施工分段分块尺寸建立矩形网作为定线网。

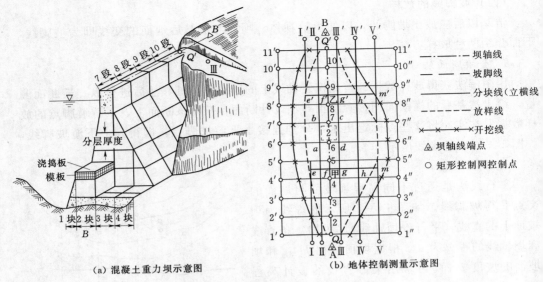

(a) 混凝土重力坝示意图　　　　　(b) 地体控制测量示意图

图 14-6　混凝土重力坝的坝体控制

图 14-6（b）是以坝轴线 AB 为基准布设的矩形网，由若干平行和垂直于坝轴线的控制线组成，格网尺寸按施工分段分块的大小而定。

测设时，将全站仪安置在 A 点，照准 B 点，在坝轴线上选甲、乙两点，通过这两点测设与坝轴线相垂直的方向线，由甲、乙两点开始，分别沿垂直方向按各块的宽度钉出 e、f 和 g、h、m 以及 e′、f′和 g′、h′、m′ 等点。最后将 ee′、ff′、gg′、hh′及 mm′ 等连线延伸到开挖区外，在两侧山坡上设置Ⅰ、Ⅱ、…、Ⅴ和Ⅰ′、Ⅱ′、…、Ⅴ′等放样控制点。然后在坝轴线方向上，按坝顶的高程，找出坝顶与地面相交的两点 Q 与 Q（方法可参见土坝控制测量中坝身控制线的测设），再沿坝轴线按分块的长度钉出坝基点 2、3、…、10，通过这些点测设与坝轴线相垂直的方向线，并将方向线延长到上、下游围堰上或山坡上，设置 1′、2′、…、11′和 1″、2″、…、11″等放样控制点。

在测设矩形网的过程中，测设直角时须用盘左盘右取平均，丈量距离应细心校核，以免发生差错。

（三）混凝土坝清基开挖线的放样

清基开挖线是清除大坝基础基岩表层松散物的范围，它的位置根据坝两侧坡脚线、开挖深度和坡度决定。标定开挖线一般采用图解法。和土坝一样，先沿坝轴线进行纵横断面测量，绘出纵横断面图，根据各横断面图上定坡脚点，获得开挖线。实地放样时，可用与土坝开挖线放样相同的方法，在各横断面上由坝轴线向两侧量距，得到开挖点。

（四）混凝土坝坝体的立模放样

1. 坝坡面的立模放样

坝体立模是从基础开始的。基础清理完毕后即可进行坝体的立模浇筑，立模前先找出上、下游坝坡面与岩基的接触点，即分跨线上下游坡脚点。

如果开挖后的基础面是平面，则可以根据坝顶和基础面之间的高差及坡度计算出坝轴线到坡脚的距离，通过距离放样的方式定出坡脚点。如果基础面是一倾斜面，则可以采用逐步趋近法或图解法放样。具体放样过程参照十二章第五节线路施工测量中的路基边桩放样。坡脚点放样完成后，连接相邻坡脚点，即得到大坝坡脚线，沿此线就可按照 $1:m$ 坡度架立坡面板。

2. 直线型重力坝的分块立模放样

如图 14-7 所示，在坝体分块立模时，应将分块线投影到基础上或已浇好的坝块面上，模板架立在分块线上，因此分块线也叫立模线，但立模后立模线会被覆盖，还要在立模线内侧弹出平行线，称为放样线〔图 14-6（b）中虚线所示〕，用于立模放样、检查校正模板位置。放样线与立模线之间的距离一般为 0.2～0.5m。

每个坝体由多个坝段组成，每个坝段又由多个坝块组成，因此放样的次数非常多。目前，随着测量仪器的发展，坝块的放样方法也有多种，比较常用的放样方法有全站仪坐标法、方向线交会法、极坐标法和直角坐标法等。

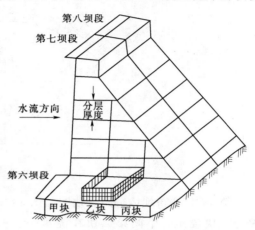

图 14-7　坝体分块示意图

（1）全站仪坐标法。首先计算坝体分块的角点在施工控制网中的坐标，然后利用全站仪的放样菜单，直接输入坐标进行放样。该方法具有操作简单、精度高、速度快等优点，只要放样点和测站点通视即可，不受其他地形限制，是目前坝体施工中最常用的放样方法。

（2）方向线交会法。如图 14-6（b）所示，如要测设分块 2 的顶点 b 的位置，可在 $7'$ 安置全站仪，瞄准 $7''$ 点，同时在 II 点安置全站仪，瞄准 II' 点，两架全站仪视线的交点即为 b 的位置。在相应的控制点上，用同样的方法可交会出此分块的其他 3 个顶点的位置，得出分块 2 的立模线。利用分块的边长及对角线校核标定的点位，无误后在立模线内侧标定放样线的四个角顶，如图 14-6（b）中分块 $abcd$ 内的虚线。

方向线交会法简易方便，放样速度也较快，但往往受到地形限制，或因坝体浇筑逐步升高，挡住方向线的视线，不便放样，因此实际工作中可根据条件，结合使用方向线交会法和全站仪坐标法。

3. 拱坝的分块立模放样

拱坝是一种建筑在峡谷中的拦水坝，做成水平拱形，凸边面向上游，两端紧贴着峡谷壁。拱坝按照曲率分为单曲拱坝和双曲拱坝；按照水平拱圈分为单圆心拱坝、多心拱坝（二心、三心和四心）和变曲率拱坝（椭圆拱坝、抛物线拱坝和对数螺旋拱坝）等。相比直线型重力坝而言，拱坝的放样数据计算更复杂，下面以单圆心拱坝为例介绍立模放样数据的计算公式。

图 14-8 为某水利枢纽工程的拦河大坝，系一单圆心拱坝，坝迎水面的半径为

220m，以 96°夹角组成一圆弧，分为 24 跨，按弧长编成桩号，从 $0+10.000 \sim 3+78.600$（加号前为百米）。施工坐标系 XOY，以圆心 O 与 12、13 分跨线（桩号 $1+84.300$）为 X 轴，以过圆心 O 且垂直于 X 轴的方向为 Y 轴。现以第 11 跨的立模放样为例介绍放样数据的计算。

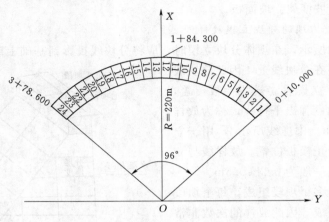

图 14-8　单圆心拱坝分跨示意图

第 11、12 跨坝体分跨分块图如图 14-9 所示，图中尺寸从设计图上获得，每一跨分三块浇筑，中间第二块在浇筑一、三块后浇筑，因此要放出各个分块的放样线（图中虚线所示），应先计算出各放样点的施工坐标。

由图 14-9 可知，放样点的坐标可按下列各求得

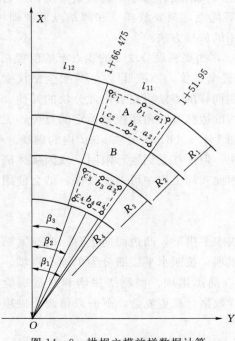

$$\begin{cases} x_{a_i} = x_0 + [R_i + (\mp 0.5)]\cos\beta_1 \\ y_{a_i} = y_0 + [R_i + (\mp 0.5)]\sin\beta_1 \end{cases}$$

$$(14-2)$$

$$\begin{cases} x_{b_i} = x_0 + [R_i + (\mp 0.5)]\cos\beta_2 \\ y_{b_i} = y_0 + [R_i + (\mp 0.5)]\sin\beta_2 \end{cases}$$

$$(14-3)$$

$$\begin{cases} x_{c_i} = x_0 + [R_i + (\mp 0.5)]\cos\beta_3 \\ y_{c_i} = y_0 + [R_i + (\mp 0.5)]\sin\beta_3 \end{cases}$$

$$(14-4)$$

$$i = 1, 2, 3$$

式中 0.5m 为放样线与圆弧立模线的间距；$i = 1$，3 取 "$-$"，$i = 2$，4 取 "$+$"。

$$\beta_1 = (l_{12} + l_{11} - 0.5) \times \frac{1}{R_1} \times \frac{180}{\pi}$$

图 14-9　拱坝立模放样数据计算

$$(14-5)$$

244

$$\beta_2 = (l_{12} + \frac{l_{11}}{2}) \times \frac{1}{R_1} \times \frac{180}{\pi} \qquad (14-6)$$

$$\beta_3 = (l_{12} + 0.5) \times \frac{1}{R_1} \times \frac{180}{\pi} \qquad (14-7)$$

由于 a_i、c_i 位于径向放样线上，只有 a_1 与 c_1 至径向立模线的距离为 0.5m，其余各点（a_2、a_3、a_4 及 c_2、c_3、c_4）到径向立模线的距离可由 $\frac{0.5m}{R_1} \times R_i$ 求得。

4. 混凝土浇筑高度的放样

模板立好后，还要在模板上标出浇筑高度。其步骤为：在立模前先根据最近的作业水准点（或在邻近已浇好的坝上所设的临时水准点），在仓内测设两个水准点，待模板立好后由临时水准点按设计高度在模板上标出若干点，并以规定的符号标明，以控制浇筑高度。

四、水闸的施工放样

水闸具有挡水和泄水的作用，一般由闸室段和上、下游连接段三部分组成，如图 14-10 所示。闸室是水闸的主体，包括底板、闸墩、闸门、工作桥和交通桥等。上、下游连接段有防冲槽、消力池、翼墙、护坦、海漫、护坡等防冲设施。水闸的施工放样，应先放出主轴线和整体基础开挖线；在基础浇筑时，为了在底板上预留闸墩和翼墙的连接钢筋，应放出闸墩和翼墙的位置；最后是水闸细部放样。

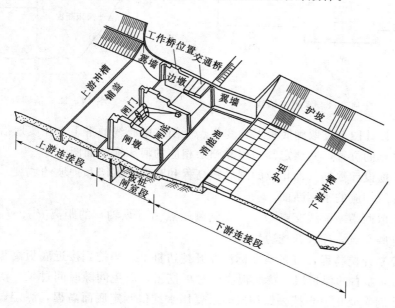

图 14-10 水闸结构示意图

（一）主轴线的测设

水闸主轴线由闸室中心线和河道中心线两条互相垂直的直线组成。如图 14-11 所示，从水闸设计图上可以定出两轴交点和各端点的坐标。根据邻近测量控制点，可以用全站仪坐标法、角度交会法等定出各控制点实地位置。主轴线定出后，应在交点检测它们是否相互垂直；若误差超过±10″，应以闸室中心线为基准，重新测设一条与它垂直的直线，作为纵向主轴线。主轴线测定后，应向两端延长至施工影响范围之外，每端各埋设两个固定标志 A、A' 和 B、B'，用于表示方向和检查轴线位置。

（二）高程控制测量

高程控制采用三等或四等水准测量方法。水准基点布设在河流两岸不受施工干扰的地方，临时水准点尽量靠近水闸位置，如图 14-11 所示的 BM_1、BM_2、BM_3、BM_4，可以布设在河滩上，其高程要随时检测，另外尽可能实现安置 1～2 次仪器就能测出水闸上各部位的高程。

（三）基础开挖线放样

水闸基坑开挖线是由水闸底板的周界以及翼墙、护坡等与地面的交线决定的。由图 14-12 所示，测设步骤如下：

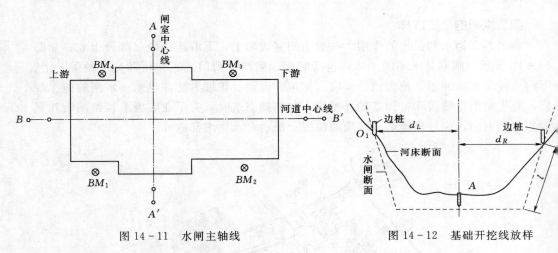

图 14-11　水闸主轴线　　　　　　图 14-12　基础开挖线放样

（1）从设计图上查取闸底板形状变化点至闸室中心线的平距，在实地沿纵向主轴线标出这些点的位置，并测定其高程和测绘相应的河床横断面图。

（2）根据设计数据（即相应的闸底板高程和宽度，翼墙和护坡的坡度）在河床横断面图上套绘相应的水闸断面。

（3）量取两横断面线交点 O_1、O_2 到测站点 A（纵轴）的距离 d_L、d_R，即可在实地放出这些交点，连成开挖边线。

为了控制开挖高程，可将斜高标注在开挖边桩上。当挖到接近底板高程时，一般应预留 0.3m 左右的保护层，待底板浇注时再挖去，以免间隙时间过长，清理后的地基受雨水冲刷而变化。当挖去保护层时，要用水准仪测定底面高程，测定误差不能大于±10mm。

（四）闸底板的测设

底板是闸室和上、下游翼墙的基础。闸孔较多的大中型水闸底板是分块浇筑的。底板放样的目的是测设出每块底板立模线的位置，以便装置模板进行浇筑。底板浇筑完后，要在底板上定出主轴线、各闸孔中心线和门槽控制线，并弹墨标明。然后以这些轴线为基准，标出闸墩和翼墙的立模线，以便安装模板。

1. 底板立模线的标定和底板浇注高程的控制

为了定出立模线，先应在清基后的地面上恢复主轴线及其交点的位置，在原轴线两端的标桩上安置全站仪进行投测。轴线恢复后，从设计图上量取底板四角的施工坐标（即至主轴线的距离），便可在实地上标出立模线的位置。模板装完后，用水准测量在模板内侧标出底板浇筑高程的位置，并弹出墨线表示。

2. 翼墙和闸墩位置及其立模线的标定

翼墙、闸墩与底板形成一个整体，因此它们的主筋必须一道结扎。在标定底板立模线时，还应标定翼墙和闸墩的位置，以便竖立连接钢筋。翼墙、闸墩的中心位置及其轮廓线，也应根据其施工坐标进行放样，并在地基上打桩标明。

底板浇筑完后，应在底板上恢复主轴线，然后以主轴线为依据，根据其他轴线对主轴线的距离定出其余轴线（包括闸孔和闸墩中心线以及门槽控制线等），且弹墨标明。因为墨线容易脱落，故必须每隔 2～3m 用红漆画一圈点表示轴线位置。各轴线应按不同的方式进行编号。根据墩、墙的尺寸和已标明的轴线，再放出立模线的位置。

（五）上层建筑物的轴线测设和高程控制

当闸墩浇筑到一定高度时，应在墩墙上测定一条高程为整米数的水平线，用弹墨表示出来，作为继续往上浇筑时量算高程的依据。当闸墩浇筑完工后，应在闸墩上标出闸的主轴线，再根据主轴线定出工作桥和交通桥中心线。

值得注意的是，在闸墩上立模浇筑最后一层（即盖顶）时，为了保证各墩顶高程相等，并符合设计要求，应用水准测量检查和校正模板内的标高线。在浇筑闸墩的整个过程中，应随时注意检查模板是否装正，两墩间门槽的方向和间距是否一致。

第三节　水工建筑物的变形观测

由于水工建筑物在其施工和运行期间，受到地基的工程地质条件、地基处理方法、建筑物上部结构的荷载、外力的作用和外界（如水的压力变化、渗透、侵蚀和冲刷，温度变化与地震等）的影响以及坝体内部应力作用等因素的综合影响，会产生变形，这些变形在一定限度之内，认为是正常的现象，但如果超过了规定的限度，就会影响建筑物的正常使用，严重时还会危及建筑物的安全。因此，在水工建筑物的施工和运行期间，需要进行经常的、系统的观测，即变形观测。根据变形观测获得的数据，可分析和监视建筑物的变形情况，以及时发现问题，采取措施，保证建筑物的正常使用。

水工建筑物变形监测按照变形监测的位置分为外部变形监测和内部变形监测。外部变形监测是将监测仪器和设备设置于水工建筑物的表面或廊道、孔口表面，用以量测结构表面测点的宏观变形量；内部变形监测是将监测仪器和设备埋设在建筑物或地基内，用以量测内部测点的宏观变形或微观变形。外部变形监测通常使用光学测量仪器，部分监测项目使用电子遥测仪器；内部变形监测主要利用各种类型的电子遥测仪

课件 14 - 3

器，也有用水、气传动或机械结构的人工监测仪器。

水工建筑物变形监测按照观测的内容分为水平位移观测、垂直位移（沉降）观测、挠度观测和裂缝观测。本节主要以大坝为例介绍水平位移和垂直位移观测的基本原理和基本方法。

一、垂直位移观测

垂直位移观测是要测定大坝在铅垂方向的变动情况，一般多采用水准测量、静力水准测量、光电测距三角高程测量进行观测。

（一）测点布设

用于垂直位移观测的测点一般分为三级：水准基点、工作基点和沉降观测点。

1. 水准基点

水准基点是垂直位移观测的基准点，作为测定工作基点的依据，必须布设在沉陷影响范围之外。一般埋设在河流下游两岸离坝址较远的完整新鲜的基岩上。当覆盖层很厚时，应采用钻孔穿过土层和风化层达到基岩，埋设钢管标志。为了互相校核是否有变动，一般应埋设 3 个以上。

2. 工作基点

由于水准基点一般离坝较远，为方便施测，通常在大坝两端的山坡上，选择地基坚实的地方埋设工作基点作为直接测定沉陷观测点的依据，故工作基点的高程与该排位移标点的高程相差不宜过大。每组工作基点不少于 3 个。

3. 沉降观测点

沉降观测点通常是由设计部门提出方案，在施工期间进行埋设。观测点应有足够的数量和代表性，并牢固地与大坝结合在一起，要便于观测，并尽量保证在整个变形观测期不受损坏。

大坝的观测点布设在坝面上，一般与坝轴线平行，在坝顶以及迎水面和背水面的正常水位以上，在背水面相应于正常水位变化区和浸水区，各埋设一排观测点，并保证每一排都在合拢段、坝内泄水底孔处、坝基地质不良以及坝底地形变化较大的地方有观测点，点位的平均间距为 30～50m。沉陷观测点可以与水平位移观测点合二为一，埋设混凝土观测标墩。

（二）沉降观测方法与精度要求

进行垂直位移观测时，首先校测工作基点的高程，然后再由工作基点测定各观测点的高程。

1. 工作基点的校测

工作基点的校测是由水准基点出发，测定各工作基点的高程，以校核工作基点是否有变动。水准基点与工作基点一般构成水准环线。施测时，对于土石坝按二等水准测量的要求进行施测，其环线闭合差不得超过 $\pm 4\text{mm}\sqrt{L}$（L 为环线长，以 km 计）；对于混凝土坝应按一等水准测量的要求进行施测，其环线闭合差不得超过 $\pm 2\text{mm}\sqrt{L}$。

2. 沉降观测点的观测

垂直位移观测点的观测是由工作基点出发，测定观测点的高程，再附合到另一工作基点上（也可往返施测或构成闭合环形）。对于土石坝可按三等水准测量的要求施测，对于混凝土坝应按一等或二等水准测量的要求施测。

观测过程中要重视首次观测的成果，因为首次观测的高程值是比较各次观测结果的根据，若初次测量精度低，会造成后续观测数据上的矛盾。为了保证初测精度，首次观测宜进行两次，每次均布设成闭合水准路线或附合水准路线，以闭合差来评定观测精度。

二、水平位移观测

水平位移观测是大坝变形观测的主要内容之一。其主要观测方法有基准线法、前方交会法和导线法等。

（一）基准线法

基准线法的基本原理是以坝轴线或平行于坝轴线的固定直线作为基准线，并沿着基准线布设一些位移观测点，周期性地观测这些点偏离基准线的情况，将各次观测结果进行比较，以确定水平位移的大小。根据所使用的仪器不同，基准线法又分为视准线法、激光准直法和引张线法。以下以视准线法为例进行介绍。

采用全站仪观测的基准线法称为视准线法。如图 14-13 所示，在坝轴线两端山坡的基岩上设置工作基点 A、B，并建造可使全站仪强制对中的钢筋混凝土观测墩；沿 AB 方向的各坝段上埋设位移观测点 1、2、3、…、n。在一个基点观测墩上安置全站仪，照准另一个基点观测墩的中心标志，即可获得一条视准线，它的方向可认为是固定不变的；定期测量位移观测点偏离视准线的距离，即可求得大坝的水平位移值。视准线法按照测量观测点位移值的方式不同又分为测小角法和活动觇牌法。

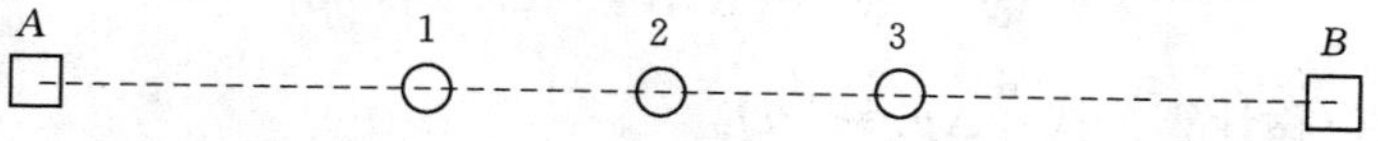

图 14-13 视准线法

（1）测小角法。如图 14-14 所示，A，B 为工作基点，观测点 p_i 发生了变形，移到了 p_i' 位置，在 A 点安置全站仪，以 B 点定向，测出角 β 和测站到观测点之间的距离 D_i，则观测点位移量 Δp_i 为

$$\Delta p_i = \frac{\beta}{\rho} D_i \qquad (14-8)$$

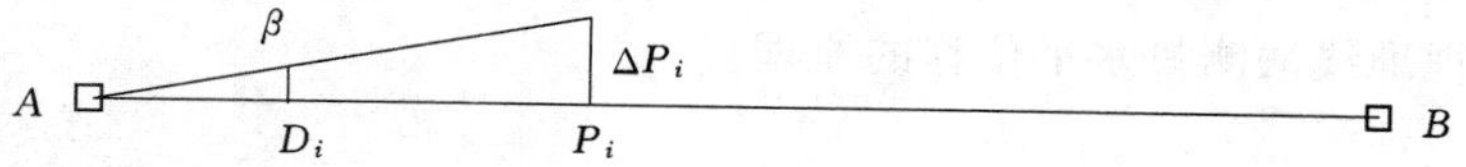

图 14-14 测小角法

（2）活动觇牌法。如图 14-14 所示，在工作基点 A 安置全站仪，B 安置固定觇标，在位移观测点 p_i' 安置活动觇标，如图 14-15 所示。用全站仪瞄准 B 点上固定觇标作为固定视线，然后俯下望远镜照准 p_i 点，并指挥司觇者移动觇牌，觇牌中丝恰好落在望远镜的竖丝上时发出停止信号，随即由司觇标者在觇牌上读取读数。转动

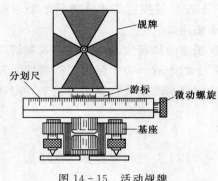

图 14-15　活动觇牌

觇牌微动螺旋重新瞄准，再次读数，如此共进行 2～4 次，取其读数的平均值作为上半测回的成果。倒转望远镜，按上述方法测下半测回，取上下两半测回读数的平均值为一测回的成果。

（二）前方交会法

对于非直线型水工建筑物，采用前方交会法观测。基点一般布设在视线开阔的地方。观测时，选用与观测点交会角较好的基点，用全站仪进行定期测量，每次至少观测两个测回，测回差不应超过 $\pm 3''$。根据基点的已知坐标和测得的交会角可计算出观测点的坐标。从而可计算出各次观测之间纵横坐标的增量，即水平位移。

自测 14-1

本 章 小 结

本章对水利工程施工控制网的布设、水利工程施工测量和大坝的变形监测等内容作了较详细的阐述。本章的教学目标是使学生掌握水利工程施工控制网的精度要求、土石坝和混凝土坝不同施工阶段的放样方法、大坝的垂直位移和水平位移观测方法。

重点应掌握的公式：

1. 拱坝坐标计算公式：$\begin{cases} x_{ai}=x_0+[R_i+(\mp 0.5)]\cos\beta_1 \\ y_{ai}=y_0+[R_i+(\mp 0.5)]\sin\beta_1 \end{cases}$

2. 小角法位移计算公式：$\Delta p_i=\dfrac{\beta}{\rho}D_i$

思 考 与 习 题

1. 水利工程施工控制网的布网原则有哪些？
2. 水利工程平面和高程放样的方法有哪些？
3. 简述混凝土坝坝轴线的测设过程。
4. 垂直位移观测有哪几种方法？垂直位移观测的测点一般分哪几级？
5. 简述视准线法测量水平位移的原理。

参 考 文 献

［1］ 中华人民共和国行业标准. 城市测量规范：CJJ/T 8—2011［S］. 北京：中国建筑工业出版社，2011.

［2］ 中华人民共和国国家标准. 工程测量规范：GB 50026—2007［S］. 北京：中国计划出版社，2008.

［3］ 中华人民共和国国家标准. 国家三角测量规范：GB/T 17942—2000［S］. 北京：中国标准出版社，2000.

［4］ 中华人民共和国国家标准. 国家一、二等水准测量规范：GB/T 12897—2006［S］. 北京：中国标准出版社. 2006.

［5］ 中华人民共和国国家标准. 全球定位系统（GPS）测量规范：GB/T 18314—2009［S］. 北京：中国标准出版社，2009.

［6］ 中华人民共和国国家标准. 国家三、四等水准测量规范：GB/T 12898—2009［S］. 北京：中国标准出版社，2009.

［7］ 中华人民共和国水利行业标准. 水利水电工程施工测量规范：SL 52—2015［S］. 北京：中国水利水电出版社，2015.

［8］ 中华人民共和国行业标准. 铁路工程测量规范：TB 10101—2018［S］. 北京：中国铁道出版社，2019.

［9］ 中华人民共和国能源部. 煤矿测量规程［S］. 北京：煤炭工业出版社，1989.

［10］ 北京市地方标准. 建筑施工测量技术规程：DB11/T 446—2015［S］. 北京：北京城建科技促进会，2015.

［11］ 刘茂华，任东风，范海英，等. 测量学［M］. 北京：清华大学出版社，2015.

［12］ 高井祥. 测量学［M］. 5版. 北京：中国矿业大学出版社，2016.

［13］ 宁津生，等. 测绘学概论［M］. 3版. 武汉：武汉大学出版社，2016.

［14］ 胡伍生，潘庆林，等. 土木工程测量［M］. 南京：东南大学出版社，2016.

［15］ 曹智翔，邓明镜，等. 交通土建工程测量［M］. 成都：西南交通大学出版社，2014.

［16］ 潘正凤，程效军，等. 数字地形测量学［M］. 武汉：武汉大学出版社，2015.

［17］ 朱爱民，曹智翔，等. 测量学［M］. 北京：人民交通出版社，2018.

［18］ 谭辉，吴鑫，等. 土木工程测量［M］. 上海：同济大学出版社，2011.

［19］ 藏立娟，王凤艳. 测量学［M］. 武汉：武汉大学出版社，2018.

［20］ 易正辉. 测量学［M］. 北京：中国铁道出版社，2018.

［21］ 刘文谷，张伟富，游杨声，等. 测量学［M］. 北京：北京理工大学出版社，2018.

［22］ 李玉宝. 测量学［M］. 成都：西南交通大学出版社，2012.

［23］ 张龙. 测量学［M］. 北京：人民交通出版社，2016.

［24］ 吴学伟，于坤，等. 测量学教程［M］. 北京：科学出版社，2018.

［25］ 许娅娅，雒应，沈照庆. 测量学［M］. 4版. 北京：人民交通出版社，2018.

［26］ 毛亚纯，高铁军，何群. 数字测图原理与方法［M］. 沈阳：东北大学出版社，2014.

［27］ 徐宇飞. 数字测图技术［M］. 郑州：黄河水利出版社，2005.

［28］ 汤青慧，于水，唐旭，等. 数字测图与制图基础教程［M］. 北京：清华大学出版社，2013.

［29］ 顾孝烈，鲍峰，程效军. 测量学［M］. 上海：同济大学出版社，2011.

［30］ 张正禄．工程测量学［M］．2版．武汉：武汉大学出版社，2017．

［31］ 牛志宏，吴瑞新．水利工程测量［M］．2版．北京：中国水利水电出版社，2016．

［32］ 赵红．水利工程测量［M］．北京：中国水利水电出版社，2010．

［33］ 赵红，徐文兵．数字地形图测绘［M］．北京：中国地震出版社，2017．

［34］ 孙茂存，张桂蓉．水利工程测量［M］．武汉：武汉理工大学出版社，2013．

［35］ 岳建平，邓念武．水利工程测量［M］．北京：中国水利水电出版社，2008．

［36］ 高小六，江新清．工程测量（测绘类）［M］．武汉：武汉理工大学出版社．2013．

［37］ 刘茂华．工程测量［M］．上海：同济大学出版社，2018．

［38］ 李聚方．工程测量［M］．武汉：测绘出版社．2014．

［39］ 程效军，鲍峰，顾孝烈．测量学［M］．5版．上海：同济大学出版社，2016．

［40］ 张凤兰，郭丰伦，范效来．土木工程测量［M］．北京：机械工业出版社，2010．

［41］ 郭宗河．测量学［M］．北京：科学出版社，2016．

［42］ 赵天鹏．黔中水利枢纽工程大坝首级施工控制网的建立［J］．吉林水利，2017（1）．